高等职业教育公共基础课新形态一体化教材

线性代数与概率统计

主　编　王佳新
参　编　闫琳静　于雪梅　俞　玫　王　瑜
　　　　田小强　王　楠　王建荣　孔祥铭

机械工业出版社

本书结合高职教育的特点和学生的基础状况，以培养高素质复合型、创新型技术技能人才为目标，选择并整合教学内容，融入大量的案例，辅助计算机软件计算，创新开发了实践任务书，使学生对数学的基本方法和思维方式有一个清晰的认识，为学生将来学习专业课程，自如运用高等数学的知识，分析和解决实际问题打下基础.

本书作为高职院校公共基础课程"线性代数与概率统计"的创新教材，内容包括案例引入、内容精华、典型例题、计算软件结果展示、随堂小练、阶段习题(进阶题、提高题)，每章有拓展阅读. 为了更加清楚地讲解每章的重点、难点以及典型例题，本书还配有微课视频.

本书内容丰富、全面、深刻，简明易懂、详尽、严谨，可以帮助学习者在理论上和科学思维能力上达到一定的高度，便于学生自学. 书后附有软件使用简介、习题答案等.

本书还配有单独的实践任务书，便于读者实现理论联系实际.

本书可作为高职高专院校各专业的线性代数与概率统计课程的教材，也可作为广大自学者及工程技术人员的自学用书.

图书在版编目（CIP）数据

线性代数与概率统计 / 王佳新主编. —北京：机械工业出版社，2023.3（2024.7 重印）
高等职业教育公共基础课新形态一体化教材
ISBN 978 - 7 - 111 - 72410 - 0

Ⅰ.①线… Ⅱ.①王… Ⅲ.①线性代数-高等职业教育-教材 ②概率论-高等职业教育-教材 ③数理统计-高等职业教育-教材 Ⅳ.①O151.2 ②O21

中国国家版本馆 CIP 数据核字（2023）第 028476 号

机械工业出版社（北京市百万庄大街 22 号　邮政编码 100037）
策划编辑：赵志鹏　　　　　　　责任编辑：赵志鹏　刘益汛
责任校对：丁梦卓　李　婷　　　封面设计：马精明
责任印制：刘　媛
涿州市般润文化传播有限公司印刷

2024 年 7 月第 1 版第 3 次印刷
184mm×260mm · 12.25 印张 · 301 千字
标准书号：ISBN 978 - 7 - 111 - 72410 - 0
定价：42.00 元

电话服务　　　　　　　　　　　网络服务
客服电话：010 - 88361066　　　机 工 官 网：www.cmpbook.com
　　　　　010 - 88379833　　　机 工 官 博：weibo.com/cmp1952
　　　　　010 - 68326294　　　金 书 网：www.golden-book.com
封底无防伪标均为盗版　　　机工教育服务网：www.cmpedu.com

前　言

　　线性代数与概率统计是一门重要的基础课程，目的是使学生深刻领会数学的思想和方法，能综合运用所学的数学知识提高分析问题和解决实际问题的能力，培养学生的抽象思维能力、逻辑推理能力、空间想象能力，提升学生的数学修养和综合素质，为学生今后从事各项社会工作和研究奠定坚实的基础，为培养新时期应用型复合人才提供助力.

　　本书对线性代数和概率统计知识进行了详细介绍，并介绍了利用 GeoGebra、Matlab 软件解决部分问题的方法，注重培养学生的数学精神（用数学的思想、方法、策略去思考问题和解决问题），熟练的运算能力和较强的抽象思维能力、数据分析能力、数学建模能力，并通过实践任务书的形式，让学生学会利用数学知识和分析方法去解决实际中的具体问题，为后续课程的学习奠定必要的数学基础.

　　本书由王佳新任主编，参与编写的还有闫琳静、于雪梅、俞玫、王瑜、田小强、王楠、王建荣和孔祥铭.

　　由于编者的学术水平有限，书中疏漏之处在所难免，我们真诚地希望读者予以批评指正.

编　者

二维码索引

（续）

目 录

第1章　线性代数

[线性空间]

　　对于电路网络，任何一个闭合回路的电压都服从基尔霍夫电压定律：沿某个方向环绕回路一周的所有电压降 U 的代数和等于沿同一方向环绕该回路一周的电源电压(各部分电阻与电流的乘积)的代数和. 在物理学中，一个简单电网中的回路电流问题就是用线性方程组来描述并确定的.

　　矩阵是从许多实际问题中抽象出来的一个数学概念，是线性代数的重要内容之一，它贯穿线性代数的各个部分. 事实上，线性代数的许多问题都相当于研究线性方程组.

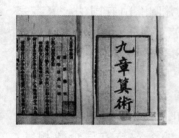

　　线性方程组研究起源于古代中国，其理论在《九章算术》中已经很完整. 大约在公元 263 年，刘徽撰写了《九章算术注》，创立了方程组的"互乘相消法". 后秦九韶在《数书九章》中将"直除法"改进为"互乘法"，从而用初等方法解线性方程组的理论由我国数学家基本创立完成.

　　大约 1678 年，德国数学家莱布尼茨 (Leibniz) 首次开始线性方程组在西方的研究. 1729 年，英国数学家麦克劳林 (Maclaurin) 首次以行列式为工具，求解了含有 2、3、4 个未知量的线性方程组. 1750 年，瑞士数学家克莱姆 (Cramer) 在《线性代数分析导言》中创立了克莱姆法则，解了含有 5 个未知量 5 个方程的线性方程组. 1764 年，法国数学裴蜀 (Bézout) 和拉普拉斯 (Laplace) 等以行列式为工具给出了齐次线性方程组有非零解的条件. 1864 年，道奇森 (Dodgson) 证明了 n 个未知量 m 个方程的一般线性方程组有解的充要条件是系数矩阵和增广矩阵的秩相等.

知识目标	1. 理解行列式和矩阵的基本概念、性质和运算. 2. 掌握矩阵的初等变换和运用初等变换解线性方程组. 3. 掌握线性方程组的解法. 4. 掌握简单的线性规划问题及求解方法. 5. 了解行列式、矩阵、线性方程组、线性规划模型的应用. 6. 熟悉 GeoGebra 软件在线性代数中的简单应用.
思政元素分析 与相关知识板块	1. 线性代数部分主要包括其基本知识和基本理论. 行列式作为研究线性方程组的一个重要工具，是人们从解方程组的需要中建立起来的. 它在数学本身及其他学科分支(如物理学、力学等)中都有广泛的应用，已经成为近代数学和科技中不可缺少的工具之一. 矩阵是从许多实际问题中抽象出来的一个数学概念，是线性代数的重要内容之一，它贯穿线性代数的各个部分. 矩阵是许多学科中常用的数学工具，在自然学科、工程技术和国民经济的许多领域中都有着广泛应用. 通过学习行列式和矩阵的知识，我们不仅要提高数学的运算能力，而且要进一步增强对数学中解决问题时从"繁"到"简"的一种化简思维、抽象思维. 以简单的式子等价代替烦琐的式子，既不影响结论的形成，也突出了数学作为一种工具的便捷性和实用性. 2. 在行列式和矩阵的概念、性质和运算法则的学习中，要认识到遵守法则的重要性，认识规律，尊重规律. 按照规律行事是生活学习中必须要遵守的法则. 无规矩不成方圆. 国有国法，家有家规，校有校纪，单位有单位的规章制度. 所以无论是在现在的学习生活中还是在未来的工作生活中，凡事都要遵守规则，按照要求办事，不能天马行空. 3. 线性方程组的理论在线性代数中起着重要作用. 事实上，线性代数的许多问题都相当于研究线性方程组. 线性方程组的克莱姆法则使用有两个条件，即：(1) 未知量的个数与方程个数相等；(2) 系数行列式不等于零. 通过对齐次线性方程组、非齐次线性方程组的研究，掌握不同特点的方程组适用的不同解法，学习从简单到复杂，从特殊到一般，从具体到抽样的研究方法，进一步提高用数学方法分析问题和解决问题的能力. 4. 线性规划中最优解的问题的探讨告诉我们，对事情提前进行规划的重要性. 无论学习、工作还是生活，我们身边处处都会遇到规划的例子，小到个人的学习、职业和生活，中到乡村、城市的建设，大到国家的发展都需要规划. 进行合理规划就能在现有条件、资源下取得更大的收益.

1.1　行列式概念和性质

1.1.1　行列式的概念

行列式的概念最早出现在解线性方程组的过程中. 设二元线性方程组为

$$\begin{cases} a_{11}x_1 + a_{12}x_2 = b_1 \\ a_{21}x_1 + a_{22}x_2 = b_2 \end{cases} \tag{1-1}$$

用加减消元法解该方程组，当 $a_{11}a_{22} - a_{21}a_{12} \neq 0$ 时，得

$$\begin{cases} x_1 = \dfrac{b_1 a_{22} - b_2 a_{12}}{a_{11}a_{22} - a_{21}a_{12}} \\ x_2 = \dfrac{a_{11}b_2 - a_{21}b_1}{a_{11}a_{22} - a_{21}a_{12}} \end{cases} \tag{1-2}$$

可以发现，方程组的解仅与方程组中未知数的系数和常数项有关. 其中分母 $a_{11}a_{22} - a_{21}a_{12}$ 由方程组 $(1-1)$ 的四个系数所确定.

> **定义 1.1**　把二元线性方程组的 4 个系数 a_{11}，a_{12}，a_{21}，a_{22} 按它们在方程组中的相对位置排成 2 行 2 列的数表(横排称行，竖排称列)
>
> $$\begin{matrix} a_{11} & a_{12} \\ a_{21} & a_{22} \end{matrix}$$
>
> 表达式 $a_{11}a_{22} - a_{21}a_{12}$ 称为该数表所确定的二阶行列式，用 $\begin{vmatrix} a_{11} & a_{12} \\ a_{21} & a_{22} \end{vmatrix}$ 表示，一般记为
>
> $$D = \begin{vmatrix} a_{11} & a_{12} \\ a_{21} & a_{22} \end{vmatrix} = a_{11}a_{22} - a_{21}a_{12}. \tag{1-3}$$

二阶行列式中的数 a_{11}，a_{12}，a_{21}，a_{22} 叫作该行列式的**元素**或**元**，数 $a_{ij}(i, j=1, 2)$ 的第一个下标 i 称为行标，表明该元素位于第 i 行；第二个下标 j 称为列标，表明该元素位于第 j 列.

可以看出，$a_{11}a_{22} - a_{21}a_{12}$ 就是这个行列式的**主对角线**(左上角到右下角的对角线)上两个元素的乘积，减去**次对角线**(左下角到右上角的对角线)上两个元素的乘积所得的差. 这种分析方法称为**对角线法**.

如果式 $(1-2)$ 中的两个分子也用行列式来表示，就有

$$b_1 a_{22} - b_2 a_{12} = \begin{vmatrix} b_1 & a_{12} \\ b_2 & a_{22} \end{vmatrix}, \quad a_{11}b_2 - a_{21}b_1 = \begin{vmatrix} a_{11} & b_1 \\ a_{21} & b_2 \end{vmatrix}.$$

若记

$$D = \begin{vmatrix} a_{11} & a_{12} \\ a_{21} & a_{22} \end{vmatrix}, \quad D_1 = \begin{vmatrix} b_1 & a_{12} \\ b_2 & a_{22} \end{vmatrix}, \quad D_2 = \begin{vmatrix} a_{11} & b_1 \\ a_{21} & b_2 \end{vmatrix},$$

则方程组 $(1-1)$ 的解可以写成

$$x_1 = \frac{D_1}{D} , \ x_2 = \frac{D_2}{D} (D \neq 0).$$

注意到，分母 D 是方程组（1-1）中未知数 x_1，x_2 的系数按原来的位置次序所确定的二阶行列式，被称为这个方程组的**系数行列式**；而 D_1 和 D_2 则是以方程组的常数项 b_1，b_2 构成的常数列分别替换行列式 D 中的第一列、第二列的元素所得到的二阶行列式.

例 1 计算下列行列式：

(1) $\begin{vmatrix} -2 & 3 \\ -5 & 4 \end{vmatrix}$; (2) $\begin{vmatrix} \sin a & \cos a \\ -\cos a & \sin a \end{vmatrix}$.

解 (1) $\begin{vmatrix} -2 & 3 \\ -5 & 4 \end{vmatrix} = (-2) \times 4 - 3 \times (-5) = -8 + 15 = 7$;

(2) $\begin{vmatrix} \sin a & \cos a \\ -\cos a & \sin a \end{vmatrix} = \sin^2 a + \cos^2 a = 1$.

例 2 用行列式法求解二元线性方程组

$$\begin{cases} 3x_1 - x_2 - 3 = 0 \\ x_1 + 2x_2 - 8 = 0 \end{cases}.$$

解 将方程组进行变形：

$$\begin{cases} 3x_1 - x_2 = 3 \\ x_1 + 2x_2 = 8 \end{cases}.$$

因为

$$D = \begin{vmatrix} 3 & -1 \\ 1 & 2 \end{vmatrix} = 6 + 1 = 7 \neq 0, \ D_1 = \begin{vmatrix} 3 & -1 \\ 8 & 2 \end{vmatrix} = 6 + 8 = 14, \ D_2 = \begin{vmatrix} 3 & 3 \\ 1 & 8 \end{vmatrix} = 24 - 3 = 21.$$

所以方程组的解为

$$x_1 = \frac{D_1}{D} = \frac{14}{7} = 2, \ x_2 = \frac{D_2}{D} = \frac{21}{7} = 3.$$

类似地，通过对三元一次方程组

$$\begin{cases} a_{11}x_1 + a_{12}x_2 + a_{13}x_3 = b_1 \\ a_{21}x_1 + a_{22}x_2 + a_{23}x_3 = b_2 \\ a_{31}x_1 + a_{32}x_2 + a_{33}x_3 = b_3 \end{cases}$$

解与系数关系的探讨，下面给出三阶行列式的定义.

定义 1.2 设由 9 个数排成 3 行 3 列的数表

$$\begin{matrix} a_{11} & a_{12} & a_{13} \\ a_{21} & a_{22} & a_{23} \\ a_{31} & a_{32} & a_{33} \end{matrix} \tag{1-4}$$

记

$$D = \begin{vmatrix} a_{11} & a_{12} & a_{13} \\ a_{21} & a_{22} & a_{23} \\ a_{31} & a_{32} & a_{33} \end{vmatrix} = a_{11}a_{22}a_{33} + a_{12}a_{23}a_{31} + a_{13}a_{21}a_{32} - \tag{1-5}$$

$$a_{11}a_{23}a_{32} - a_{12}a_{21}a_{33} - a_{13}a_{22}a_{31}$$

称为数表（1-4）所确定的三阶行列式.

从定义 1.2 可以看出，三阶行列式共含 6 项，每项均为不同行、不同列的三个元素的乘积再冠以正负号，其计算规律遵循图 1-1 所示的对角线法则：三条实线（平行于主对角线）分别连接的数的乘积冠以正号；三条虚线（平行于次对角线）分别连接的数的乘积冠以负号，这六项的和就是三阶行列式的值.

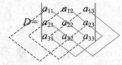

图 1-1

请思考，借助三阶行列式能解决哪些方程组解的问题？

例 3 用对角线法则计算行列式 $\begin{vmatrix} 1 & -1 & 0 \\ 4 & -5 & -3 \\ 2 & 3 & 6 \end{vmatrix}$.

解 $\begin{vmatrix} 1 & -1 & 0 \\ 4 & -5 & -3 \\ 2 & 3 & 6 \end{vmatrix} = 1 \times (-5) \times 6 + (-1) \times (-3) \times 2 + 0 \times 4 \times 3 -$

$$0 \times (-5) \times 2 - (-1) \times 4 \times 6 - 1 \times (-3) \times 3$$
$$= -30 + 6 + 24 + 9$$
$$= 9.$$

例 4 求解方程

$$\begin{vmatrix} 1 & 1 & 1 \\ 2 & 3 & x \\ 4 & 9 & x^2 \end{vmatrix} = 0.$$

解 方程左端的三阶行列式

$$D = 3x^2 + 4x + 18 - 9x - 2x^2 - 12 = x^2 - 5x + 6,$$

从而有 $x^2 - 5x + 6 = 0$，即 $(x-2)(x-3) = 0$，解得 $x = 2$ 或 $x = 3$.

对角线法则只适用于二阶、三阶行列式，为了研究更高阶的行列式，下面先介绍全排列的相关知识，进而给出 n 阶行列式的概念.

定义 1.3 把 n 个不同元素排成一列，叫作这 n 个元素的全排列，简称排列. n 个元素构成的排列共有 $n(n-1)(n-2)\cdots3 \cdot 2 \cdot 1 = n!$ 个.

如由数 1，2，3 三个数字构成的排列有：123，132，213，231，312，321. 排列总数为 $3! = 3 \times 2 \times 1 = 6$.

在 n 个不同自然数的排列中，规定元素由小到大的排序为标准次序，对应的排列称标准排列. 于是在任意一个排列中，当一对元素的先后次序与标准次序不同时，就称它构成了 1 个逆序，该排列中所有逆序的总数就叫作这个排列的逆序数. 所以对于 $P_1P_2\cdots P_n$ 这 n 个自然数的排列，如果某个元素 $P_i(i=1，2，\cdots，n)$ 前比 P_i 大的数有 t_i 个，就说元素 P_i 的逆序数是 t_i，全体元素的逆序数之和就是该排列的逆序数，记为 t，即有

$$t = t_1 + t_2 + \cdots + t_n = \sum_{i=1}^{n} t_i.$$

如由 1，2，3 构成的排列中，排列 123 为标准排列，逆序数为 0，可以计算 1，2，3 的所有排列的逆序数，即

$$t(123) = 0+0+0 = 0, \quad t(132) = 0+0+1 = 1, \quad t(213) = 0+1+0 = 1,$$
$$t(231) = 0+0+2 = 2, \quad t(312) = 0+1+1 = 2, \quad t(321) = 0+1+2 = 3.$$

逆序数为奇数的排列叫作奇排列，逆序数为偶数的排列叫作偶排列.

> **定义 1.4** 在排列中，将任意两个元素对调，其余元素不动，可以得到一个新的排列，这种得到新排列的方法被称为对换. 将两个相邻元素对换，叫作相邻对换.

事实上，在一个排列中，任意两个元素**对换**，排列改变奇偶性. 而标准排列的逆序数为0，是偶排列. 因此，一个排列要变化成标准排列，经过的对换次数就是排列奇偶性的变化次数，即奇排列对换成标准排列的对换次数为奇数，偶排列对换成标准排列的对换次数为偶数.

结合排列和逆序数知识，我们再来分析三阶行列式的结构. 根据三阶行列式的定义

$$D = \begin{vmatrix} a_{11} & a_{12} & a_{13} \\ a_{21} & a_{22} & a_{23} \\ a_{31} & a_{32} & a_{33} \end{vmatrix} = a_{11}a_{22}a_{33} + a_{12}a_{23}a_{31} + a_{13}a_{21}a_{32} -$$

$$a_{11}a_{23}a_{32} - a_{12}a_{21}a_{33} - a_{13}a_{22}a_{31}$$

观察发现：

（1）三阶行列式的右侧恰好是6项的代数和，与数1，2，3构成的排列数相等，且每一项都是3个元素的乘积，这三个元素位于不同行不同列.

（2）各项的行标都是标准排列123，列标是1，2，3的某一个排列，可表示为 $P_1P_2P_3$，且列标对应排列 $P_1P_2P_3$ 的奇偶性（逆序数 t 的奇偶性）和该项的符号密切相关，即各项的符号可以表示成 $(-1)^t$. 故而，每一项可以表达成

$$(-1)^{t(P_1P_2P_3)} a_{1P_1} a_{2P_2} a_{3P_3}$$

所以，三阶行列式就可以表示成如下形式：

$$D = \begin{vmatrix} a_{11} & a_{12} & a_{13} \\ a_{21} & a_{22} & a_{23} \\ a_{31} & a_{32} & a_{33} \end{vmatrix} = \sum (-1)^{t(P_1P_2P_3)} a_{1P_1} a_{2P_2} a_{3P_3}.$$

同样，二阶行列式也可以表示成类似的形式：

$$D = \begin{vmatrix} a_{11} & a_{12} \\ a_{21} & a_{22} \end{vmatrix} = a_{11}a_{22} - a_{21}a_{12} = \sum (-1)^{t(P_1P_2)} a_{1P_1} a_{2P_2}.$$

依此，可以将行列式进行推广，得到一般的情形.

> **定义 1.5** 由 n^2 个数，排成 n 行 n 列的数表
>
> $$\begin{matrix} a_{11} & a_{12} & \cdots & a_{1n} \\ a_{21} & a_{22} & \cdots & a_{2n} \\ \vdots & \vdots & & \vdots \\ a_{n1} & a_{n2} & \cdots & a_{nn} \end{matrix}$$
>
> 作出表中位于不同行不同列的 n 个数的乘积，并冠以符号 $(-1)^t$，得到形如
>
> $$(-1)^{t(P_1P_2\cdots P_n)} a_{1P_1} a_{2P_2} \cdots a_{nP_n}$$

的项，其中 $P_1P_2\cdots P_n$ 为自然数 1，2，$\cdots$，n 的一个排列，t 为排列的逆序数. 由于数 1，2，$\cdots$，n 的排列共有 $n!$ 个，所以对应的这 $n!$ 项的代数和

$$\sum (-1)^{t(P_1P_2\cdots P_n)} a_{1P_1} a_{2P_2} \cdots a_{nP_n}$$

称为 n 阶行列式，记作

$$D = \begin{vmatrix} a_{11} & a_{12} & \cdots & a_{1n} \\ a_{21} & a_{22} & \cdots & a_{2n} \\ \vdots & \vdots & & \vdots \\ a_{n1} & a_{n2} & \cdots & a_{nn} \end{vmatrix},$$

即

$$D = \begin{vmatrix} a_{11} & a_{12} & \cdots & a_{1n} \\ a_{21} & a_{22} & \cdots & a_{2n} \\ \vdots & \vdots & & \vdots \\ a_{n1} & a_{n2} & \cdots & a_{nn} \end{vmatrix} = \sum (-1)^{t(P_1P_2\cdots P_n)} a_{1P_1} a_{2P_2} \cdots a_{nP_n}.$$

简记作 $\det a_{ij}$，其中数 a_{ij} 为行列式 D 的 (i, j) 元.

n 阶行列式简称行列式. 需要注意的是当 $n = 1$ 时，$D = |a_{11}| = a_{11}$，不要和绝对值的记号相混淆.

数 学 小 讲 堂

行列式的概念最早是由两个不同国家的数学家关孝和和莱布尼茨分别提出的. 关孝和(日本数学家，1642—1708)，人称数学神童. 1683 年，他写了《解伏题之法》. 他提炼并扩展了《九章算术》里的消元法，同时提出了行列式. 巧合的是，同时代的莱布尼茨(德国数学家、物理学家和哲学家，1646—1716)在写给法国数学家洛必达的信中使用并给出了行列式，明确地提出了求解线性方程组的过程中行列式的重要性，并掌握了行列式的结构和一些对称准则.

形如下列形式的行列式分别称为 n 阶对角形行列式和 n 阶下三角形行列式，由定义可知，它们的值都是主对角线上元素的乘积.

$$\begin{vmatrix} a_{11} & 0 & \cdots & 0 \\ 0 & a_{22} & \cdots & 0 \\ \vdots & \vdots & & \vdots \\ 0 & 0 & \cdots & a_{nn} \end{vmatrix} = a_{11}a_{22}\cdots a_{nn}, \qquad \begin{vmatrix} a_{11} & 0 & \cdots & 0 \\ a_{21} & a_{22} & \cdots & 0 \\ \vdots & \vdots & & \vdots \\ a_{n1} & a_{n2} & \cdots & a_{nn} \end{vmatrix} = a_{11}a_{22}\cdots a_{nn}.$$

例 5 计算下列行列式:

$$(1)\ D_1 = \begin{vmatrix} 0 & a_{12} & 0 & 0 \\ 0 & 0 & 0 & a_{24} \\ a_{31} & 0 & 0 & 0 \\ 0 & 0 & a_{43} & 0 \end{vmatrix};\quad (2)\ D_2 = \begin{vmatrix} 0 & 0 & 0 & a_{14} \\ 0 & 0 & a_{23} & a_{24} \\ 0 & a_{32} & a_{33} & a_{34} \\ a_{41} & a_{42} & a_{43} & a_{44} \end{vmatrix}.$$

解 (1)根据行列式的定义,每一项中乘积元素来自不同的行不同的列,得

$$D_1 = (-1)^{t(2413)} a_{12} a_{24} a_{31} a_{43} = -a_{12} a_{24} a_{31} a_{43};$$

(2)根据行列式的定义,每一项中乘积元素来自不同的行不同的列,得

$$D_2 = (-1)^{t(4321)} a_{14} a_{23} a_{32} a_{41} = a_{14} a_{23} a_{32} a_{41}.$$

事实上,上述行列式 D_2 为四阶斜下三角行列式. 对于斜三角行列式,有这样的结论:其值等于 $(-1)^{\frac{n(n-1)}{2}}$ 乘以次对角线上所有元素的乘积.

随堂小练

1. 计算下列行列式:

$$(1)\ \begin{vmatrix} 2 & 1 \\ 3 & 3 \end{vmatrix};\quad (2)\ \begin{vmatrix} 2a & 2b \\ c & d \end{vmatrix};\quad (3)\ \begin{vmatrix} 3 & 2 & 1 \\ 0 & 1 & 5 \\ 2 & -3 & 4 \end{vmatrix};\quad (4)\ \begin{vmatrix} 1 & 0 & 0 & 0 \\ 0 & 2 & 0 & 0 \\ 0 & 0 & 3 & 0 \\ 0 & 0 & 0 & 4 \end{vmatrix}.$$

2. 用行列式求解下列线性方程组:

$$(1)\ \begin{cases} 2x - y = 2 \\ -x + 2y = 5 \end{cases};\quad (2)\ \begin{cases} 2x_1 - x_2 + 3x_3 = 3 \\ 3x_1 + x_2 - 5x_3 = 0. \\ 4x_1 - x_2 + x_3 = 3 \end{cases}$$

02 行列式的性质

1.1.2 行列式的性质

通过对行列式概念的学习,对行列式的定义及一些特殊行列式值的计算有了一定的了解,下面继续介绍几种行列式的性质.

记 $D = \begin{vmatrix} a_{11} & a_{12} & \cdots & a_{1n} \\ a_{21} & a_{22} & \cdots & a_{2n} \\ \vdots & \vdots & & \vdots \\ a_{n1} & a_{n2} & \cdots & a_{nn} \end{vmatrix}$,将行列式 D 的行列进行对应的互换,即将每一行换在对应

列的位置,得到新行列式,记为 D^{T},则称 D^{T} 为 D 的转置行列式

例 6 写出下列行列式的转置行列式,并计算行列式、转置行列式的值:

$$(1)\ D_1 = \begin{vmatrix} 1 & 2 \\ -1 & 0 \end{vmatrix};\quad (2)\ D_2 = \begin{vmatrix} 1 & 0 & 0 \\ -1 & 2 & 1 \\ 3 & 4 & -1 \end{vmatrix}.$$

解 (1)根据对角线法则可得,$D_1 = \begin{vmatrix} 1 & 2 \\ -1 & 0 \end{vmatrix} = 0 + 2 = 2$,

由转置的定义，根据对角线法则进行计算得，$D_1^{\mathrm{T}} = \begin{vmatrix} 1 & -1 \\ 2 & 0 \end{vmatrix} = 0 + 2 = 2$；

$(2) D_2 = \begin{vmatrix} 1 & 0 & 0 \\ -1 & 2 & 1 \\ 3 & 4 & -1 \end{vmatrix} = -2 + 0 + 0 - 0 - 0 - 4 = -6,$

$D_2^{\mathrm{T}} = \begin{vmatrix} 1 & -1 & 3 \\ 0 & 2 & 4 \\ 0 & 1 & -1 \end{vmatrix} = -2 + 0 + 0 - 0 - 0 - 4 = -6.$

通过上述例题可以发现，上述行列式和它的转置行列式的值相同. 事实上，行列式与它的转置行列式相等对于每个行列式都满足. 并且，行列式中的行与列具有相同的地位，即凡是对行成立的对列也同样成立，反之亦然.

性质 1.1　行列式与它的转置行列式相等.

以 r_i 表示行列式的第 i 行，以 c_i 表示行列式的第 i 列. 对换 i, j 两行可以记作 $r_i \leftrightarrow r_j$，对换 i, j 两列可以记作 $c_i \leftrightarrow c_j$，通过对行列式进行一次对换，行列式的值会改变正负号.

性质 1.2　对换行列式的两行（列），行列式改变符号.

证　记 $D_1 = \begin{vmatrix} b_{11} & b_{12} & \cdots & b_{1n} \\ b_{21} & b_{22} & \cdots & b_{2n} \\ \vdots & \vdots & & \vdots \\ b_{n1} & b_{n2} & \cdots & b_{nn} \end{vmatrix}$ 由行列式 $D = \begin{vmatrix} a_{11} & a_{12} & \cdots & a_{1n} \\ a_{21} & a_{22} & \cdots & a_{2n} \\ \vdots & \vdots & & \vdots \\ a_{n1} & a_{n2} & \cdots & a_{nn} \end{vmatrix}$ 通过 $r_i \leftrightarrow r_j$ 得到，即

记 m 为元素的行标，当 $m \neq i$, j 时，$b_{mp} = a_{mp}$；当 $m = i$, j 时，$b_{ip} = a_{jp}$，$b_{jp} = a_{ip}$，从而有

$$D_1 = \sum (-1)^t b_{1p_1} \cdots b_{ip_i} \cdots b_{jp_j} \cdots b_{np_n} = \sum (-1)^t a_{1p_1} \cdots a_{jp_i} \cdots a_{ip_j} \cdots a_{np_n}$$
$$= \sum (-1)^t a_{1p_1} \cdots a_{ip_j} \cdots a_{jp_i} \cdots a_{np_n}.$$

其中，t 为 $p_1 \cdots p_i \cdots p_j \cdots p_n$ 的逆序数，设 t' 为 $p_1 \cdots p_j \cdots p_i \cdots p_n$ 的逆序数，则 $(-1)^t = -(-1)^{t'}$，因此 $D_1 = -D$.

推论 1.1　如果行列式有两行（列）完全相同，则此行列式等于零.

证　对换行列式的两行，根据性质 1.2 则有 $D = -D$，故 $D = 0$.

性质 1.3　行列式的某一行（列）中所有元素都乘以同一个数 k，等于用数 k 乘以此行列式. 第 i 行（列）乘 k，记作 $r_i \times k (c_i \times k)$.

推论 1.2　行列式中某一行（列）的所有元素的公因子可以提到行列式记号的外面.

第 i 行（列）提出公因子 k，记作 $r_i \div k (c_i \div k)$，即有

$$\begin{vmatrix} a_{11} & a_{12} & \cdots & a_{1n} \\ \vdots & \vdots & & \vdots \\ ka_{i1} & ka_{i2} & \cdots & ka_{in} \\ \vdots & \vdots & & \vdots \\ a_{n1} & a_{n2} & \cdots & a_{nn} \end{vmatrix} = k \begin{vmatrix} a_{11} & a_{12} & \cdots & a_{1n} \\ \vdots & \vdots & & \vdots \\ a_{i1} & a_{i2} & \cdots & a_{in} \\ \vdots & \vdots & & \vdots \\ a_{n1} & a_{n2} & \cdots & a_{nn} \end{vmatrix}.$$

性质 1.4 行列式中如果有两行(列)元素成比例, 则此行列式等于零.

性质 1.5 若行列式的某一行(列)的元素都是两数之和, 如下第 i 行的元素都是两数之和.

$$D = \begin{vmatrix} a_{11} & a_{12} & \cdots & a_{1n} \\ \vdots & \vdots & & \vdots \\ a_{i1}+b_{i1} & a_{i2}+b_{i2} & \cdots & a_{in}+b_{in} \\ \vdots & \vdots & & \vdots \\ a_{n1} & a_{n2} & \cdots & a_{nn} \end{vmatrix}$$

则 D 等于下列两个行列式之和,

$$D = \begin{vmatrix} a_{11} & a_{12} & \cdots & a_{1n} \\ \vdots & \vdots & & \vdots \\ a_{i1} & a_{i2} & \cdots & a_{in} \\ \vdots & \vdots & & \vdots \\ a_{n1} & a_{n2} & \cdots & a_{nn} \end{vmatrix} + \begin{vmatrix} a_{11} & a_{12} & \cdots & a_{1n} \\ \vdots & \vdots & & \vdots \\ b_{i1} & b_{i2} & \cdots & b_{in} \\ \vdots & \vdots & & \vdots \\ a_{n1} & a_{n2} & \cdots & a_{nn} \end{vmatrix}$$

此性质表明, 当行列式某一行(列)的元素为两数之和时, 此行列式关于该行(列)可分解为两个行列式之和. 如

$$D = \begin{vmatrix} a_{11}+a & a_{12}+b \\ a_{21}+c & a_{22}+d \end{vmatrix} = \begin{vmatrix} a_{11} & a_{12} \\ a_{21}+c & a_{22}+d \end{vmatrix} + \begin{vmatrix} a & b \\ a_{21}+c & a_{22}+d \end{vmatrix}$$

$$= \begin{vmatrix} a_{11} & a_{12} \\ a_{21} & a_{22} \end{vmatrix} + \begin{vmatrix} a_{11} & a_{12} \\ c & d \end{vmatrix} + \begin{vmatrix} a & b \\ a_{21} & a_{22} \end{vmatrix} + \begin{vmatrix} a & b \\ c & d \end{vmatrix}$$

性质 1.6 把行列式的某一行(列)的各元素乘以同一个数, 然后加到另一行(列)对应的元素上去, 行列式的值不变.

如以数 k 乘以行列式 D 的第 i 行(列)的各元素加到第 j 行(列)上, 记作 $r_j + kr_i (c_j + kc_i)$, 即有

$$D = \begin{vmatrix} a_{11} & a_{12} & \cdots & a_{1n} \\ \vdots & \vdots & & \vdots \\ a_{i1} & a_{i2} & \cdots & a_{in} \\ \vdots & \vdots & & \vdots \\ a_{j1} & a_{j2} & \cdots & a_{jn} \\ \vdots & \vdots & & \vdots \\ a_{n1} & a_{n2} & \cdots & a_{nn} \end{vmatrix} \xlongequal{r_j + kr_i} \begin{vmatrix} a_{11} & a_{12} & \cdots & a_{1n} \\ \vdots & \vdots & & \vdots \\ a_{i1} & a_{i2} & \cdots & a_{in} \\ \vdots & \vdots & & \vdots \\ a_{j1}+ka_{i1} & a_{j2}+ka_{i2} & \cdots & a_{jn}+ka_{in} \\ \vdots & \vdots & & \vdots \\ a_{n1} & a_{n2} & \cdots & a_{nn} \end{vmatrix}$$

例如：

$$\begin{vmatrix} 1 & 4 & -2 \\ 4 & -3 & 5 \\ 3 & 2 & 3 \end{vmatrix} \xlongequal{r_2-4r_1} \begin{vmatrix} 1 & 4 & -2 \\ 0 & -19 & 13 \\ 3 & 2 & 3 \end{vmatrix} \xlongequal{c_3+2c_1} \begin{vmatrix} 1 & 4 & 0 \\ 0 & -19 & 13 \\ 3 & 2 & 9 \end{vmatrix}.$$

上述性质 1.2、性质 1.3、性质 1.6 是行列式关于行（列）的三种运算，在计算行列式时，利用性质可以简化计算．特别地，通常会利用性质 1.6 将行列式的部分元素化为 0，使之变成三角形行列式，从而得到其值．

例 7 计算下列行列式的值：

$$(1)\ D = \begin{vmatrix} 1 & 1 & -1 & 2 \\ -1 & -1 & 1 & 1 \\ 2 & 4 & -6 & 1 \\ 1 & 2 & 2 & 2 \end{vmatrix}; \qquad (2)\ D = \begin{vmatrix} 3 & 1 & 1 & 1 \\ 1 & 3 & 1 & 1 \\ 1 & 1 & 3 & 1 \\ 1 & 1 & 1 & 3 \end{vmatrix};$$

$$(3)\ D = \begin{vmatrix} a & b & c & d \\ a & a+b & a+b+c & a+b+c+d \\ a & 2a+b & 3a+2b+c & 4a+3b+2c+d \\ a & 3a+b & 6a+3b+c & 10a+6b+3c+d \end{vmatrix}.$$

解 （1）根据性质 1.6、性质 1.2，结合三角行列式的结论得，

$$D \xlongequal[\substack{r_3-2r_1 \\ r_4-r_1}]{r_2+r_1} \begin{vmatrix} 1 & 1 & -1 & 2 \\ 0 & 0 & 0 & 3 \\ 0 & 2 & -4 & -3 \\ 0 & 1 & 3 & 0 \end{vmatrix} \xlongequal{r_4\leftrightarrow r_2} - \begin{vmatrix} 1 & 1 & -1 & 2 \\ 0 & 1 & 3 & 0 \\ 0 & 2 & -4 & -3 \\ 0 & 0 & 0 & 3 \end{vmatrix} \xlongequal{r_3-2r_2} - \begin{vmatrix} 1 & 1 & -1 & 2 \\ 0 & 1 & 3 & 0 \\ 0 & 0 & -10 & -3 \\ 0 & 0 & 0 & 3 \end{vmatrix} = 30;$$

（2）可以发现，此行列式的一个特点是每一列 4 个元素之和为 6，可以将每行都加到第一行，提取公因数，结合性质和三角行列式的结论得，

$$D \xlongequal{r_1+r_2+r_3+r_4} \begin{vmatrix} 6 & 6 & 6 & 6 \\ 1 & 3 & 1 & 1 \\ 1 & 1 & 3 & 1 \\ 1 & 1 & 1 & 3 \end{vmatrix} \xlongequal{r_1 \div 6} 6 \begin{vmatrix} 1 & 1 & 1 & 1 \\ 1 & 3 & 1 & 1 \\ 1 & 1 & 3 & 1 \\ 1 & 1 & 1 & 3 \end{vmatrix} \xlongequal[\substack{r_3-r_1 \\ r_4-r_1}]{r_2-r_1} 6 \begin{vmatrix} 1 & 1 & 1 & 1 \\ 0 & 2 & 0 & 0 \\ 0 & 0 & 2 & 0 \\ 0 & 0 & 0 & 2 \end{vmatrix} = 48;$$

（3）根据行列式的特点，从第 4 行开始，后行减前行得，

$$D \xlongequal[\substack{r_3-r_2 \\ r_2-r_1}]{r_4-r_3} \begin{vmatrix} a & b & c & d \\ 0 & a & a+b & a+b+c \\ 0 & a & 2a+b & 3a+2b+c \\ 0 & a & 3a+b & 6a+3b+c \end{vmatrix} \xlongequal[\substack{r_3-r_2}]{r_4-r_3} \begin{vmatrix} a & b & c & d \\ 0 & a & a+b & a+b+c \\ 0 & 0 & a & 2a+b \\ 0 & 0 & a & 3a+b \end{vmatrix}$$

$$\xlongequal{r_4-r_3} \begin{vmatrix} a & b & c & d \\ 0 & a & a+b & a+b+c \\ 0 & 0 & a & 2a+b \\ 0 & 0 & 0 & a \end{vmatrix} = a^4.$$

上述例子中利用行列式的性质将行列式化成了三角形行列式，再利用三角形行列式的结论很容易得到结果．当然，任何 n 阶行列式总能化成三角形行列式．需要注意的是，后一次

运算是作用在前一次运算结果基础上的,所以各个运算次序不能颠倒.

如
$$\begin{vmatrix} a & b \\ c & d \end{vmatrix} \xlongequal{r_1+r_2} \begin{vmatrix} a+c & b+d \\ c & d \end{vmatrix} \xlongequal{r_2-r_1} \begin{vmatrix} a+c & b+d \\ -a & -b \end{vmatrix},$$
$$\begin{vmatrix} a & b \\ c & d \end{vmatrix} \xlongequal{r_2-r_1} \begin{vmatrix} a & b \\ c-a & d-b \end{vmatrix} \xlongequal{r_1+r_2} \begin{vmatrix} c & d \\ c-a & d-b \end{vmatrix}.$$

在此例中,这两次运算次序的颠倒,导致出现了不同的过程. 所以,忽视了后一次运算是作用在前一次运算结果基础上的这一事实,结果就会出错. 例如
$$\begin{vmatrix} a & b \\ c & d \end{vmatrix} \begin{matrix} \xlongequal{r_1+r_2} \\ \xlongequal{r_2-r_1} \end{matrix} \begin{vmatrix} a+c & b+d \\ c-a & d-b \end{vmatrix},$$

这样的运算就是错误的. 此外还需注意运算 r_j+r_i 和 r_i+r_j 的区别,而 r_j+kr_i 是约定的行列式运算记号,不能写作 kr_i+r_j.

例 8 设
$$D = \begin{vmatrix} a_{11} & \cdots & a_{1k} & & & \\ \vdots & & \vdots & & 0 & \\ a_{k1} & \cdots & a_{kk} & & & \\ c_{11} & \cdots & c_{1k} & b_{11} & \cdots & b_{1n} \\ \vdots & & \vdots & \vdots & & \vdots \\ c_{n1} & \cdots & c_{nk} & b_{n1} & \cdots & b_{nn} \end{vmatrix},$$

$$D_1 = \begin{vmatrix} a_{11} & \cdots & a_{1k} \\ \vdots & & \vdots \\ a_{k1} & \cdots & a_{kk} \end{vmatrix}, \quad D_2 = \begin{vmatrix} b_{11} & \cdots & b_{1n} \\ \vdots & & \vdots \\ b_{n1} & \cdots & b_{nn} \end{vmatrix},$$

证明 $D=D_1D_2$.

证 对 D_1 作行运算:r_i+tr_j,把 D_1 化为下三角形行列式:
$$D_1 = \begin{vmatrix} p_{11} & & 0 \\ \vdots & \ddots & \\ p_{k1} & \cdots & p_{kk} \end{vmatrix} = p_{11}\cdots p_{kk};$$

同样,可以对 D_2 作列运算:c_i+tc_j,把 D_2 化为下三角形行列式:
$$D_2 = \begin{vmatrix} q_{11} & & 0 \\ \vdots & \ddots & \\ q_{n1} & \cdots & q_{nn} \end{vmatrix} = q_{11}\cdots q_{nn}.$$

那么对 D 的前 k 行作行运算 r_i+tr_j,然后对 D 的后 n 列作列运算 c_i+tc_j,把 D 化为下三角形行列式:
$$D = \begin{vmatrix} p_{11} & & & & & \\ \vdots & \ddots & & & 0 & \\ p_{k1} & \cdots & p_{kk} & & & \\ c_{11} & \cdots & c_{1k} & q_{11} & & \\ \vdots & & \vdots & \vdots & \ddots & \\ c_{n1} & \cdots & c_{nk} & q_{n1} & \cdots & q_{nn} \end{vmatrix} = p_{11}\cdots p_{kk}q_{11}\cdots q_{nn},$$

故有 $D=p_{11}\cdots p_{kk}q_{11}\cdots q_{nn}=D_1D_2$.

随堂小练

1. 利用性质计算下列行列式：

$$(1)\begin{vmatrix} 3 & 2 & 1 \\ 6 & 4 & 2 \\ 2 & -7 & 8 \end{vmatrix}; \qquad (2)\begin{vmatrix} 3 & -2 & 1 \\ 0 & 1 & 5 \\ 103 & 98 & 101 \end{vmatrix}; \qquad (3)\begin{vmatrix} 0 & -1 & -1 & 3 \\ 1 & 1 & 0 & 3 \\ -1 & 2 & -1 & 0 \\ 3 & -1 & 1 & 0 \end{vmatrix}.$$

2. 计算四阶行列式 $D = \begin{vmatrix} b & a & a & a \\ a & b & a & a \\ a & a & b & a \\ a & a & a & b \end{vmatrix}$ 的值.

应用知识

【行列式求面积】

在 xOy 平面上有一个平行四边形 $OACB$，如图 1 – 2 所示，A、B 两点的坐标分别为 $(a_1，b_1)$、$(a_2，b_2)$，求此平行四边形的面积.

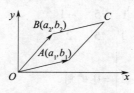

图 1 – 2

解 过点 A 作 x 轴的垂线，交 x 轴于点 E；过点 B 作平行于 x 轴的直线，与过点 C 作平行于 y 轴的直线相交于点 D，如图 1 – 3 所示：

因为 $\triangle CDB \cong \triangle AEO$

所以 $S_{OACB} = S_{OEDB} + S_{CDB} - S_{AEO} - S_{AEDC}$

$\qquad\qquad = S_{OEDB} - S_{AEDC}$

$\qquad\qquad = a_1 b_2 - a_2 b_1$

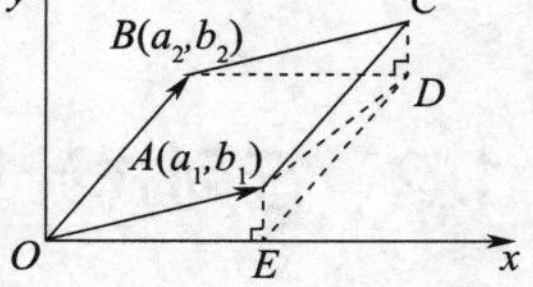

二阶行列式，$\begin{vmatrix} a_1 & b_1 \\ a_2 & b_2 \end{vmatrix} = a_1 b_2 - a_2 b_1.$

图 1 – 3

可以发现，过原点的两个几何向量 OA、OB 构成的平行四边形面积等于 AB 两点坐标的向量所构成的二阶行列式的绝对值.

阶段习题一

进阶题

1. 计算下列行列式的值：

$(1)\begin{vmatrix} 1 & -3 \\ -1 & 4 \end{vmatrix}$; $(2)\begin{vmatrix} a & b \\ b & a \end{vmatrix}$; $(3)\begin{vmatrix} -1 & 0 & -5 \\ 7 & 2 & 3 \\ -1 & 0 & -5 \end{vmatrix}$;

$(4)\begin{vmatrix} 2 & 0 & 1 \\ 1 & -4 & -1 \\ -1 & 8 & 3 \end{vmatrix}$; $(5)\begin{vmatrix} -1 & 3 & 1 \\ 0 & 2 & -2 \\ 0 & -2 & 1 \end{vmatrix}$; $(6)\begin{vmatrix} 3 & 1 & -1 \\ -5 & 1 & 3 \\ 2 & 0 & 1 \end{vmatrix}$.

2. 按自然数从小到大的顺序为标准次序，求下列各排列的逆序数：

(1)1234;   (2)3214;   (3)2431; $(4)13\cdots(2n-1)24\cdots(2n)$.

3. 写出四阶行列式中含有因子 $a_{14}a_{21}$ 的项.

4. 求 $f(x)=\begin{vmatrix} x+1 & -x & -1 \\ 2 & x-1 & 1 \\ x & 1 & x \end{vmatrix}$ 中 x^2 的系数.

提高题

1. 计算下列行列式的值：

$(1)\begin{vmatrix} a & b & c \\ b & c & a \\ c & a & b \end{vmatrix}$; $(2)\begin{vmatrix} 2 & 1 & 3 & 1 \\ 3 & -1 & 2 & 1 \\ 0 & 1 & 5 & -1 \\ 5 & 0 & 5 & 2 \end{vmatrix}$; $(3)\begin{vmatrix} 1 & -3 & 2 & 1 \\ -1 & 5 & 0 & -5 \\ 1 & -2 & 3 & -1 \\ 3 & -8 & 5 & 3 \end{vmatrix}$.

2. 求解方程 $\begin{vmatrix} 1 & 1 & 2 \\ -1 & 1 & x^2-2 \\ 2 & x^2+1 & 1 \end{vmatrix}=0$ 的解.

3. 证明下列等式成立.

$\begin{vmatrix} a^2 & 2a & 1 \\ ab & a+b & 1 \\ b^2 & 2b & 1 \end{vmatrix}=(a-b)^3$.

1.2 行列式计算

03 行列式
计算

通过前面的学习可以发现，二阶、三阶行列式可以利用对角线法进行计算，对于一些特殊的行列式也可以根据定义或者应用行列式的性质进行计算，这样对于一般的高阶行列式而言，是否可以用已有的解决低阶行列式的方法来解决高阶行列式的问题？下面先介绍余子式和代数余子式的概念.

> **定义 1.6** 在 n 阶行列式 D 中，把元素 a_{ij} 所在的第 i 行和第 j 列元素划去后，留下来的 $n-1$ 阶行列式叫作元素 a_{ij} 的余子式，记作 M_{ij}. 若记 $A_{ij}=(-1)^{i+j}M_{ij}$，则称 A_{ij} 为元素 a_{ij} 的代数余子式.

$$D = \begin{vmatrix} a_{11} & a_{12} & \cdots & a_{1j-1} & a_{1j} & a_{1j+1} & \cdots & a_{1n} \\ a_{21} & a_{22} & \cdots & a_{2j-1} & a_{2j} & a_{2j+1} & \cdots & a_{2n} \\ \vdots & \vdots & & \vdots & \vdots & \vdots & & \vdots \\ a_{i-11} & a_{i-12} & \cdots & a_{i-1j-1} & a_{i-1j} & a_{i-1j+1} & \cdots & a_{i-1n} \\ a_{i1} & a_{i2} & \cdots & a_{ij-1} & a_{ij} & a_{ij+1} & \cdots & a_{in} \\ a_{i+11} & a_{i+12} & \cdots & a_{i+1j-1} & a_{i+1j} & a_{i+1j+1} & \cdots & a_{i+1n} \\ \vdots & \vdots & & \vdots & \vdots & \vdots & & \vdots \\ a_{n1} & a_{n2} & \cdots & a_{nj-1} & a_{nj} & a_{nj+1} & \cdots & a_{nn} \end{vmatrix}$$

$$M_{ij} = \begin{vmatrix} a_{11} & a_{12} & \cdots & a_{1j-1} & a_{1j+1} & \cdots & a_{1n} \\ a_{21} & a_{22} & \cdots & a_{2j-1} & a_{2j+1} & \cdots & a_{2n} \\ \vdots & \vdots & & \vdots & \vdots & & \vdots \\ a_{i-11} & a_{i-12} & \cdots & a_{i-1j-1} & a_{i-1j+1} & \cdots & a_{i-1n} \\ a_{i+11} & a_{i+12} & \cdots & a_{i+1j-1} & a_{i+1j+1} & \cdots & a_{i+1n} \\ \vdots & \vdots & & \vdots & \vdots & & \vdots \\ a_{n1} & a_{n2} & \cdots & a_{nj-1} & a_{nj+1} & \cdots & a_{nn} \end{vmatrix}$$

$$A_{ij} = (-1)^{i+j} M_{ij} = (-1)^{i+j} \begin{vmatrix} a_{11} & a_{12} & \cdots & a_{1j-1} & a_{1j+1} & \cdots & a_{1n} \\ a_{21} & a_{22} & \cdots & a_{2j-1} & a_{2j+1} & \cdots & a_{2n} \\ \vdots & \vdots & & \vdots & \vdots & & \vdots \\ a_{i-11} & a_{i-12} & \cdots & a_{i-1j-1} & a_{i-1j+1} & \cdots & a_{i-1n} \\ a_{i+11} & a_{i+12} & \cdots & a_{i+1j-1} & a_{i+1j+1} & \cdots & a_{i+1n} \\ \vdots & \vdots & & \vdots & \vdots & & \vdots \\ a_{n1} & a_{n2} & \cdots & a_{nj-1} & a_{nj+1} & \cdots & a_{nn} \end{vmatrix}$$

以四阶行列式 $D = \begin{vmatrix} a_{11} & a_{12} & a_{13} & a_{14} \\ a_{21} & a_{22} & a_{23} & a_{24} \\ a_{31} & a_{32} & a_{33} & a_{34} \\ a_{41} & a_{42} & a_{43} & a_{44} \end{vmatrix}$ 为例，元素 a_{23} 的余子式和代数余子式分别为:

$$M_{23} = \begin{vmatrix} a_{11} & a_{12} & a_{14} \\ a_{31} & a_{32} & a_{34} \\ a_{41} & a_{42} & a_{44} \end{vmatrix}, \quad A_{23} = (-1)^{2+3} M_{23} = -M_{23} = -\begin{vmatrix} a_{11} & a_{12} & a_{14} \\ a_{31} & a_{32} & a_{34} \\ a_{41} & a_{42} & a_{44} \end{vmatrix}.$$

例1 写出四阶行列式

$$D = \begin{vmatrix} 1 & 0 & 5 & -4 \\ 15 & -9 & 6 & 13 \\ -2 & 3 & 12 & 7 \\ 10 & -14 & 8 & 11 \end{vmatrix}$$

的元素 a_{32} 的余子式和代数余子式.

解 元素 a_{32} 的余子式为划去第三行和第二列后，剩下元素按原来顺序组成的三阶行列式,

而元素 a_{32} 的代数余子式为余子式 M_{32} 前面加一个符号因子 $(-1)^{3+2}$，即

$$M_{32} = \begin{vmatrix} 1 & 5 & -4 \\ 15 & 6 & 13 \\ 10 & 8 & 11 \end{vmatrix}, \qquad A_{32} = (-1)^{3+2} M_{32} = - \begin{vmatrix} 1 & 5 & -4 \\ 15 & 6 & 13 \\ 10 & 8 & 11 \end{vmatrix}.$$

引理 1.1　一个 n 阶行列式 D，如果其中第 i 行所有元素除了 a_{ij} 外都是零，那么这个行列式等于 a_{ij} 与它的代数余子式 A_{ij} 的乘积，即

$$D = a_{ij} A_{ij}.$$

证　当 $a_{ij} = a_{11}$ 时，此时

$$D = \begin{vmatrix} a_{11} & 0 & \cdots & 0 \\ a_{21} & a_{22} & \cdots & a_{2n} \\ \vdots & \vdots & & \vdots \\ a_{n1} & a_{n2} & \cdots & a_{nn} \end{vmatrix},$$

显然根据 1.1 中例 8 的结论，有 $D = a_{11} M_{ij}$，而 $A_{11} = (-1)^{1+1} M_{11} = M_{11}$，所以 $D = a_{11} A_{11}$.
下面证明一般情形，此时

$$D = \begin{vmatrix} a_{11} & \cdots & a_{1j} & \cdots & a_{1n} \\ \vdots & & \vdots & & \vdots \\ 0 & \cdots & a_{ij} & \cdots & 0 \\ \vdots & & \vdots & & \vdots \\ a_{n1} & \cdots & a_{nj} & \cdots & a_{nn} \end{vmatrix},$$

为了利用前面的结果，把行列式 D 的行列做如下调换，把 D 的第 i 行依次与第 $i-1$ 行、第 $i-2$ 行、……、第 1 行对换，这样 D 中原来的元素 a_{ij} 就换到了 a_{1j} 的位置，对换的次数为 $i-1$. 再把第 j 列依次与第 $j-1$ 列、第 $j-2$ 列、……、第 1 列对换，对换的次数为 $j-1$ 次，这样 D 中原来的元素 a_{ij} 就换到了 a_{11} 的位置，总之经过了 $i+j-2$ 次对换，得到的行列式 $D_1 = (-1)^{i+j-2} D = (-1)^{i+j} D$，而 D_1 中 a_{11} 的余子式就是 D 中 a_{ij} 的余子式 M_{ij}.

由于 D_1 中第 1 行第 1 列的元素为 a_{ij}，第 1 行其余元素全为 0，利用前面结论，有

$$D_1 = a_{ij} M_{ij},$$

于是

$$D = (-1)^{i+j} D_1 = (-1)^{i+j} a_{ij} M_{ij} = a_{ij} A_{ij}.$$

定理 1.1　行列式等于它的任一行(列)的各元素与其对应的代数余子式乘积之和，即

$$D = a_{i1} A_{i1} + a_{i2} A_{i2} + \cdots + a_{in} A_{in} (i = 1, 2, \cdots, n)$$

或

$$D = a_{1j} A_{1j} + a_{2j} A_{2j} + \cdots + a_{nj} A_{nj} (j = 1, 2, \cdots, n)$$

此定理叫作**行列式按行(列)展开法则**，可以借助引理 1.1 和性质 1.5 来证明. 今后利用行列式的展开法则，结合行列式的性质可以化简行列式的计算.

例 2 计算下列行列式：

$$(1)\, D = \begin{vmatrix} 0 & a_{12} & 0 & 0 \\ 0 & 0 & 0 & a_{24} \\ a_{31} & 0 & 0 & 0 \\ 0 & 0 & a_{43} & 0 \end{vmatrix}; \quad (2)\, D = \begin{vmatrix} 1 & 1 & -1 & 2 \\ -1 & -1 & 1 & 1 \\ 2 & 4 & -6 & 1 \\ 1 & 2 & 2 & 2 \end{vmatrix}.$$

解 （1）根据行列式的展开法则，有

$$D = a_{12}(-1)^{1+2} \begin{vmatrix} 0 & 0 & a_{24} \\ a_{31} & 0 & 0 \\ 0 & a_{43} & 0 \end{vmatrix} = -a_{12}a_{24}(-1)^{1+3} \begin{vmatrix} a_{31} & 0 \\ 0 & a_{43} \end{vmatrix} = -a_{12}a_{24}a_{31}a_{43}$$

（2）根据行列式的性质及展开法则，有

$$D \xrightarrow[\substack{r_2+r_1 \\ r_3-2r_1 \\ r_4-r_1}]{} \begin{vmatrix} 1 & 1 & -1 & 2 \\ 0 & 0 & 0 & 3 \\ 0 & 2 & -4 & -3 \\ 0 & 1 & 3 & 0 \end{vmatrix} = 3(-1)^{2+4} \begin{vmatrix} 1 & 1 & -1 \\ 0 & 2 & -4 \\ 0 & 1 & 3 \end{vmatrix} = 3 \begin{vmatrix} 1 & 1 & -1 \\ 0 & 2 & -4 \\ 0 & 1 & 3 \end{vmatrix}$$

$$= 3\left[(-1)^{3+2} \begin{vmatrix} 1 & -1 \\ 0 & -4 \end{vmatrix} + 3(-1)^{3+3} \begin{vmatrix} 1 & 1 \\ 0 & 2 \end{vmatrix} \right] = 3 \times (4+6) = 30.$$

利用 GeoGebra 计算行列式

使用步骤：

1. 打开 ⬡，选择代数区；

2. 输入计算行列式命令及行列式，按〈Enter〉键，即得行列式结果（注：符号要在英文状态下输入）.

以例 2（2）为例，输入内容如下.

行列式（｛｛1,1,-1,2｝,｛-1,-1,1,1｝,｛2,4,-6,1｝,｛1,2,2,2｝｝）

或输入

Determinant（｛｛1,1,-1,2｝,｛-1,-1,1,1｝,｛2,4,-6,1｝,｛1,2,2,2｝｝）.

例 3 证明范德蒙德（Vandermonde）行列式：

$$D_n = \begin{vmatrix} 1 & 1 & \cdots & 1 \\ x_1 & x_2 & \cdots & x_n \\ x_1^2 & x_2^2 & \cdots & x_n^2 \\ \vdots & \vdots & & \vdots \\ x_1^{n-1} & x_2^{n-1} & \cdots & x_n^{n-1} \end{vmatrix} = \prod_{n \geq i > j \geq 1} (x_i - x_j),$$

其中记号"$\prod$"表示全体同类因子的乘积.

证 用数学归纳法，因为

$$D_2 = \begin{vmatrix} 1 & 1 \\ x_1 & x_2 \end{vmatrix} = x_2 - x_1 = \prod_{2 \geq i > j \geq 1} (x_i - x_j),$$

所以当 $n=2$ 时，原式成立. 假设原式对 $n-1$ 阶范德蒙德行列式成立，下证原式对 n 阶范德蒙德行列式成立：

从第 n 行开始，后行减去前行的 x_1 倍，有

$$D_n = \begin{vmatrix} 1 & 1 & 1 & \cdots & 1 \\ 0 & x_2 - x_1 & x_3 - x_1 & \cdots & x_n - x_1 \\ 0 & x_2(x_2 - x_1) & x_3(x_3 - x_1) & \cdots & x_n(x_n - x_1) \\ \vdots & \vdots & \vdots & & \vdots \\ 0 & x_2^{n-2}(x_2 - x_1) & x_3^{n-2}(x_3 - x_1) & \cdots & x_n^{n-2}(x_n - x_1) \end{vmatrix},$$

按第一列展开，并把每列的公因子$(x_i - x_1)$提出，就有

$$D_n = (x_2 - x_1)(x_3 - x_1)\cdots(x_n - x_1)\begin{vmatrix} 1 & 1 & \cdots & 1 \\ x_2 & x_3 & \cdots & x_n \\ \vdots & \vdots & & \vdots \\ x_2^{n-2} & x_3^{n-2} & \cdots & x_n^{n-2} \end{vmatrix}$$

上式右端的行列式是$n-1$阶范德蒙德行列式，按归纳法假设，它等于所有因子$(x_i - x_1)$的乘积，其中$n \geq i > j \geq 2$，故

$$D_n = (x_2 - x_1)(x_3 - x_1)\cdots(x_n - x_1)\prod_{n \geq i > j \geq 2}(x_i - x_j) = \prod_{n \geq i > j \geq 1}(x_i - x_j).$$

例 4 设 $D = \begin{vmatrix} 3 & -5 & 2 & 1 \\ 1 & 1 & 0 & -5 \\ -1 & 3 & 1 & 3 \\ 2 & -4 & -1 & -3 \end{vmatrix}$,

D 中元素 a_{ij} 的余子式和代数余子式分别记作 M_{ij} 和 A_{ij}，求 $A_{11} + A_{12} + A_{13} + A_{14}$ 及 $M_{11} + M_{21} + M_{31} + M_{41}$.

解 将 D 的第一行元素全用 1 代换，所得到的行列式的值就是 $A_{11} + A_{12} + A_{13} + A_{14}$ 的值，即

$$A_{11} + A_{12} + A_{13} + A_{14} = \begin{vmatrix} 1 & 1 & 1 & 1 \\ 1 & 1 & 0 & -5 \\ -1 & 3 & 1 & 3 \\ 2 & -4 & -1 & -3 \end{vmatrix} \xrightarrow[r_3 - r_1]{r_4 + r_3} \begin{vmatrix} 1 & 1 & 1 & 1 \\ 1 & 1 & 0 & -5 \\ -2 & 2 & 0 & 2 \\ 1 & -1 & 0 & 0 \end{vmatrix}$$

$$= (-1)^{1+3}\begin{vmatrix} 1 & 1 & -5 \\ -2 & 2 & 2 \\ 1 & -1 & 0 \end{vmatrix} \xrightarrow{c_2 + c_1} \begin{vmatrix} 1 & 2 & -5 \\ -2 & 0 & 2 \\ 1 & 0 & 0 \end{vmatrix}$$

$$= (-1)^{3+1}\begin{vmatrix} 2 & -5 \\ 0 & 2 \end{vmatrix} = 4.$$

同样有，

$$M_{11} + M_{21} + M_{31} + M_{41} = A_{11} - A_{21} + A_{31} - A_{41} = \begin{vmatrix} 1 & -5 & 2 & 1 \\ -1 & 1 & 0 & -5 \\ 1 & 3 & 1 & 3 \\ -1 & -4 & -1 & -3 \end{vmatrix}$$

$$\xrightarrow{r_4 + r_3} \begin{vmatrix} 1 & -5 & 2 & 1 \\ -1 & 1 & 0 & -5 \\ 1 & 3 & 1 & 3 \\ 0 & -1 & 0 & 0 \end{vmatrix} = -1\,(-1)^{4+2}\begin{vmatrix} 1 & 2 & 1 \\ -1 & 0 & -5 \\ 1 & 1 & 3 \end{vmatrix}$$

$$\xrightarrow{r_1 - 2r_3} -\begin{vmatrix} -1 & 0 & -5 \\ -1 & 0 & -5 \\ 1 & 1 & 3 \end{vmatrix} = 0.$$

随堂小练

计算下列行列式的值：

$$(1)\ \begin{vmatrix} 1 & 2 & 2 \\ 0 & -1 & -3 \\ 2 & 2 & 1 \end{vmatrix};\ (2)\ \begin{vmatrix} 1 & 2 & 2 & 2 \\ 2 & 2 & 2 & 2 \\ 2 & 2 & 3 & 2 \\ 2 & 4 & 2 & 4 \end{vmatrix};\ (3)\ \begin{vmatrix} 0 & 1 & 1 & 1 \\ 1 & 0 & 1 & 1 \\ 1 & 1 & 0 & 1 \\ 1 & 1 & 1 & 0 \end{vmatrix};\ (4)\ \begin{vmatrix} 1 & 1 & 1 & 1 \\ a & x & y & z \\ a^2 & x^2 & y^2 & z^2 \\ a^3 & x^3 & y^3 & z^3 \end{vmatrix}.$$

应用知识

（1）过点 $P(x_1,\ y_1)$ 和 $Q(x_2,\ y_2)$ 的直线方程可以表示成：

$$\begin{vmatrix} x_1 & y_1 & 1 \\ x_2 & y_2 & 1 \\ x & y & 1 \end{vmatrix} = 0.$$

（2）三线共点：平面内三条互不平行的直线，

$$l_1:\ a_1x + b_1y + c_1 = 0$$
$$l_2:\ a_2x + b_2y + c_2 = 0$$
$$l_3:\ a_3x + b_3y + c_3 = 0$$

相交于一点的充要条件是：

$$\begin{vmatrix} a_1 & b_1 & c_1 \\ a_2 & b_2 & c_2 \\ a_3 & b_3 & c_3 \end{vmatrix} = 0.$$

（3）三点共线：平面内三点 $P(x_1,\ y_1)$，$Q(x_2,\ y_2)$，$R(x_3,\ y_3)$ 在一条直线上的充要条件是：

$$\begin{vmatrix} x_1 & y_1 & 1 \\ x_2 & y_2 & 1 \\ x_3 & y_3 & 1 \end{vmatrix} = 0.$$

（4）过三点 $P(x_1,\ y_1)$，$Q(x_2,\ y_2)$，$R(x_3,\ y_3)$ 的平面方程：

$$\begin{vmatrix} x - x_1 & y - y_1 & z - z_1 \\ x_2 - x_1 & y_2 - y_1 & z_2 - z_1 \\ x_3 - x_1 & y_3 - y_1 & z_3 - z_1 \end{vmatrix} = 0.$$

阶段习题二

进阶题

1. 写出三阶行列式 $\begin{vmatrix} 1 & -3 & 1 \\ 0 & 5 & x \\ -1 & 2 & -2 \end{vmatrix} = 0$ 中 x 的余子式和代数余子式.

2. 写出四阶行列式 $\begin{vmatrix} 6 & 1 & 0 & -1 \\ -7 & 7 & 6 & -2 \\ -2 & 3 & 8 & 1 \\ 10 & 1 & 4 & 11 \end{vmatrix}$ 中元素 a_{24}，a_{32} 的余子式和代数余子式.

3. 计算下列四阶行列式：

(1) $\begin{vmatrix} 0 & 0 & 3 & 0 \\ 2 & -1 & 3 & -1 \\ 0 & 1 & 2 & -1 \\ 1 & 2 & 5 & 2 \end{vmatrix}$；　(2) $\begin{vmatrix} 1 & 1 & 1 & 1 \\ a & b & c & d \\ a^2 & b^2 & c^2 & d^2 \\ a^3 & b^3 & c^3 & d^3 \end{vmatrix}$，$a$，$b$，$c$，$d$ 互不相等.

4. 解方程 $\begin{vmatrix} 1 & 1 & 1 & 1 \\ x & a & b & c \\ x^2 & a^2 & b^2 & c^2 \\ x^3 & a^3 & b^3 & c^3 \end{vmatrix} = 0$，其中 a，b，c 为互不相等的实数.

提高题

1. 计算下列行列式的值：

(1) $\begin{vmatrix} 1 & 2 & 3 & 4 \\ 1 & 3 & 4 & 1 \\ 1 & 4 & 1 & 2 \\ 1 & 1 & 2 & 3 \end{vmatrix}$；　(2) $\begin{vmatrix} 1 & x & x^2 & x^3 \\ 1 & y & y^2 & y^3 \\ 1 & m & m^2 & m^3 \\ 1 & n & n^2 & n^3 \end{vmatrix}$，$x$，$y$，$m$，$n$ 互不相等.

2. 设 $D = \begin{vmatrix} 3 & 5 & -1 & 2 \\ -1 & 1 & -1 & -1 \\ -3 & 0 & 1 & 2 \\ 2 & -4 & -1 & -2 \end{vmatrix}$，$D$ 中元素 a_{ij} 的余子式和代数余子式分别记作 M_{ij} 和 A_{ij}，求

$$A_{11} + A_{12} + A_{13} + A_{14} \text{ 及 } M_{12} + M_{22} + M_{32} + M_{42}.$$

1.3 矩阵概念和运算

　　除了前面所学的行列式，矩阵也是线性代数中很重要的概念. 矩阵是从许多实际问题的计算中抽象出来的一个数学概念，是研究线性函数的工具. 在物理学中，矩阵在电学、力学、光学和量子物理中都有应用；计算机科学中，三维动画制作也需要用到矩阵，可以说矩阵在自然科学、工程技术和经济管理的许多学科中都有广泛的应用. 本节主要介绍矩阵概念、特殊矩阵及矩阵运算.

1.3.1 矩阵的概念

　　设线性方程组

04 矩阵的概念

$$\begin{cases} x_1 - 3x_2 + x_3 = 4 \\ 2x_1 + x_2 - x_3 = 3 \\ 3x_1 - 2x_2 + 2x_3 = 7 \end{cases},$$

若把方程组中未知数的系数和常数项分离出来，按原来的位置次序排成数表

$$\begin{pmatrix} 1 & -3 & 1 & 4 \\ 2 & 1 & -1 & 3 \\ 3 & -2 & 2 & 7 \end{pmatrix},$$

则这个数表就是矩阵.

表 1-1 是某校各个二级学院部分公共选修课选课人数的统计表.

表 1-1

	中国文化概论	中国传统武术	营养与健康	社交礼仪	文化遗产概览	创新中国	C 语言程序设计
汽车学院	8	15	8	0	9	20	10
电信学院	8	10	0	8	10	13	26
机电学院	12	9	5	6	10	16	14
艺术学院	10	6	15	18	20	9	8
经管学院	9	8	12	25	11	0	1
生物学院	13	12	20	3	0	2	1

同样，对于表 1-1，将其中的数字分离出来，按原来的位置次序可排成一个数表，如

$$\begin{pmatrix} 8 & 15 & 8 & 0 & 9 & 20 & 10 \\ 8 & 10 & 0 & 8 & 10 & 13 & 26 \\ 12 & 9 & 5 & 6 & 10 & 16 & 14 \\ 10 & 6 & 15 & 18 & 20 & 9 & 8 \\ 9 & 8 & 12 & 25 & 11 & 0 & 1 \\ 13 & 12 & 20 & 3 & 0 & 2 & 1 \end{pmatrix},$$

则这个数表就是矩阵.

定义 1.7　由 $m \times n$ 个数 $a_{ij}(i=1, 2, 3, \cdots, m; j=1, 2, 3, \cdots, n)$ 排成 m 行 n 列数表，并用圆括号括起来，

$$\begin{pmatrix} a_{11} & a_{12} & \cdots & a_{1n} \\ a_{21} & a_{22} & \cdots & a_{2n} \\ \vdots & \vdots & & \vdots \\ a_{m1} & a_{m2} & \cdots & a_{mn} \end{pmatrix}$$

称为 m 行 n 列矩阵，简称 $m \times n$ 矩阵. 矩阵通常用大写字母 A, B, C, $\cdots$ 表示. 例如上述矩阵可以记作 A 或 $A_{m \times n}$，有时也记作 $A = (a_{ij})_{m \times n}$，其中 a_{ij} 称为矩阵 A 的第 i 行第 j 列元素.

数学小讲堂 ✍

早在公元 1 世纪，我国的数学经典著作《九章算术》已能够相当成熟地运用矩阵形式解方程组．魏晋时期的数学家刘徽又在《九章算术注》中进一步完善，给出了完整的演算过程．但是那时候，矩阵仅是用来作为线性方程组系数的排列形式解决实际问题的，并没有建立完善的矩阵理论．矩阵这个名词是希尔维斯特在 1850 年首次引进的，他称一个 m 行、n 列的阵列为"矩阵"．而凯莱则是首先将矩阵作为独立研究对象的数学家，他从 1855 年起就发表了一系列的矩阵研究论文，引入了简化记号，奠定了矩阵理论的基础．

特别地，当 $m = n$ 时，称 $\boldsymbol{A}$ 为 $\boldsymbol{n}$ 阶矩阵，或 $\boldsymbol{n}$ 阶方阵．可记作 $\boldsymbol{A}$ 或 $\boldsymbol{A}_n$，即

$$\boldsymbol{A}_n = \begin{pmatrix} a_{11} & a_{12} & \cdots & a_{1n} \\ a_{21} & a_{22} & \cdots & a_{2n} \\ \vdots & \vdots & & \vdots \\ a_{n1} & a_{n2} & \cdots & a_{nn} \end{pmatrix}.$$

由 n 阶方阵 $\boldsymbol{A}$ 的元素所构成的行列式（各个元素的位置不变），称为方阵 $\boldsymbol{A}$ 的行列式，记作 $|\boldsymbol{A}|$ 或 $\det\boldsymbol{A}$.

$$|\boldsymbol{A}| = \begin{vmatrix} a_{11} & a_{12} & \cdots & a_{1n} \\ a_{21} & a_{22} & \cdots & a_{2n} \\ \vdots & \vdots & & \vdots \\ a_{n1} & a_{n2} & \cdots & a_{nn} \end{vmatrix}.$$

但是需要注意，方阵 $\boldsymbol{A}$ 和方阵 $\boldsymbol{A}$ 的行列式 $|\boldsymbol{A}|$ 是两个不同的概念．方阵 $\boldsymbol{A}$ 是数表，行列式 $|\boldsymbol{A}|$ 是实数．

由行列式 $|\boldsymbol{A}|$ 的各个元素的代数余子式 $A_{ij} = (-1)^{i+j}M_{ij}$ 所构成的如下矩阵，记为 $\boldsymbol{A}^*$，称为矩阵 $\boldsymbol{A}$ 的伴随矩阵，简称伴随阵.

$$\boldsymbol{A}^* = \begin{pmatrix} A_{11} & A_{21} & \cdots & A_{n1} \\ A_{12} & A_{22} & \cdots & A_{n2} \\ \vdots & \vdots & & \vdots \\ A_{1n} & A_{2n} & \cdots & A_{nn} \end{pmatrix}.$$

当 $\boldsymbol{m} = 1$ 或 $\boldsymbol{n} = 1$ 时，矩阵只有一行，或只有一列，即

$$\boldsymbol{A} = (a_{11} \quad a_{12} \quad \cdots \quad a_{1n}) \quad \text{或} \quad \boldsymbol{A} = \begin{pmatrix} a_{11} \\ a_{21} \\ \vdots \\ a_{n1} \end{pmatrix},$$ 分别称之为行矩阵和列矩阵．

在 n 阶方阵中，从左上角到右下角的对角线为**主对角线**，从右上角到左下角的对角线称为**次对角线**.

除了主对角线上的元素外，其余元素全为零的 n 阶方阵叫作对角矩阵．记作

$$A = diag(\lambda_1,\ \lambda_2,\ \cdots,\ \lambda_n) = \begin{pmatrix} \lambda_1 & 0 & \cdots & 0 \\ 0 & \lambda_2 & \cdots & 0 \\ \vdots & \vdots & & \vdots \\ 0 & 0 & \cdots & \lambda_n \end{pmatrix}.$$

主对角线上的元素都为 1 的对角矩阵叫作单位矩阵. 记作 E 或 E_n，即

$$E = \begin{pmatrix} 1 & 0 & \cdots & 0 \\ 0 & 1 & \cdots & 0 \\ \vdots & \vdots & & \vdots \\ 0 & 0 & \cdots & 1 \end{pmatrix}.$$

主对角线一侧所有元素都为零的方阵，叫作**三角矩阵**，分为上三角矩阵与下三角矩阵.

上三角矩阵：　$A_n = \begin{pmatrix} a_{11} & a_{12} & \cdots & a_{1n} \\ 0 & a_{22} & \cdots & a_{2n} \\ \vdots & \vdots & & \vdots \\ 0 & 0 & \cdots & a_{nn} \end{pmatrix}.$　　下三角矩阵：　$B_n = \begin{pmatrix} a_{11} & 0 & \cdots & 0 \\ a_{21} & a_{22} & \cdots & 0 \\ \vdots & \vdots & & \vdots \\ a_{n1} & a_{n2} & \cdots & a_{nn} \end{pmatrix}.$

所有元素全为零的矩阵称为零矩阵，$m \times n$ 阶的零矩阵记作 O 或 $O_{m \times n}$. 需要注意的是不同阶的零矩阵是不同的.

把矩阵 A 的行依次转换成同序数的列所得到的矩阵叫作 A 的转置矩阵. 记作 A^{T}. 例如：

$$A = \begin{pmatrix} 1 & 2 & 3 \\ 5 & 7 & 8 \end{pmatrix} \text{的转置矩阵为，} A^{\mathrm{T}} = \begin{pmatrix} 1 & 5 \\ 2 & 7 \\ 3 & 8 \end{pmatrix}.$$

例1　设 $A = \begin{pmatrix} 1 & -3 & 1 & 4 \\ 2 & 1 & -1 & 3 \\ 3 & -2 & 2 & 7 \end{pmatrix}$，求 A^{T} 和 $(A^{\mathrm{T}})^{\mathrm{T}}$.

解　$A^{\mathrm{T}} = \begin{pmatrix} 1 & 2 & 3 \\ -3 & 1 & -2 \\ 1 & -1 & 2 \\ 4 & 3 & 7 \end{pmatrix}$，　$(A^{\mathrm{T}})^{\mathrm{T}} = \begin{pmatrix} 1 & -3 & 1 & 4 \\ 2 & 1 & -1 & 3 \\ 3 & -2 & 2 & 7 \end{pmatrix} = A.$

事实上，对任何矩阵 A，都有 $(A^{\mathrm{T}})^{\mathrm{T}} = A$.

设 A 为 n 阶方阵，如果满足等式 $A^{\mathrm{T}} = A$，即元素关系有 $a_{ij} = a_{ji}(i, j = 1, 2, \cdots, n)$，那么 A 称为对称矩阵，简称对称阵. 对称阵的特点是元素以主对角线为对称轴对应相等.

若矩阵 A、B 的行数和列数分别相等，

> **利用 GeoGebra 计算矩阵的转置**
> 运算指令："转置(矩阵)"或"Transpose(矩阵)"
> 使用步骤：
> 1. 打开⚙，选择代数区；
> 2. 输入指令和矩阵，按〈Enter〉键，
> 以例 1 为例，输入内容如下，
> 转置({{1, -3, 1, 4}, {2, 1, -1, 3}, {3, -2, 2, 7}}).

则称 A、B 为同型矩阵，如果矩阵 $A = (a_{ij})_{m \times n}$，$B = (b_{ij})_{m \times n}$ 的对应元素分别相等，即 $a_{ij} = b_{ij}$ $(i = 1, 2, \cdots, m; j = 1, 2, \cdots, n)$，那么就说这两个矩阵相等，记作 $A = B$.

例2　设矩阵 $A = \begin{pmatrix} x & -1 & -8 \\ 0 & y & 4 \end{pmatrix}$，$B = \begin{pmatrix} 3 & -1 & z \\ 0 & 2 & 4 \end{pmatrix}$，且 $A = B$，求 x, y, z 的值.

解　因为 $A = B$，

所以 $\begin{pmatrix} x & -1 & -8 \\ 0 & y & 4 \end{pmatrix} = \begin{pmatrix} 3 & -1 & z \\ 0 & 2 & 4 \end{pmatrix}$，即 $x = 3$，$y = 2$，$z = -8$.

随堂小练

1. 矩阵 $\begin{pmatrix} 8 & 15 & 8 & 0 & 9 & 20 & 10 \\ 8 & 10 & 0 & 8 & 10 & 13 & 26 \\ 12 & 9 & 5 & 6 & 10 & 16 & 14 \\ 10 & 6 & 15 & 18 & 20 & 9 & 8 \\ 9 & 8 & 12 & 25 & 11 & 0 & 1 \\ 13 & 12 & 20 & 3 & 0 & 2 & 1 \end{pmatrix}$ 是几行几列的矩阵？该矩阵中元素 a_{23}，a_{55} 和 a_{65}

分别是多少？

2. 写出矩阵 $A = \begin{pmatrix} 6 & 5 & 5 \\ 4 & -4 & 0 \\ -1 & 7 & 3 \end{pmatrix}$ 的转置矩阵.

05 矩阵的运算

1.3.2 矩阵的运算

矩阵是从实际问题中抽象出来的一个数学概念，如何将不同的矩阵联系起来，对解决实际问题进行一定的简化，它们又在什么条件下可以进行一些运算，这些运算具有什么性质，这就是接着要讨论的主要内容.

1. 矩阵的加法运算

> **定义 1.8** 设 $A = (a_{ij})_{m \times n}$，$B = (b_{ij})_{m \times n}$ 为同型矩阵，则矩阵 A 与 B 的和记作 $A + B$，并规定：$A + B = (a_{ij} + b_{ij})$，即
>
> $$A + B = \begin{pmatrix} a_{11} + b_{11} & a_{12} + b_{12} & \cdots & a_{1n} + b_{1n} \\ a_{21} + b_{21} & a_{22} + b_{22} & \cdots & a_{2n} + b_{2n} \\ \vdots & \vdots & & \vdots \\ a_{m1} + b_{m1} & a_{m2} + b_{m2} & \cdots & a_{mn} + b_{mn} \end{pmatrix}.$$

需要注意，两个矩阵进行加法运算的前提是这两个矩阵必须为同型矩阵.

矩阵的加法满足以下运算律(设 A，B，C 都是同型矩阵)：

(1) 交换律　$A + B = B + A$；

(2) 结合律　$(A + B) + C = A + (B + C)$；

(3) 同型零矩阵满足　$A + 0 = A$.

(4) 设矩阵 $A = (a_{ij})$，记 $-A = (-a_{ij})$，称 $-A$ 为矩阵 A 的负矩阵，显然有 $A + (-A) = 0$ 成立. 因此通过加法运算来定义同型矩阵 A，B 的减法运算，即

$$A - B = A + (-B).$$

例 3　设矩阵 $A = \begin{pmatrix} 12 & 3 & -5 \\ 1 & -9 & 0 \\ 3 & 6 & 8 \end{pmatrix}$，$B = \begin{pmatrix} 1 & 8 & 9 \\ 6 & 5 & 4 \\ 3 & 2 & 1 \end{pmatrix}$，求 $A + B$ 及 $A - B$.

解　$A + B = \begin{pmatrix} 12+1 & 3+8 & -5+9 \\ 1+6 & -9+5 & 0+4 \\ 3+3 & 6+2 & 8+1 \end{pmatrix} = \begin{pmatrix} 13 & 11 & 4 \\ 7 & -4 & 4 \\ 6 & 8 & 9 \end{pmatrix}$，

$A - B = \begin{pmatrix} 12-1 & 3-8 & -5-9 \\ 1-6 & -9-5 & 0-4 \\ 3-3 & 6-2 & 8-1 \end{pmatrix} = \begin{pmatrix} 11 & -5 & -14 \\ -5 & -14 & -4 \\ 0 & 4 & 7 \end{pmatrix}$.

利用 GeoGebra 进行矩阵加、减法运算

运算符号：加法"＋"，减法"－".

1. 打开 ⬡，选择代数区.

2. 输入矩阵和运算符号，按〈Enter〉键（在英文状态下输入）.

以例 3 为例，输入内容如下，

$(\{\{12,3,-5\},\{1,-9,0\},\{3,6,8\}\}) + (\{\{1,8,9\},\{6,5,4\},\{3,2,1\}\})$，

$(\{\{12,3,-5\},\{1,-9,0\},\{3,6,8\}\}) - (\{\{1,8,9\},\{6,5,4\},\{3,2,1\}\})$.

---

2. 矩阵的数乘运算

定义 1.9　设 k 是任意一个实数，$A = (a_{ij})$ 是一个 $m \times n$ 矩阵，规定实数 k 与矩阵 A 的乘积为

$$kA = (ka_{ij})_{m \times n} = \begin{pmatrix} ka_{11} & ka_{12} & \cdots & ka_{1n} \\ ka_{21} & ka_{22} & \cdots & ka_{2n} \\ \vdots & \vdots & & \vdots \\ ka_{m1} & ka_{m2} & \cdots & ka_{mn} \end{pmatrix},$$

并且 $kA = Ak$.

对任意的实数 k，l 和矩阵 $A = (a_{ij})_{m \times n}$，$B = (b_{ij})_{m \times n}$，矩阵的数乘满足以下运算律：

(1) 数对矩阵的分配律　$k(A + B) = kA + kB$；

(2) 矩阵对数的分配律　$(k + l)A = kA + lA$；

(3) 数与矩阵的结合律　$(kl)A = k(lA) = l(kA)$.

例 4　设矩阵 $A = \begin{pmatrix} 3 & -2 \\ 5 & 0 \\ 1 & 6 \end{pmatrix}$，$B = \begin{pmatrix} 4 & -3 \\ 8 & 2 \\ -1 & 7 \end{pmatrix}$，求 $3A - 2B$.

解　先做矩阵的数乘运算 $3A$ 和 $2B$，然后求矩阵 $3A$ 和 $2B$ 的差.

因为　$3A = \begin{pmatrix} 3 \times 3 & 3 \times (-2) \\ 3 \times 5 & 3 \times 0 \\ 3 \times 1 & 3 \times 6 \end{pmatrix} = \begin{pmatrix} 9 & -6 \\ 15 & 0 \\ 3 & 18 \end{pmatrix}$，$2B = \begin{pmatrix} 2 \times 4 & 2 \times (-3) \\ 2 \times 8 & 2 \times 2 \\ 2 \times (-1) & 2 \times 7 \end{pmatrix} = \begin{pmatrix} 8 & -6 \\ 16 & 4 \\ -2 & 14 \end{pmatrix}$；

所以　$3A - 2B = \begin{pmatrix} 9 & -6 \\ 15 & 0 \\ 3 & 18 \end{pmatrix} - \begin{pmatrix} 8 & -6 \\ 16 & 4 \\ -2 & 14 \end{pmatrix} = \begin{pmatrix} 1 & 0 \\ -1 & -4 \\ 5 & 4 \end{pmatrix}.$

例 5 已知矩阵 $A = \begin{pmatrix} 3 & -1 & 2 \\ 1 & 5 & 7 \\ 5 & 4 & -3 \end{pmatrix}$, $B = \begin{pmatrix} 7 & 5 & -4 \\ 5 & 1 & 9 \\ 3 & -2 & 1 \end{pmatrix}$, 且 $A + 2X = B$, 求矩阵 X.

解 由 $A + 2X = B$, 得 $X = \dfrac{1}{2}(B - A)$.

因为　$B - A = \begin{pmatrix} 7 & 5 & -4 \\ 5 & 1 & 9 \\ 3 & -2 & 1 \end{pmatrix} - \begin{pmatrix} 3 & -1 & 2 \\ 1 & 5 & 7 \\ 5 & 4 & -3 \end{pmatrix} = \begin{pmatrix} 4 & 6 & -6 \\ 4 & -4 & 2 \\ -2 & -6 & 4 \end{pmatrix},$

所以,　$X = \dfrac{1}{2}(B - A) = \dfrac{1}{2}\begin{pmatrix} 4 & 6 & -6 \\ 4 & -4 & 2 \\ -2 & -6 & 4 \end{pmatrix} = \begin{pmatrix} 2 & 3 & -3 \\ 2 & -2 & 1 \\ -1 & -3 & 2 \end{pmatrix}.$

3. 矩阵与矩阵的乘法运算

引例[建材预算]　某校明后两年计划建筑教学楼与宿舍楼. 建筑面积及材料用量列表如下:

建筑面积(单位: 100m^2)见表 1 - 2.

表 1 - 2

	教学楼	宿舍楼
明年	20	10
后年	30	20

材料(每 100m^2 建筑面积)的平均耗用量见表 1 - 3.

表 1 - 3

	钢材(t)	水泥(t)	木材(m^2)
教学楼	2	18	4
宿舍楼	1.5	15	5

因此, 明后两年三种建筑材料的用量见表 1 - 4.

表 1 - 4

	钢材(t)	水泥(t)	木材(m^2)
明年	$20 \times 2 + 10 \times 1.5 = 55$	$20 \times 18 + 10 \times 15 = 510$	$20 \times 4 + 10 \times 5 = 130$
后年	$30 \times 2 + 20 \times 1.5 = 90$	$30 \times 18 + 20 \times 15 = 840$	$30 \times 4 + 20 \times 5 = 220$

如果把上述三个表格用矩阵表示, 为

$$A = \begin{pmatrix} 20 & 10 \\ 30 & 20 \end{pmatrix}, \quad B = \begin{pmatrix} 2 & 18 & 4 \\ 1.5 & 15 & 5 \end{pmatrix},$$

$$C = \begin{pmatrix} 20 \times 2 + 10 \times 1.5 & 20 \times 18 + 10 \times 15 & 20 \times 4 + 10 \times 5 \\ 30 \times 2 + 20 \times 1.5 & 30 \times 18 + 20 \times 15 & 30 \times 4 + 20 \times 5 \end{pmatrix},$$

那么，可以看出，矩阵 C 的第一行三个元素，依次等于矩阵 A 的第一行所有元素与矩阵 B 的第一、第二、第三列各对应元素的乘积之和；矩阵 C 的第二行三个元素，依次等于矩阵 A 的第二行所有元素与矩阵 B 的第一、第二、第三列各对应元素的乘积之和.

类似于上述矩阵 A，B，C 之间的关系，给出矩阵的乘法运算法则.

定义 1.10　设 $A = (a_{ij})$ 是一个 $m \times s$ 矩阵，$B = (b_{ij})$ 是一个 $s \times n$ 矩阵，则称 $m \times n$ 矩阵 $C = (c_{ij})$ 为矩阵 A 与 B 的乘积，其中

$$c_{ij} = a_{i1}b_{1j} + a_{i2}b_{2j} + \cdots + a_{is}b_{sj} = \sum_{k=1}^{s} a_{ik}b_{kj}(i = 1,2,3,\cdots,m, j = 1,2,3,\cdots,n),$$

记作，$C = AB$.

必需注意：

（1）只有当左矩阵 A 的列数等于右矩阵 B 的行数时，A，B 才能作乘法运算 $C = AB$.

（2）两个矩阵的乘积 $C = AB$ 亦是矩阵，它的行数等于左矩阵 A 的行数，它的列数等于右矩阵 B 的列数.

（3）乘积矩阵 $C = AB$ 中的第 i 行第 j 列的元素等于 A 的第 i 行元素与 B 的第 j 列对应元素的乘积之和.

例 6　设矩阵 $A = \begin{pmatrix} 2 & -1 \\ -4 & 0 \\ 3 & 5 \end{pmatrix}$，$B = \begin{pmatrix} 9 & -8 \\ -7 & 10 \end{pmatrix}$，求 AB.

解　$AB = \begin{pmatrix} 2 & -1 \\ -4 & 0 \\ 3 & 5 \end{pmatrix}\begin{pmatrix} 9 & -8 \\ -7 & 10 \end{pmatrix} = \begin{pmatrix} 2 \times 9 + (-1) \times (-7) & 2 \times (-8) + (-1) \times 10 \\ -4 \times 9 + 0 \times (-7) & -4 \times (-8) + 0 \times 10 \\ 3 \times 9 + 5 \times (-7) & 3 \times (-8) + 5 \times 10 \end{pmatrix}$

$= \begin{pmatrix} 25 & -26 \\ -36 & 32 \\ -8 & 26 \end{pmatrix}$.

利用 GeoGebra 进行矩阵的数乘、乘法运算

运算符号：数乘、乘法"＊".

使用步骤：

1. 打开 ⬡，选择代数区.

2. 输入矩阵和运算符号，按〈Enter〉键（在英文状态下输入）.

数乘运算以例 4 为例，输入内容如下：

$(\{\{3, -2\}, \{5,0\}, \{1,6\}\}) * 3 - (\{\{4, -3\}, \{8,2\}, \{-1,7\}\}) * 2.$

乘法运算以例 6 为例，输入内容如下：

$(\{\{2, -1\}, \{-4,0\}, \{3,5\}\}) * (\{\{9, -8\}, \{-7,10\}\}).$

例 7　已知 $A = \begin{pmatrix} 3 & 2 & -1 \\ 2 & -3 & 5 \end{pmatrix}$，$B = \begin{pmatrix} 1 & 3 \\ -5 & 4 \\ 3 & 6 \end{pmatrix}$，求 AB 和 BA.

解 $AB = \begin{pmatrix} 3 & 2 & -1 \\ 2 & -3 & 5 \end{pmatrix} \begin{pmatrix} 1 & 3 \\ -5 & 4 \\ 3 & 6 \end{pmatrix} = \begin{pmatrix} -10 & 11 \\ 32 & 24 \end{pmatrix}$;

$$BA = \begin{pmatrix} 1 & 3 \\ -5 & 4 \\ 3 & 6 \end{pmatrix} \begin{pmatrix} 3 & 2 & -1 \\ 2 & -3 & 5 \end{pmatrix} = \begin{pmatrix} 9 & -7 & 14 \\ -7 & -22 & 25 \\ 21 & -12 & 27 \end{pmatrix}.$$

在例 4 中，由于矩阵 B 有 2 列，矩阵 A 有 3 行，B 的列数不等于 A 的行数，所以 BA 无意义．因此，从例 4、例 5 可知，当乘积矩阵 AB 有意义时，BA 不一定有意义；即使乘积 AB 和 BA 都有意义，AB 和 BA 也不一定相等．因此，矩阵乘法不满足交换律，即在一般情况下，$AB \neq BA$.

矩阵的乘法满足以下运算律（假设运算都可行，k 为任意实数）：

(1) 左分配律 $A(B+C) = AB + AC$；右分配律 $(B+C)A = BA + CA$；

(2) 结合律 $(AB)C = A(BC)$；$k(AB) = (kA)B = A(kB)$.

(3) $I_m A_{m \times n} = A_{m \times n}$，$A_{m \times n} I_n = A_{m \times n}$，特别地，$I_n A_n = A_n I_n = A_n$.

对于矩阵的乘法，还需要注意：

(1) 在 $AB = AC$ 成立时，一般地，$B \neq C$.

如

$$A = \begin{pmatrix} 2 & 3 & 0 \\ 1 & 2 & 0 \end{pmatrix}, B = \begin{pmatrix} 1 & 0 \\ 0 & 2 \\ 3 & 0 \end{pmatrix}, C = \begin{pmatrix} 1 & 0 \\ 0 & 2 \\ 4 & 5 \end{pmatrix}, 则有$$

$$AB = \begin{pmatrix} 2 & 3 & 0 \\ 1 & 2 & 0 \end{pmatrix} \begin{pmatrix} 1 & 0 \\ 0 & 2 \\ 3 & 0 \end{pmatrix} = \begin{pmatrix} 2 & 6 \\ 1 & 4 \end{pmatrix}, AC = \begin{pmatrix} 2 & 3 & 0 \\ 1 & 2 & 0 \end{pmatrix} \begin{pmatrix} 1 & 0 \\ 0 & 2 \\ 4 & 5 \end{pmatrix} = \begin{pmatrix} 2 & 6 \\ 1 & 4 \end{pmatrix},$$

显然 $AB = AC$，但 $B \neq C$.

(2) 两个不为零的矩阵，其乘积可能为零矩阵.

如

$$A = \begin{pmatrix} 1 & 1 \\ -1 & -1 \end{pmatrix}, B = \begin{pmatrix} 2 & -2 \\ -2 & 2 \end{pmatrix}, 均为非零矩阵，而 AB = \begin{pmatrix} 1 & 1 \\ -1 & -1 \end{pmatrix} \begin{pmatrix} 2 & -2 \\ -2 & 2 \end{pmatrix} = \begin{pmatrix} 0 & 0 \\ 0 & 0 \end{pmatrix}.$$

有了矩阵的乘法运算法则，对于矩阵 A 的伴随矩阵 A^*，满足等式 $AA^* = A^*A = |A|E$. 矩阵的乘法应用广泛，在军事学、经济学、医学等方面都有所应用．下面介绍利用矩阵乘法简化线性方程组的问题.

设有 n 个未知数 m 个方程的线性方程组

$$\begin{cases} a_{11}x_1 + a_{12}x_2 + \cdots + a_{1n}x_n = b_1 \\ a_{21}x_1 + a_{22}x_2 + \cdots + a_{2n}x_n = b_2 \\ \vdots \\ a_{m1}x_1 + a_{m2}x_2 + \cdots + a_{mn}x_n = b_m \end{cases},$$

则有如下矩阵

$$A = \begin{pmatrix} a_{11} & a_{12} & \cdots & a_{1n} \\ a_{21} & a_{22} & \cdots & a_{2n} \\ \vdots & \vdots & & \vdots \\ a_{m1} & a_{m2} & \cdots & a_{mn} \end{pmatrix}, \; X = \begin{pmatrix} x_1 \\ x_2 \\ \vdots \\ x_n \end{pmatrix}, \; \overline{A} = \begin{pmatrix} a_{11} & a_{12} & \cdots & a_{1n} & b_1 \\ a_{21} & a_{22} & \cdots & a_{2n} & b_2 \\ \vdots & \vdots & & \vdots & \vdots \\ a_{m1} & a_{m2} & \cdots & a_{mn} & b_m \end{pmatrix}, \; B = \begin{pmatrix} b_1 \\ b_2 \\ \vdots \\ b_m \end{pmatrix}.$$

A 称为方程组的系数矩阵，X 称为未知数矩阵，B 称为常数项矩阵，$\overline{A}$ 称为增广矩阵，那么，根据矩阵的乘法和矩阵相等的定义，原方程组就可以简写为

$$AX = B,$$

即线性方程组可以用矩阵的乘法来表示，$AX = B$ 称为矩阵方程.

例如，线性方程组 $\begin{cases} x_1 - 3x_2 + x_3 = 4 \\ 2x_1 + x_2 - x_3 = 3 \\ 3x_1 - 2x_2 + 2x_3 = 7 \end{cases}$ 写成矩阵方程，即

$$\begin{pmatrix} 1 & -3 & 1 \\ 2 & 1 & -1 \\ 3 & -2 & 2 \end{pmatrix} \begin{pmatrix} x_1 \\ x_2 \\ x_3 \end{pmatrix} = \begin{pmatrix} 4 \\ 3 \\ 7 \end{pmatrix}.$$

线性方程组的应用是比较普遍常见的，后面我们会专门介绍应用矩阵方程来解线性方程组的问题.

1.3.3　逆矩阵

在数的乘法中，代数方程 $ax = b\,(a \neq 0)$ 的解为

$$x = \frac{b}{a} = a^{-1}b.$$

如果将这一思想应用到矩阵的运算中，那么形式 $ax = b$ 类似的矩阵方程

$$AX = B$$

的解便可以写成

$$X = A^{-1}B.$$

但是，这里的 A^{-1} 又具有什么含义呢？下面给出逆矩阵的定义.

> **定义 1.11**　设 A 为 n 阶方阵，E 是 n 阶单位矩阵，如果存在一个 n 阶方阵 B，使
>
> $$AB = BA = E,$$
>
> 则称矩阵 A 为可逆矩阵，简称 A 可逆，并称方阵 B 为 A 的逆矩阵，记作 $B = A^{-1}$，即
>
> $$AA^{-1} = A^{-1}A = E.$$

对于矩阵

$$A = \begin{pmatrix} 0 & 1 & 1 \\ 1 & 1 & 2 \\ 2 & -1 & 0 \end{pmatrix}, \; B = \begin{pmatrix} 2 & -1 & 1 \\ 4 & -2 & 1 \\ -3 & 2 & -1 \end{pmatrix},$$

有

$$AB = \begin{pmatrix} 0 & 1 & 1 \\ 1 & 1 & 2 \\ 2 & -1 & 0 \end{pmatrix} \begin{pmatrix} 2 & -1 & 1 \\ 4 & -2 & 1 \\ -3 & 2 & -1 \end{pmatrix} = \begin{pmatrix} 1 & 0 & 0 \\ 0 & 1 & 0 \\ 0 & 0 & 1 \end{pmatrix},$$

$$BA = \begin{pmatrix} 2 & -1 & 1 \\ 4 & -2 & 1 \\ -3 & 2 & -1 \end{pmatrix} \begin{pmatrix} 0 & 1 & 1 \\ 1 & 1 & 2 \\ 2 & -1 & 0 \end{pmatrix} = \begin{pmatrix} 1 & 0 & 0 \\ 0 & 1 & 0 \\ 0 & 0 & 1 \end{pmatrix},$$

故 A、B 满足 $AB = BA = E$.

所以矩阵 A 可逆, 其逆矩阵 $A^{-1} = B$. 事实上, 矩阵 B 也是可逆的, 且 $B^{-1} = A$. 即 A 是 B 的逆矩阵, B 也是 A 的逆矩阵, 称 A, B 互为逆矩阵, 简称 A 与 B 互逆. 事实上, 如果矩阵 A 是可逆的, 则 A 的逆矩阵是唯一确定的.

定理 1.2 若矩阵 A 可逆, 则 A 的行列式不等于零($|A| \neq 0$).

证 根据定义, 由于 A 可逆, 既存在 A^{-1}, 使得 $AA^{-1} = E$,

故 $|A| \, |A^{-1}| = |E| = 1$, 所以 $|A| \neq 0$ 成立.

定理 1.3 若 $|A| \neq 0$, 则矩阵 A 可逆, 且 $A^{-1} = \dfrac{1}{|A|} A^*$, 其中 A^* 为 A 的伴随矩阵.

证 由于 $AA^* = A^*A = |A| E$, 且 $|A| \neq 0$,

故有 $A \dfrac{1}{|A|} A^* = \dfrac{1}{|A|} A^* A = E$,

根据逆矩阵的定义可知, A 可逆, 并且 $A^{-1} = \dfrac{1}{|A|} A^*$.

例 8 判断矩阵 $A = \begin{pmatrix} -2 & 4 \\ 0 & 2 \end{pmatrix}$ 是否可逆, 若可逆, 求 A 的逆矩阵.

解 因为 $|A| = 2 \neq 0$, 所以 A 可逆, 根据代数余子式 $A_{ij} = (-1)^{i+j} M_{ij}$ 得,

$$A_{11} = 2, \ A_{12} = 0, \ A_{21} = -4, \ A_{22} = -2,$$

所以, $A^* = \begin{pmatrix} 2 & -4 \\ 0 & -2 \end{pmatrix}$,

从而, $A^{-1} = \dfrac{1}{|A|} A^* = \dfrac{1}{2} \begin{pmatrix} 2 & -4 \\ 0 & -2 \end{pmatrix} = \begin{pmatrix} 1 & -2 \\ 0 & -1 \end{pmatrix}$.

例 9 判断矩阵 $A = \begin{pmatrix} 1 & 2 & 3 \\ 2 & 2 & 1 \\ 3 & 4 & 3 \end{pmatrix}$ 是否可逆, 若可逆, 求 A 的逆矩阵.

解 因为 $|A| = 2 \neq 0$, 所以 A 可逆, 即存在逆矩阵,

根据代数余子式 $A_{ij} = (-1)^{i+j} M_{ij}$, 得,

利用 GeoGebra 计算矩阵的逆

运算指令: "Invert (矩阵)" 或 "逆反 (矩阵)".

使用步骤:
1. 打开 ⚙, 选择代数区.
2. 输入指令和矩阵, 按〈Enter〉键.

例 9, 输入内容如下:

Invert({{1,2,3},{2,2,1},{3,4,3}}).

$A_{11} = 2$，$A_{12} = -3$，$A_{13} = 2$

$A_{21} = 6$，$A_{22} = -6$，$A_{23} = 2$

$A_{31} = -4$，$A_{32} = 5$，$A_{33} = -2$

所以，$\boldsymbol{A}^* = \begin{pmatrix} 2 & 6 & -4 \\ -3 & -6 & 5 \\ 2 & 2 & -2 \end{pmatrix}$，

从而，$\boldsymbol{A}^{-1} = \dfrac{1}{|\boldsymbol{A}|}\boldsymbol{A}^* = \dfrac{1}{2}\begin{pmatrix} 2 & 6 & -4 \\ -3 & -6 & 5 \\ 2 & 2 & -2 \end{pmatrix} = \begin{pmatrix} 1 & 3 & -2 \\ -\dfrac{3}{2} & -3 & \dfrac{5}{2} \\ 1 & 1 & -1 \end{pmatrix}$.

根据定理 1.3，可以得推论.

> **推论 1.3**　若 $\boldsymbol{AB} = \boldsymbol{E}$（或 $\boldsymbol{BA} = \boldsymbol{E}$），则 $\boldsymbol{B} = \boldsymbol{A}^{-1}$.

证　由 $|\boldsymbol{A}||\boldsymbol{B}| = |\boldsymbol{E}| = 1$ 知，$|\boldsymbol{A}| \neq 0$，故存在 $\boldsymbol{A}^{-1}$，于是

$$\boldsymbol{B} = \boldsymbol{EB} = (\boldsymbol{AA}^{-1})\boldsymbol{B} = \boldsymbol{A}^{-1}(\boldsymbol{AB}) = \boldsymbol{A}^{-1}\boldsymbol{E} = \boldsymbol{A}^{-1}.$$

此外，通过定义可以证明可逆矩阵具有下列性质.

> **性质 1.7**　若矩阵 $\boldsymbol{A}$ 可逆，则 $\boldsymbol{A}^{-1}$ 也可逆，且 $(\boldsymbol{A}^{-1})^{-1} = \boldsymbol{A}$.
>
> **性质 1.8**　若矩阵 $\boldsymbol{A}$ 可逆，实数 $k \neq 0$，则 $k\boldsymbol{A}$ 也可逆，且 $(k\boldsymbol{A})^{-1} = k^{-1}\boldsymbol{A}^{-1}$.
>
> **性质 1.9**　若 n 阶矩阵 $\boldsymbol{A}$ 和 $\boldsymbol{B}$ 都可逆，则 $\boldsymbol{AB}$ 也可逆，且 $(\boldsymbol{AB})^{-1} = \boldsymbol{B}^{-1}\boldsymbol{A}^{-1}$.
>
> **性质 1.10**　如果矩阵 $\boldsymbol{A}$ 可逆，则 $\boldsymbol{A}^{\mathrm{T}}$ 也可逆，且 $(\boldsymbol{A}^{\mathrm{T}})^{-1} = (\boldsymbol{A}^{-1})^{\mathrm{T}}$.

本节最后介绍在已知逆矩阵 $\boldsymbol{A}^{-1}$ 的情况下如何解用矩阵方程表示的线性方程组 $\boldsymbol{AX} = \boldsymbol{B}$.
按矩阵的乘法，对矩阵方程 $\boldsymbol{AX} = \boldsymbol{B}$ 的两边左乘逆矩阵 $\boldsymbol{A}^{-1}$，得

$$\boldsymbol{A}^{-1}\boldsymbol{AX} = \boldsymbol{A}^{-1}\boldsymbol{B},$$

从而有

$$\boldsymbol{X} = \boldsymbol{A}^{-1}\boldsymbol{B},$$

即线性方程组 $\boldsymbol{AX} = \boldsymbol{B}$ 的解.

例 10　已知线性方程组

$$\begin{cases} 2x_1 + 2x_2 + 3x_3 = 2 \\ x_1 - x_2 = 2 \\ -x_1 + 2x_2 + x_3 = 4 \end{cases}$$，解此方程组.

解　设

$$\boldsymbol{A} = \begin{pmatrix} 2 & 2 & 3 \\ 1 & -1 & 0 \\ -1 & 2 & 1 \end{pmatrix}, \quad \boldsymbol{X} = \begin{pmatrix} x_1 \\ x_2 \\ x_3 \end{pmatrix}, \quad \boldsymbol{B} = \begin{pmatrix} 2 \\ 2 \\ 4 \end{pmatrix}.$$

则所给线性方程组可以写成矩阵形式，

$$\boldsymbol{AX} = \boldsymbol{B}.$$

由定理 1.3 $\boldsymbol{A}^{-1} = \dfrac{1}{|\boldsymbol{A}|}\boldsymbol{A}^*$，可求得，

系数矩阵 A 的逆矩阵为 $A^{-1} = \begin{pmatrix} 1 & -4 & -3 \\ 1 & -5 & -3 \\ -1 & 6 & 4 \end{pmatrix}$,

所以,

$$\begin{pmatrix} x_1 \\ x_2 \\ x_3 \end{pmatrix} = X = A^{-1}B = \begin{pmatrix} 1 & -4 & -3 \\ 1 & -5 & -3 \\ -1 & 6 & 4 \end{pmatrix}\begin{pmatrix} 2 \\ 2 \\ 4 \end{pmatrix} = \begin{pmatrix} -18 \\ -20 \\ 26 \end{pmatrix}.$$

即 $\begin{cases} x_1 = -18 \\ x_2 = -20. \\ \ x_3 = 26 \end{cases}$

随堂小练

1. 已知 $A = \begin{pmatrix} -1 & 3 & 1 \\ 0 & 2 & 1 \end{pmatrix}$, $B = \begin{pmatrix} 1 & 4 \\ 2 & 0 \\ -2 & 1 \end{pmatrix}$, 求 AB 与 BA.

2. 已知 $A = \begin{pmatrix} 1 & 2 & 3 \\ 0 & 2 & 0 \\ 0 & 1 & 3 \end{pmatrix}$, $B = \begin{pmatrix} 1 & 0 & 0 \\ 2 & 1 & 0 \\ 3 & 2 & 1 \end{pmatrix}$, 求 $A+2B$ 与 B^{-1}.

应用知识

【人口迁移的动态分析】

一、问题提出

对城乡人口流动做年度调查,发现有一个稳定的朝向城镇流动的趋势:每年农村居民的 2.5% 移居城镇,而城镇居民的 1% 迁出,现在总人口的 60% 位于城镇. 假如城乡总人口保持不变,并且人口流动的这种趋势继续下去,那么一年以后住在城镇人口所占比例是多少?两年以后呢?十年以后呢?最终呢?

二、问题的应用背景

建立人口迁移的动态模型,以便于对城镇的人口流动问题进行规划和管理.

三、涉及知识点

矩阵的计算.

四、解题思路

首先先建立一年内的人口流动关系式,然后类推下去得到 k 年的人口流动关系式,借助于对角化计算极限计算人口分布情况.

五、解答过程

第1步：建立一年后的人口流动的关系式. 设开始时，令乡村人口为 y_0，城镇人口为 z_0，一年以后有

$$\text{乡村人口：} \frac{975}{1000}y_0 + \frac{1}{100}z_0 = y_1，\text{城镇人口：} \frac{25}{1000}y_0 + \frac{99}{100}z_0 = z_1，$$

写成矩阵形式为 $\begin{pmatrix} y_1 \\ z_1 \end{pmatrix} = \begin{pmatrix} \dfrac{975}{1000} & \dfrac{1}{100} \\ \dfrac{25}{1000} & \dfrac{99}{100} \end{pmatrix} \begin{pmatrix} y_0 \\ z_0 \end{pmatrix}.$

第2步：建立 k 年后的人口流动关系式：

两年以后有

$$\begin{pmatrix} y_2 \\ z_2 \end{pmatrix} = \begin{pmatrix} \dfrac{975}{1000} & \dfrac{1}{100} \\ \dfrac{25}{1000} & \dfrac{99}{100} \end{pmatrix} \begin{pmatrix} y_1 \\ z_1 \end{pmatrix} = \begin{pmatrix} \dfrac{975}{1000} & \dfrac{1}{100} \\ \dfrac{25}{1000} & \dfrac{99}{100} \end{pmatrix}^2 \begin{pmatrix} y_0 \\ z_0 \end{pmatrix}.$$

以此类推，十年以后有

$$\begin{pmatrix} y_{10} \\ z_{10} \end{pmatrix} = \begin{pmatrix} \dfrac{975}{1000} & \dfrac{1}{100} \\ \dfrac{25}{1000} & \dfrac{99}{100} \end{pmatrix}^{10} \begin{pmatrix} y_0 \\ z_0 \end{pmatrix}.$$

事实上，它给出了一个差分方程 $\boldsymbol{u}_{k+1} = \boldsymbol{A}\boldsymbol{u}_k$，这样 k 年之后的分布（将 $\boldsymbol{A}$ 对角化）：

$$\begin{pmatrix} y_k \\ z_k \end{pmatrix} = \begin{pmatrix} \dfrac{975}{1000} & \dfrac{1}{100} \\ \dfrac{25}{1000} & \dfrac{99}{100} \end{pmatrix}^k \begin{pmatrix} y_0 \\ z_0 \end{pmatrix} = \begin{pmatrix} -1 & \dfrac{2}{5} \\ 1 & 1 \end{pmatrix} \begin{pmatrix} \left(\dfrac{193}{200}\right)^k & 0 \\ 0 & 1 \end{pmatrix}^k \begin{pmatrix} -\dfrac{5}{7} & \dfrac{2}{7} \\ \dfrac{5}{7} & \dfrac{5}{7} \end{pmatrix} \begin{pmatrix} y_0 \\ z_0 \end{pmatrix}.$$

这就是所需要的结果，而且可以看出经过很长一个时期以后这个解会达到一个极限状态

$$\begin{pmatrix} y_{\infty} \\ z_{\infty} \end{pmatrix} = (y_0 + z_0) \begin{pmatrix} \dfrac{2}{7} \\ \dfrac{5}{7} \end{pmatrix}.$$

总人口仍是 $y_0 + z_0$，与开始时一样，但在此极限中人口的 $\dfrac{5}{7}$ 在城镇，而 $\dfrac{2}{7}$ 在乡村，无论初始分布是什么样，这总是成立.

阶段习题三

进阶题

1. 指出下列矩阵中的元素 a_{23} 和 a_{32} 分别是多少：

$$(1)\begin{pmatrix} 1 & 7 & 9 \\ 3 & -4 & -1 \\ -1 & 2 & 3 \end{pmatrix};\qquad (2)\begin{pmatrix} 4 & 1 & -4 & 5 & 3 \\ 1 & 3 & 0 & 2 & 0 \\ -2 & 5 & -3 & 1 & 8 \\ 7 & 0 & 1 & 6 & 1 \end{pmatrix}.$$

2. 设矩阵 $\boldsymbol{A} = \begin{pmatrix} 1 & 7 & 9 \\ 3 & -4 & -1 \\ -1 & 2 & 3 \end{pmatrix}$，求矩阵 $\boldsymbol{A}$ 的转置矩阵 $\boldsymbol{A}^{\mathrm{T}}$ 和伴随矩阵 $\boldsymbol{A}^*$.

3. 设矩阵

$\boldsymbol{A} = \begin{pmatrix} 2 & -1 & 4 & b \\ 1 & a & -5 & -2 \end{pmatrix}$，$\boldsymbol{B} = \begin{pmatrix} c & -1 & 4 & 3 \\ 1 & 0 & d & -2 \end{pmatrix}$，且 $\boldsymbol{A} = \boldsymbol{B}$，求元素 a，b，c，d 的值.

4. 计算下列各题：

(1) $\begin{pmatrix} 1 & 2 \\ 0 & -5 \end{pmatrix} + \begin{pmatrix} -1 & -2 \\ 2 & 4 \end{pmatrix}$;

(2) $\begin{pmatrix} 2 & -5 \\ 4 & 3 \end{pmatrix} - \begin{pmatrix} 1 & -3 \\ -2 & 4 \end{pmatrix}$;

(3) $-2\begin{pmatrix} 2 & 0 & -5 & 1 \\ -1 & 4 & 3 & -2 \end{pmatrix}$;

(4) $(-1 \quad 2 \quad 3)\begin{pmatrix} 3 \\ 2 \\ 1 \end{pmatrix}$;

(5) $\begin{pmatrix} 3 \\ 2 \\ 1 \end{pmatrix}(-1 \quad 2 \quad 3)$;

(6) $\begin{pmatrix} 2 & -5 \\ 1 & 3 \end{pmatrix}\begin{pmatrix} 4 & -3 \\ 2 & 4 \end{pmatrix}$;

(7) $\begin{pmatrix} -1 & 2 & 3 \\ 3 & -1 & 0 \end{pmatrix}\begin{pmatrix} 2 & 5 & -1 \\ 1 & 2 & -3 \\ -1 & 0 & 2 \end{pmatrix}$;

(8) $\begin{pmatrix} -2 & 0 & 2 \\ 3 & -4 & 0 \\ 0 & 3 & 4 \end{pmatrix}\begin{pmatrix} 3 & -6 & 0 \\ -2 & 0 & 4 \\ 0 & 5 & -1 \end{pmatrix}$.

提高题

1. 计算下列各题：

(1) $\begin{pmatrix} 0 & 1 \\ 1 & 0 \end{pmatrix}\begin{pmatrix} 5 & -3 \\ 2 & 1 \end{pmatrix}\begin{pmatrix} 0 & -1 \\ 1 & 0 \end{pmatrix}$;

(2) $\begin{pmatrix} -1 & 2 & 1 \\ 0 & -1 & 2 \end{pmatrix}\begin{pmatrix} -1 & 1 & 4 \\ 3 & -2 & 1 \\ 0 & 0 & 2 \end{pmatrix} - \begin{pmatrix} 1 & 0 & 3 \\ 2 & -1 & 1 \end{pmatrix}\begin{pmatrix} -1 & 1 & 4 \\ 3 & -2 & 1 \\ 0 & 0 & 2 \end{pmatrix}$.

2. 设 $\boldsymbol{A} = \begin{pmatrix} 1 & 1 & 1 \\ 1 & 1 & -1 \\ 1 & -1 & 1 \end{pmatrix}$，$\boldsymbol{B} = \begin{pmatrix} 1 & 2 & 3 \\ -1 & -2 & 4 \\ 0 & 5 & 1 \end{pmatrix}$，求 $\boldsymbol{AB} - 2\boldsymbol{A}$ 及 $\boldsymbol{A}^{\mathrm{T}}\boldsymbol{B}$.

3. 计算下列矩阵的逆矩阵：

(1) $\begin{pmatrix} -1 & 2 \\ 2 & -5 \end{pmatrix}$;

(2) $\begin{pmatrix} 1 & 2 & -1 \\ 3 & 4 & -2 \\ 5 & -4 & 1 \end{pmatrix}$;

(3) $\begin{pmatrix} 0 & 0 & \frac{1}{5} \\ 2 & 1 & 0 \\ 4 & 3 & 0 \end{pmatrix}$.

4. 已知线性方程组 $\begin{cases} 2x_1 + 2x_2 + 3x_3 = 2 \\ x_1 - x_2 = 2 \\ -x_1 + 2x_2 + x_3 = 4 \end{cases}$，利用逆矩阵求解.

1.4 线性方程组的解

1.4.1 矩阵的秩

矩阵的秩不仅与讨论可逆矩阵的问题有密切关系，而且在讨论线性方程组的解的情况中也有重要应用. 为了建立矩阵秩的概念，首先给出矩阵子式的概念.

> **定义 1.12** 在 $m \times n$ 矩阵 A 中，任取 k 行 k 列 $(k \leqslant m, k \leqslant n)$，位于这些行列交叉处的 k^2 个元素，按原来次序组成的 k 阶行列式，称为矩阵 A 的一个 k 阶子式.

在 A 中任意选定的 k 行 k 列交点上的 k^2 个元素，如矩阵

$$A = \begin{pmatrix} 2 & -1 & 4 & 5 & 6 \\ 0 & 3 & 2 & 4 & -2 \\ 0 & 0 & -1 & 3 & 7 \\ 0 & 0 & 0 & 0 & 0 \end{pmatrix},$$

在 A 的第 1、3 行与第 2、4 列交点上的 4 个元素按原来次序组成的行列式 $\begin{vmatrix} -1 & 5 \\ 0 & 3 \end{vmatrix}$ 称为 A 的一个二阶子式.

一个 $m \times n$ 矩阵 A 的 k 阶子式共有 $C_m^k \cdot C_n^k$ 个，组成的不为零的 k 阶行列式称为 k 阶非零子式. 如果矩阵 A 有不为零的 k 子式 D，且所有高于 k 阶的子式(如果存在)全为零，则 D 称为矩阵 A 的最高阶非零子式. 一个 n 阶方阵 A 的 n 阶子式，就是方阵 A 的行列式 $|A|$.

> **定义 1.13** 矩阵 A 的非零子式的最高阶数 k 称为矩阵 A 的秩，记作 $R(A)$. 规定零矩阵的秩为零.

由定义 1.13 可知，$R(A) = k$，若 $R(A) = k$，则 A 至少有一个 k 阶子式不为零，且任一 $k+1$ 阶子式(如果存在的话)的值一定为零，所有高于 $k+1$ 阶子式(如果存在)的值也一定为零.

例1 求矩阵

$$A = \begin{pmatrix} 1 & -2 & 3 & 5 \\ 0 & 1 & 2 & 1 \\ 1 & -1 & 5 & 6 \end{pmatrix}$$ 的秩.

解 因为取 A 的第 1, 2 两行，第 1, 2 两列构成的一个二阶子式

$$\begin{vmatrix} 1 & -2 \\ 0 & 1 \end{vmatrix} \neq 0,$$

所以，A 的非零子式的最高阶数至少为 2，即 $3 \geqslant R(A) \geqslant 2$. A 中共有四个三阶子式：

$$\begin{vmatrix} 1 & -2 & 3 \\ 0 & 1 & 2 \\ 1 & -1 & 5 \end{vmatrix} = 0, \quad \begin{vmatrix} 1 & -2 & 5 \\ 0 & 1 & 1 \\ 1 & -1 & 6 \end{vmatrix} = 0, \quad \begin{vmatrix} 1 & 3 & 5 \\ 0 & 2 & 1 \\ 1 & 5 & 6 \end{vmatrix} = 0, \quad \begin{vmatrix} -2 & 3 & 5 \\ 1 & 2 & 1 \\ -1 & 5 & 6 \end{vmatrix} = 0,$$

即所有三阶子式 Q 全为零，故 $R(A) = 2$.

利用 GeoGebra 计算矩阵的秩

运算指令："矩阵的秩(矩阵)""MatrixRank(矩阵)".

使用步骤:

1. 打开 ⬡，选择代数区.

2. 输入指令和矩阵，按〈Enter〉键.

以例 1 为例，输入内容如下:

矩阵的秩({ {1, -2, 3, 5}, {0, 1, 2, 1}, {1, -1, 5, 6} }).

随堂小练

已知矩阵 $\boldsymbol{A} = \begin{pmatrix} 1 & 1 & 2 \\ 1 & 2 & 3 \\ 0 & 1 & 1 \end{pmatrix}$，求 $\boldsymbol{R}(\boldsymbol{A})$ 和 $\boldsymbol{R}(\boldsymbol{A}^{\mathrm{T}})$.

1.4.2 矩阵的初等变换

从例 1 可以看出，当矩阵的行、列数都较大时，根据定义 1.13 求矩阵的秩的计算量会很大，且容易出错，下面我们介绍一种较简便的求秩的方法——矩阵的初等变换，当然矩阵的初等变换也是用来解线性方程组的方法.

> **定义 1.14**　对矩阵的行作下列三种变换，称为矩阵的**初等行变换**:
>
> (1)互换任意两行的位置，用 $r_i \leftrightarrow r_j$ 表示第 i 行与第 j 行互换.
>
> (2)用一个非零常数乘矩阵的某一行，用 $k \times r_i$ 表示用数 k 乘以第 i 行.
>
> (3)用一个常数乘矩阵的某一行，加到另一行上. 用 $r_i + kr_j$ 表示第 j 行的 k 倍加到第 i 行上.

把定义中的行换成列，对矩阵的列作上述三种变换，称为矩阵的**初等列变换**(符号表示是把"r"换成"c").

矩阵的初等行变换和初等列变换统称初等变换.

关于矩阵的初等变换有下面结论:

(1)矩阵的三种初等变换都是可逆的，且其逆变换是同一类型的初等变换.

(2)如果矩阵 $\boldsymbol{A}$ 经过有限次初等变换变成矩阵 $\boldsymbol{B}$，就称 $\boldsymbol{A}$ 与 $\boldsymbol{B}$ 等价，记作 $\boldsymbol{A} \sim \boldsymbol{B}$.

下面介绍两个特殊的矩阵，行阶梯形矩阵和行最简形矩阵.

> **定义 1.15**　满足下列两个条件的非零矩阵称为**行阶梯形矩阵**:
>
> (1)若矩阵有零行(元素全部为零的行)，则非零行(元素不全为零的行)全在零行的上方.
>
> (2)从左到右，所有非零行的第一个不为零的元素(称为首非零元素)下方的元素都是零.
>
> 对于一个行阶梯形矩阵而言，若满足下面条件:
>
> (1)非零行的首非零元素为 1;
>
> (2)所有行首非零元素所在列的其他元素全为 0.
>
> 则称该行阶梯形矩阵为**行最简形矩阵**. 若对行最简形矩阵施以行初等变换就会变成更简单的矩阵(左上角是一个单位矩阵，其余元素全为 0)，称为标准形.

如下，矩阵 A 是一个行阶梯形矩阵，对 A 施以行**初等变换**可变成行最简形矩阵 B．若对行最简形矩阵 B 施以**初等变换**变成更简单的矩阵 F（左上角是一个单位矩阵，其余元素全为0），称 F 是 B 的标准形．

$$A = \begin{pmatrix} -1 & -1 & 4 & -9 & -12 \\ 0 & 2 & -2 & 4 & 6 \\ 0 & 0 & -1 & 3 & 7 \\ 0 & 0 & 0 & 0 & 0 \end{pmatrix}, \ B = \begin{pmatrix} 1 & 0 & 0 & -2 & -12 \\ 0 & 1 & 0 & -1 & -4 \\ 0 & 0 & 1 & -3 & -7 \\ 0 & 0 & 0 & 0 & 0 \end{pmatrix}, \ F = \begin{pmatrix} 1 & 0 & 0 & 0 & 0 \\ 0 & 1 & 0 & 0 & 0 \\ 0 & 0 & 1 & 0 & 0 \\ 0 & 0 & 0 & 0 & 0 \end{pmatrix}.$$

利用 GeoGebra 简化行阶梯阵

运算指令："简化行梯阵式（矩阵）"或"ReducedRowEchelonForm（矩阵）"．

使用步骤：

1. 打开 ⚙，选择代数区．
2. 输入指令和矩阵，按〈Enter〉键．

矩阵 A 化行最简形矩阵 B 输入内容如下：

简化行梯阵式（{{-1,-1,4,-9,-12},{0,2,-2,4,6},{0,0,-1,3,7},{0,0,0,0,0}}）.

若矩阵 B 是矩阵 A 经过有限次初等变换得到的矩阵，则矩阵 A 与矩阵 B 中非零子式的最高阶数相等，即变换前后矩阵的秩始终相等．事实上，矩阵的初等变换作为一种运算，它不会改变矩阵的秩．可以发现，行阶梯形矩阵的非零子式的最高阶数就是它非零行的行数，因此有定理 1.4.

> **定理 1.4**　矩阵的秩等于通过初等变换化成的行阶梯形矩阵的非零行的行数．

根据定理 1.4 可知，求矩阵 A 的秩可以利用矩阵的初等变换将 A 化为阶梯形矩阵，然后求秩．

例 2　求矩阵

$$A = \begin{pmatrix} 2 & -4 & 4 & 10 & -4 \\ 0 & 1 & -1 & 3 & 1 \\ 1 & -2 & 1 & -4 & 2 \\ 4 & -7 & 4 & -4 & 5 \end{pmatrix} \text{的秩．}$$

解　因为

$$A = \begin{pmatrix} 2 & -4 & 4 & 10 & -4 \\ 0 & 1 & -1 & 3 & 1 \\ 1 & -2 & 1 & -4 & 2 \\ 4 & -7 & 4 & -4 & 5 \end{pmatrix} \xrightarrow{r_1 \leftrightarrow r_3} \begin{pmatrix} 1 & -2 & 1 & -4 & 2 \\ 0 & 1 & -1 & 3 & 1 \\ 2 & -4 & 4 & 10 & -4 \\ 4 & -7 & 4 & -4 & 5 \end{pmatrix} \xrightarrow[r_4-4r_1]{r_3-2r_1}$$

$$\begin{pmatrix} 1 & -2 & 1 & -4 & 2 \\ 0 & 1 & -1 & 3 & 1 \\ 0 & 0 & 2 & 18 & -8 \\ 0 & 1 & 0 & 12 & -3 \end{pmatrix} \xrightarrow{r_4-r_2} \begin{pmatrix} 1 & -2 & 1 & -4 & 2 \\ 0 & 1 & -1 & 3 & 1 \\ 0 & 0 & 2 & 18 & -8 \\ 0 & 0 & 1 & 9 & -4 \end{pmatrix} \xrightarrow{r_4-\frac{1}{2}r_3}$$

$$\begin{pmatrix} 1 & -2 & 1 & -4 & 2 \\ 0 & 1 & -1 & 3 & 1 \\ 0 & 0 & 2 & 18 & -8 \\ 0 & 0 & 0 & 0 & 0 \end{pmatrix}.$$

矩阵 A 的对应的行阶梯形矩阵为 $B = \begin{pmatrix} 1 & -2 & 1 & -4 & 2 \\ 0 & 1 & -1 & 3 & 1 \\ 0 & 0 & 2 & 18 & -8 \\ 0 & 0 & 0 & 0 & 0 \end{pmatrix}$，非零行数为 3，即秩

$R(B) = 3$，所以 $R(A) = R(B) = 3$.

例 3 设矩阵

$$A = \begin{pmatrix} 2 & 0 & 5 & 2 \\ -2 & 4 & 1 & 0 \end{pmatrix}, \qquad B = \begin{pmatrix} -1 & 1 & 4 & 0 \\ 3 & -2 & 5 & -3 \\ 2 & 0 & -6 & 4 \\ 0 & 1 & 1 & 2 \end{pmatrix}.$$

求 $R(A)$，$R(B)$，$R(AB)$.

解 因为

$$A = \begin{pmatrix} 2 & 0 & 5 & 2 \\ -2 & 4 & 1 & 0 \end{pmatrix} \xrightarrow{r_2 + r_1} \begin{pmatrix} 2 & 0 & 5 & 2 \\ 0 & 4 & 6 & 2 \end{pmatrix},$$

所以 $R(A) = 2$；

因为

$$B = \begin{pmatrix} -1 & 1 & 4 & 0 \\ 3 & -2 & 5 & -3 \\ 2 & 0 & -6 & 4 \\ 0 & 1 & 1 & 2 \end{pmatrix} \xrightarrow[r_3 + 2r_1]{r_2 + 3r_1} \begin{pmatrix} -1 & 1 & 4 & 0 \\ 0 & 1 & 17 & -3 \\ 0 & 2 & 2 & 4 \\ 0 & 1 & 1 & 2 \end{pmatrix} \xrightarrow[r_4 - r_2]{r_3 - 2r_2}$$

$$\begin{pmatrix} -1 & 1 & 4 & 0 \\ 0 & 1 & 17 & -3 \\ 0 & 0 & -32 & 10 \\ 0 & 0 & -16 & 5 \end{pmatrix} \xrightarrow{r_4 - \frac{1}{2}r_3} \begin{pmatrix} -1 & 1 & 4 & 0 \\ 0 & 1 & 17 & -3 \\ 0 & 0 & -32 & 10 \\ 0 & 0 & 0 & 0 \end{pmatrix}.$$

所以 $R(B) = 3$；

因为 $AB = \begin{pmatrix} 2 & 0 & 5 & 2 \\ -2 & 4 & 1 & 0 \end{pmatrix} \begin{pmatrix} -1 & 1 & 4 & 0 \\ 3 & -2 & 5 & -3 \\ 2 & 0 & -6 & 4 \\ 0 & 1 & 1 & 2 \end{pmatrix}$

$$= \begin{pmatrix} 8 & 4 & -20 & 24 \\ 16 & -10 & 6 & -8 \end{pmatrix} \xrightarrow{r_2 - 2r_1} \begin{pmatrix} 8 & 4 & -20 & 24 \\ 0 & -18 & 46 & -56 \end{pmatrix}.$$

所以 $R(AB) = 2$.

由例 3 可知，乘积矩阵 AB 的秩不大于相乘的两个矩阵 A，B 的秩，即

$$R(AB) \leqslant \min\{R(A), R(B)\}.$$

随堂小练

将矩阵 $A = \begin{pmatrix} 1 & 0 & 1 \\ -1 & 3 & -5 \\ 1 & 3 & -4 \end{pmatrix}$ 化成行阶梯形矩阵与行最简形矩阵.

1.4.3　线性方程组的解

数学小讲堂

唐代有位高官叫杨损，很有学问，会算学，任人唯贤. 一次，朝廷要在两个小官吏中提拔一个，因为这两人的政绩不相上下，所以负责选拔工作的官吏感到很为难，便去请示杨损. 杨损略加思索便说："他们都曾在国子监学过《九章算术》，一个官员应该具备的一大技能就是会速算，出题考考他们，谁算得快就提升谁." 两个小官吏被招来后，杨损当众出了题："有人在树林中散步，无意中听到几个强盗在商讨如何分赃，他们说如果每人分6匹布，则余5匹；每人分7匹布，则少8匹，问共有几个强盗？几匹布？"一番工夫后，有一个小官吏率先得出了正确答案：13个强盗，83匹布. 于是他被提升了.

这是《唐阙史》(唐代高彦休著)中记载的一件事，故事中问题的特点是给出了两种分配方案，一种方法分不完，另一种方法不够分. 我国古代的《九章算术》一书中收集了许多这类问题，并把它们列为一章，这一章的标题是"盗不足"，书中还介绍了这类题的解法. 其实，这个问题用方程组是很容易求解的.

除了利用逆矩阵解决线性方程组的方法外，我们还可利用二阶行列式求解由两个二元线性方程组成的方程组. 实际上在此基础上进行推广，就是求解由 n 个未知数 n 个方程组成的线性方程组的克莱姆法则.

设含有 n 个未知数、n 个方程的方程组

$$\begin{cases} a_{11}x_1 + a_{12}x_2 + \cdots + a_{1n}x_n = b_1 \\ a_{21}x_1 + a_{22}x_2 + \cdots + a_{2n}x_n = b_2 \\ \vdots \\ a_{n1}x_1 + a_{n2}x_2 + \cdots + a_{nn}x_n = b_n \end{cases},$$

其中 a_{ij} 表示系数，b_i 是常数，x_i 是未知数(也称为未知量)，$i, j = 1, 2, \cdots, n$.
克莱姆法则：若线性方程组的系数矩阵 A 的行列式不等于零，即

$$|A| = \begin{vmatrix} a_{11} & \cdots & a_{1n} \\ \vdots & & \vdots \\ a_{n1} & \cdots & a_{nn} \end{vmatrix} \neq 0,$$

则方程组有唯一解，为

$$x_1 = \frac{|A_1|}{|A|}, \ x_2 = \frac{|A_2|}{|A|}, \ \cdots, \ x_n = \frac{|A_n|}{|A|}$$

其中 $A_j(j=1, 2, \cdots, n)$ 是把系数矩阵 A 中第 j 列的元素用方程组右端的常数项代替后得到的 n 阶矩阵，即

$$A_j = \begin{pmatrix} a_{11} & \cdots & a_{1j-1} & b_1 & a_{1j+1} & \cdots & a_{1n} \\ \vdots & & \vdots & \vdots & \vdots & & \vdots \\ a_{n1} & \cdots & a_{nj-1} & b_n & a_{nj+1} & \cdots & a_{nn} \end{pmatrix}.$$

可以看出，克莱姆法则解决的是方程组个数与未知数个数相等并且系数行列式不等于零的线性方程组. 对于方程组个数与未知数个数不相等的一般线性方程组，

设含有 n 个未知数、m 个方程的方程组

$$\begin{cases} a_{11}x_1 + a_{12}x_2 + \cdots + a_{1n}x_n = b_1 \\ a_{21}x_1 + a_{22}x_2 + \cdots + a_{2n}x_n = b_2 \\ \qquad\qquad\qquad \vdots \\ a_{m1}x_1 + a_{m2}x_2 + \cdots + a_{mn}x_n = b_m \end{cases},$$

其中 a_{ij} 表示系数，$b_i(i=1, 2, \cdots, m)$ 是常数，$x_j(j=1, 2, \cdots, n)$ 是未知数，矩阵形式可表示成 $AX = b$.

通过对该方程组的系数矩阵 A 和增广矩阵 $B = (A, b)$ 进行初等变换，根据系数矩阵与增广矩阵的秩的关系，进而讨论线性方程组解的存在性以及有解时解是否唯一的问题，有下列定理.

> **定理 1.5** 记 n 元线性方程组的系数矩阵的秩为 $R(A)$，增广矩阵的秩为 $R(A, b)$，其解的情况如下：
> (1) 若 $R(A) < R(A, b)$，线性方程组无解.
> (2) 若 $R(A) = R(A, b) = n$，线性方程组有唯一解.
> (3) 若 $R(A) = R(A, b) < n$，线性方程组有无限多解.

当方程组右端常数项 $b_1 = b_2 = \cdots = b_m = 0$ 时，称该方程组为**齐次线性方程组**，矩阵形式为 $AX = 0$；

当 $b_1, b_2, \cdots, b_m$ 不全为 0 时，方程组称为**非齐次线性方程组**，矩阵形式为 $AX = b$.

例 4 解齐次线性方程组

$$\begin{cases} x_1 + 2x_2 + 2x_3 + x_4 = 0 \\ 2x_1 + x_2 - 2x_3 - 2x_4 = 0. \\ x_1 - x_2 - 4x_3 - 3x_4 = 0 \end{cases}$$

解 对系数矩阵 A 施初等行变换化为行最简形矩阵

$$A = \begin{pmatrix} 1 & 2 & 2 & 1 \\ 2 & 1 & -2 & -2 \\ 1 & -1 & -4 & -3 \end{pmatrix} \xrightarrow[r_3 - r_1]{r_2 - 2r_1} \begin{pmatrix} 1 & 2 & 2 & 1 \\ 0 & -3 & -6 & -4 \\ 0 & -3 & -6 & -4 \end{pmatrix}$$

$$\xrightarrow[r_3 - r_2]{r_2 \div (-3)} \begin{pmatrix} 1 & 2 & 2 & 1 \\ 0 & 1 & 2 & \dfrac{4}{3} \\ 0 & 0 & 0 & 0 \end{pmatrix} \xrightarrow{r_1 - 2r_2} \begin{pmatrix} 1 & 0 & -2 & -\dfrac{5}{3} \\ 0 & 1 & 2 & \dfrac{4}{3} \\ 0 & 0 & 0 & 0 \end{pmatrix},$$

所以 $R(A) = 2 < 4$，原方程组有无限解，从而可得原方程组的同解方程组

$$\begin{cases} x_1 - 2x_3 - \dfrac{5}{3}x_4 = 0 \\ x_2 + 2x_3 + \dfrac{4}{3}x_4 = 0 \end{cases},$$

所以

$$\begin{cases} x_1 = 2x_3 + \dfrac{5}{3}x_4 \\ x_2 = -2x_3 - \dfrac{4}{3}x_4 \end{cases}$$ （其中 x_3，x_4 可任意取值，称为**自由未知量**），

于是令 $x_3 = k_1$，$x_4 = k_2$，（k_1，$k_2 \in R$），则有原方程组的通解

$$\begin{cases} x_1 = 2k_1 + \dfrac{5}{3}k_2 \\ x_2 = -2k_1 - \dfrac{4}{3}k_2, \\ x_3 = k_1 \\ x_4 = k_2 \end{cases}$$

写成向量形式为

$$\begin{pmatrix} x_1 \\ x_2 \\ x_3 \\ x_4 \end{pmatrix} = \begin{pmatrix} 2k_1 + \dfrac{5}{3}k_2 \\ -2k_1 - \dfrac{4}{3}k_2 \\ k_1 \\ k_2 \end{pmatrix} = k_1 \begin{pmatrix} 2 \\ -2 \\ 1 \\ 0 \end{pmatrix} + k_2 \begin{pmatrix} \dfrac{5}{3} \\ -\dfrac{4}{3} \\ 0 \\ 1 \end{pmatrix}.$$

例5 求解非齐次线性方程组

$$\begin{cases} x_1 + x_2 - 3x_3 - x_4 = 1 \\ 3x_1 - x_2 - 3x_3 + 4x_4 = 4. \\ x_1 + 5x_2 - 9x_3 - 8x_4 = 0 \end{cases}$$

解 对方程组的增广矩阵 $B = (A, b)$ 施行初等行变换化成行最简形矩阵

$$B = (A, b) = \begin{pmatrix} 1 & 1 & -3 & -1 & 1 \\ 3 & -1 & -3 & 4 & 4 \\ 1 & 5 & -9 & -8 & 0 \end{pmatrix} \xrightarrow[r_3 - r_1]{r_2 - 3r_1} \begin{pmatrix} 1 & 1 & -3 & -1 & 1 \\ 0 & -4 & 6 & 7 & 1 \\ 0 & 4 & -6 & -7 & -1 \end{pmatrix}$$

$$\xrightarrow[r_2 \div (-4)]{r_3 + r_2} \begin{pmatrix} 1 & 1 & -3 & -1 & 1 \\ 0 & 1 & -\dfrac{3}{2} & -\dfrac{7}{4} & -\dfrac{1}{4} \\ 0 & 0 & 0 & 0 & 0 \end{pmatrix} \xrightarrow{r_1 - r_2} \begin{pmatrix} 1 & 0 & -\dfrac{3}{2} & \dfrac{3}{4} & \dfrac{5}{4} \\ 0 & 1 & -\dfrac{3}{2} & -\dfrac{7}{4} & -\dfrac{1}{4} \\ 0 & 0 & 0 & 0 & 0 \end{pmatrix},$$

所以 $R(A) = R(B) = 2 < 4$，原方程组有无限解，从而可得原方程组的同解方程组

$$\begin{cases} x_1 - \dfrac{3}{2}x_3 + \dfrac{3}{4}x_4 = \dfrac{5}{4} \\ x_2 - \dfrac{3}{2}x_3 - \dfrac{7}{4}x_4 = -\dfrac{1}{4} \end{cases},$$

所以

$$\begin{cases} x_1 = \dfrac{3}{2}x_3 - \dfrac{3}{4}x_4 + \dfrac{5}{4} \\ x_2 = \dfrac{3}{2}x_3 + \dfrac{7}{4}x_4 - \dfrac{1}{4} \end{cases} (其中\ x_3,\ x_4\ 取任意值),$$

于是令 $x_3 = k_1$，$x_4 = k_2(k_1,\ k_2 \in \boldsymbol{R})$，则可得原方程组的通解

$$\begin{cases} x_1 = \dfrac{3}{2}k_1 - \dfrac{3}{4}k_2 + \dfrac{5}{4} \\ x_2 = \dfrac{3}{2}k_1 + \dfrac{7}{4}k_2 - \dfrac{1}{4}, \\ x_3 = k_1 \\ x_4 = k_2 \end{cases}$$

通解的向量形式为

$$\begin{pmatrix} \boldsymbol{x_1} \\ \boldsymbol{x_2} \\ \boldsymbol{x_3} \\ \boldsymbol{x_4} \end{pmatrix} = k_1 \begin{pmatrix} \dfrac{3}{2} \\ \dfrac{3}{2} \\ 1 \\ 0 \end{pmatrix} + k_2 \begin{pmatrix} -\dfrac{3}{4} \\ \dfrac{7}{4} \\ 0 \\ 1 \end{pmatrix} + \begin{pmatrix} \dfrac{5}{4} \\ -\dfrac{1}{4} \\ 0 \\ 0 \end{pmatrix}.$$

利用 GeoGebra 软件求解线性方程组

　　线性方程组在 GeoGebra 中的解法大致有：图形法、运算区法、行列式法、矩阵法. 其中图形法适合两个或者三个变量的方程组，其解为两直线交叉点或者三平面相交图形，这里就不举例说明了，我们重点讨论四个及以上变量线性方程组解法. 这里介绍运算区法.

　　所需指令：精确解({方程列表}，{变量列表}).

　　1. 打开 ⚙，视图中选择运算区(CAS).

　　2. 依次输入方程组和指令，按〈Enter〉键.

以例 5 为例：

▶ CAS	
1	$x\_1 + x\_2 - 3x\_3 - x\_4 = 1$ → 　$x_1 + x_2 - 3x_3 - x_4 = 1$
2	$3x\_1 - x\_2 - 3x\_3 + 4x\_4 = 4$ → 　$3x_1 - x_2 - 3x_3 + 4x_4 = 4$
3	$x\_1 + 5x\_2 - 9x\_3 - 8x\_4 = 0$ → 　$x_1 + 5x_2 - 9x_3 - 8x_4 = 0$
4	精确解({\$1，\$2，\$3}，{x_1，x_2，x_3，x_4}) → $\left\{ \left\{ x_1 = \dfrac{3}{2}x_3 - \dfrac{3}{4}x_4 + \dfrac{5}{4},\ x_2 = \dfrac{3}{2}x_3 + \dfrac{7}{4}x_4 - \dfrac{1}{4},\ x_3 = x_3,\ x_4 = x_4 \right\} \right\}$

从而可知自由未知量为 x_3，x_4，令 $x_3 = k_1$，$x_4 = k_2$，$(k_1,\ k_2 \in \boldsymbol{R})$则可得原方程组的通解.

例6　求解非齐次线性方程组

$$\begin{cases} x_1 + x_2 + x_3 = 1 \\ -x_1 + 2x_2 - 4x_3 = 2. \\ 2x_1 + 5x_2 - x_3 = 3 \end{cases}$$

解　对方程组的增广矩阵 $B = (A, b)$ 施行初等行变换

$$B = (A, b) = \begin{pmatrix} 1 & 1 & 1 & 1 \\ -1 & 2 & -4 & 2 \\ 2 & 5 & -1 & 3 \end{pmatrix} \xrightarrow[r_3 - 2r_1]{r_2 + r_1} \begin{pmatrix} 1 & 1 & 1 & 1 \\ 0 & 3 & -3 & 3 \\ 0 & 3 & -3 & 1 \end{pmatrix} \xrightarrow{r_3 - r_2} \begin{pmatrix} 1 & 1 & 1 & 1 \\ 0 & 3 & -3 & 3 \\ 0 & 0 & 0 & -2 \end{pmatrix}$$

所以 $R(A) = 2 < R(B) = 3$，故原方程组无解.

利用 GeoGebra 软件求解线性方程组

计算例6如下：

► CAS	
1	$x\_1 + x\_2 + x\_3 = 1$ → $x_1 + x_2 + x_3 = 1$
2	$-x\_1 + 2x\_2 - 4x\_3 = 2$ → $-x_1 + 2x_2 - 4x_3 = 2$
3	$2x\_1 + 5x\_2 - x\_3 = 3$ → $2x_1 + 5x_2 - x_3 = 3$
4	精确解($\{ \$1, \$2, \$3 \}$, $\{x\_1, x\_2, x\_3\}$) → $\{\}$

从而可知原方程组无解.

例7　设有线性方程组

$$\begin{cases} x_1 + 2x_2 + 3x_3 = 1 \\ x_1 + 3x_2 + 6x_3 = 2 \\ 2x_1 + 3x_2 + 3x_3 = \lambda \end{cases},$$

问 λ 取何值时，方程组有无解或有无穷多解？并在有无穷多解时，求通解.

解　对方程组的增广矩阵 $B = (A, b)$ 施行初等行变换化为行阶梯形矩阵

$$B = \begin{pmatrix} 1 & 2 & 3 & 1 \\ 1 & 3 & 6 & 2 \\ 2 & 3 & 3 & \lambda \end{pmatrix} \xrightarrow[r_3 - 2r_1]{r_2 - r_1} \begin{pmatrix} 1 & 2 & 3 & 1 \\ 0 & 1 & 3 & 1 \\ 0 & -1 & -3 & \lambda - 2 \end{pmatrix} \xrightarrow[r_1 - 2r_2]{r_3 + r_2} \begin{pmatrix} 1 & 0 & -3 & -1 \\ 0 & 1 & 3 & 1 \\ 0 & 0 & 0 & \lambda - 1 \end{pmatrix}.$$

当 $\lambda - 1 \neq 0$ 时，即 $\lambda \neq 1$ 时，$R(A) = 2 < R(B) = 3$，故方程组无解；

当 $\lambda - 1 = 0$ 时，即 $\lambda = 1$ 时，$R(A) = R(B) = 2 < 3$，故方程组有无穷多解，此时

$$B = \begin{pmatrix} 1 & 0 & -3 & -1 \\ 0 & 1 & 3 & 1 \\ 0 & 0 & 0 & 0 \end{pmatrix}$$

所以原方程组的同解方程组为　$\begin{cases} x_1 - 3x_3 = -1 \\ x_2 + 3x_3 = 1 \end{cases}$,

所以　$\begin{cases} x_1 = 3x_3 - 1 \\ x_2 = -3x_3 + 1 \end{cases}$（其中 x_3 为自由未知量），

于是令 $x_3 = k(k \in \mathbf{R})$，则可得原方程组的通解为

$$\begin{pmatrix} x_1 \\ x_2 \\ x_3 \end{pmatrix} = k\begin{pmatrix} 3 \\ -3 \\ 1 \end{pmatrix} + \begin{pmatrix} -1 \\ 1 \\ 0 \end{pmatrix}.$$

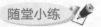

随堂小练

求解非齐次线性方程组

$$\begin{cases} x_1 + x_2 = 1 \\ 2x_1 + 3x_3 = 2 \\ -x_2 + 2x_3 = 3 \\ x_1 + 2x_2 - x_3 = 4 \end{cases}.$$

阶段习题四

进阶题

1. 对方程组 $Ax = b$ 与其导出组 $Ax = o$，下列命题正确的是(   ).

A. $Ax = o$ 有解时，$Ax = b$ 必有解

B. $Ax = o$ 有无穷多解时，$Ax = b$ 有无穷多解

C. $Ax = b$ 无解时，$Ax = o$ 也无解

D. $Ax = b$ 有唯一解时，$Ax = o$ 只有零解

2. 用初等变换将下列矩阵化为行最简形：

$(1)\begin{pmatrix} 1 & 2 & 3 \\ -1 & -3 & 4 \\ 1 & 1 & -2 \end{pmatrix};$ $(2)\begin{pmatrix} 3 & 1 & 0 & 2 \\ 1 & -1 & 2 & -1 \\ 1 & 3 & -4 & 4 \end{pmatrix}.$

3. 设方程组 $\begin{cases} 2x_1 + x_2 - x_3 = 0 \\ x_2 + kx_3 = 0 \\ x_1 + x_2 = 0 \end{cases}$ 有非零解，求 k 的值.

4. 利用初等变换求下列矩阵的秩：

$(1)\begin{pmatrix} 1 & 1 & 0 & 3 \\ -1 & 2 & 4 & 4 \\ -1 & 1 & 5 & 4 \\ -1 & 1 & 2 & 1 \end{pmatrix};$ $(2)\begin{pmatrix} 4 & 8 & 12 \\ 3 & 6 & 9 \\ -1 & -2 & -3 \\ -2 & -4 & -6 \\ 1 & 2 & 3 \end{pmatrix}.$

5. 求下列齐次线性方程组的解：

$(1)\begin{cases} x_1 + 2x_2 + x_3 - x_4 = 0 \\ 3x_1 + 6x_2 - x_3 - 3x_4 = 0 \\ 5x_1 + 10x_2 + x_3 - 5x_4 = 0 \end{cases};$ $(2)\begin{cases} 3x_1 - 5x_2 + x_3 - 2x_4 = 0 \\ 2x_1 + 3x_2 - 5x_3 + x_4 = 0 \\ -x_1 + 7x_2 - 4x_3 + 3x_4 = 0 \\ 4x_1 + 15x_2 - 7x_3 + 8x_4 = 0 \end{cases}.$

提高题

1. 判断下列说法是否正确?

(1)线性方程组有解的充分必要条件是它的系数矩阵的秩与增广矩阵的秩相等. (　　)

(2)若线性方程组的系数矩阵的秩与增广矩阵的秩相等且等于未知量个数 n,则方程有唯一解. (　　)

(3)若线性方程组的系数矩阵的秩与增广矩阵的秩相等且小于未知量个数 n,则方程有无穷多解. (　　)

(4)若齐次线性方程组只有零解,则系数矩阵的秩等于未知量个数 n. (　　)

(5)若齐次线性方程组有非零解,则系数矩阵的秩小于未知量个数 n. (　　)

(6)若非齐次线性方程组系数矩阵的秩与增广矩阵的秩不相等,则方程组无解. (　　)

2. 将下列矩阵化成行最简形阶梯形矩阵:

$$(1)\begin{pmatrix} 1 & 2 & 3 & 1 & 5 \\ 2 & 4 & 0 & -1 & -3 \\ -1 & -2 & 3 & 2 & 8 \\ 1 & 2 & -9 & -5 & -21 \end{pmatrix};\quad (2)\begin{pmatrix} 1 & 1 & 1 & -1 & -1 & -2 \\ 1 & 1 & 0 & 2 & -3 & -1 \\ 0 & 2 & 1 & -3 & 2 & -1 \\ 2 & 0 & 1 & 1 & -4 & -3 \end{pmatrix}.$$

3. 设 $A=\begin{pmatrix} 1 & -2 & 3\lambda \\ -1 & 2\lambda & -3 \\ \lambda & -2 & 3 \end{pmatrix}$,问 λ 为何值,可使

(1)$R(A)=1$;　　　(2)$R(A)=2$;　　　(3)$R(A)=3$.

4. 解下列非齐次线性方程组:

$$(1)\begin{cases} x_1 + 2x_2 + 3x_3 = 8 \\ 2x_1 + 5x_2 + 9x_3 = 16 \\ 3x_1 - 4x_2 - 5x_3 = 32 \end{cases};\quad (2)\begin{cases} 2x_1 - 3x_2 + x_3 + 5x_4 = 6 \\ -3x_1 + x_2 + 2x_3 - 4x_4 = 5 \\ -x_1 - 2x_2 + 3x_3 + x_4 = 2 \end{cases};$$

$$(3)\begin{cases} x_1 - x_2 + x_3 - x_4 = 0 \\ 2x_1 - x_2 + 3x_3 - 2x_4 = -1 \\ 3x_1 - 2x_2 - x_3 + 2x_4 = 4 \end{cases};\quad (4)\begin{cases} x_1 + 2x_2 + x_3 + x_4 = 5 \\ 3x_1 + x_2 - x_3 + 2x_4 = 9 \\ 2x_1 + 3x_2 + 2x_3 - x_4 = 0 \\ 4x_1 + 4x_2 - 3x_3 + 3x_4 = 3 \end{cases}.$$

5. 当 λ 取何值时,非齐次线性方程组

$$\begin{cases} -2x_1 + x_2 + x_3 = -2 \\ x_1 - 2x_2 + x_3 = \lambda \\ x_1 + x_2 - 2x_3 = \lambda^2 \end{cases}$$

(1)无解;(2)有解,并求出有解时的通解.

1.5 线性方程组在交通流量、卫星定位中的应用

　　线性方程组是线性代数主要研究的对象之一,其理论严谨,发展完善,处理问题的方法独特,已经渗透到数学发展的许多分支.许多实际问题的处理最后往往归结为线性方程

组的问题. 同时线性方程组在工程学、计算机科学、物理学、经济学、统计学、生物学、通信、航空等学科和领域都有广泛的应用. 本节介绍线性方程组在交通流量、卫星定位中的应用.

数学小讲堂

高斯(Gauss)在 1800 年左右发展了高斯消元法(或译：高斯消去法),是线性代数中的一个算法,可求线性方程组的解. 但其算法十分复杂,不过如果有过百万条等式时,这个算法会十分省时. 高斯消元法可以用在计算机中来解决数千条等式及未知数,也有一些方法特地用来解决一些有特别排列的系数的方程组. 高斯就是用这种方法解决了天体计算中的最小二乘问题,后来又应用于大地测量学(应用数学的分支,涉及测量或确定地球的形状或在地球上精确定位等). 虽然高斯的名字与这种从线性方程组中逐次消去变量的方法绑在一起了,但在几个世纪前,我国《九章算术》手稿中就有了用类似这种方法求解一个三元一次方程组的方法.《九章算术》成书于东汉初年(公元 1 世纪),刘徽撰写《九章算术注》是在公元 263 年,欧洲过了一千多年才获得了类似的结果.

应用一：交通流量问题

图 1-4 是某城市某区域单行道路网,据统计,进入交叉路口 A 每小时车流量为 500 辆,而从路口 B 和 C 出来的车流量分别为每小时 350 辆和 150 辆.

07 线性方程组在交通流量中的简单应用

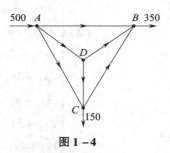

图 1-4

(1)求出沿每一条道路每小时的车流量.

(2)若 BC 路段封闭,那么各路段的车流量是多少呢?

解 (1)如图 1-5 所示,设沿各条道路每小时的车流量分别为：

x_1, x_2, x_3, x_4, x_5, x_6, 且 $x_i \geqslant 0$, $x_i \in \mathbf{Z}(i=1, 2, 3, 4, 5, 6)$
由于出入每一个路口的车流量是相等的,于是有下列等式成立.

路口 A：$500 = x_1 + x_2 + x_3$.

路口 B：$x_1 + x_4 + x_6 = 350$.

路口 C：$x_3 + x_5 = x_6 + 150$.

路口 D：$x_2 = x_4 + x_5$.

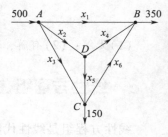

图 1-5

这样就得到一个含有 6 个未知量, 4 个方程的线性方程组：

$$\begin{cases} x_1 + x_2 + x_3 = 500, \\ x_1 + x_4 + x_6 = 350, \\ x_3 + x_5 - x_6 = 150, \\ x_2 - x_4 - x_5 = 0. \end{cases}$$

从而将问题转化为求解线性方程组的问题，对增广矩阵 $B = (A, b)$ 施行初等行变化：

$$B = (A, b) = \begin{pmatrix} 1 & 1 & 1 & 0 & 0 & 0 & 500 \\ 1 & 0 & 0 & 1 & 0 & 1 & 350 \\ 0 & 0 & 1 & 0 & 1 & -1 & 150 \\ 0 & 1 & 0 & -1 & -1 & 0 & 0 \end{pmatrix} \xrightarrow[r_4 + r_2]{r_2 - r_1 + r_3} \begin{pmatrix} 1 & 1 & 1 & 0 & 0 & 0 & 500 \\ 0 & -1 & 0 & 1 & 1 & 0 & 0 \\ 0 & 0 & 1 & 0 & 1 & -1 & 150 \\ 0 & 0 & 0 & 0 & 0 & 0 & 0 \end{pmatrix}$$

$$\xrightarrow[r_2 \times (-1)]{r_1 + r_2 - r_3} \begin{pmatrix} 1 & 0 & 0 & 1 & 0 & 1 & 350 \\ 0 & 1 & 0 & -1 & -1 & 0 & 0 \\ 0 & 0 & 1 & 0 & 1 & -1 & 150 \\ 0 & 0 & 0 & 0 & 0 & 0 & 0 \end{pmatrix}.$$

所以 $R(A) = R(B) = 3 < 6$，原方程组有无限解，且有同解方程组，

$$\begin{cases} x_1 + x_4 + x_6 = 350 \\ x_2 - x_4 - x_5 = 0 \quad (x_4, x_5, x_6 \text{ 是自由未知量}), \\ x_3 + x_5 - x_6 = 150 \end{cases}$$

于是令 $x_4 = k_1$，$x_5 = k_2$，$x_6 = k_3$，$(k_1, k_2, k_3 \in \mathbf{R})$，则可得原方程组的通解

$$\begin{cases} x_1 = 350 - k_1 - k_3 \\ x_2 = k_1 + k_2 \\ x_3 = 150 - k_2 + k_3 \\ x_4 = k_1 \\ x_5 = k_2 \\ x_6 = k_3 \end{cases}, \text{ 其中 } k_1 + k_3 \leqslant 350, k_2 - k_3 \leqslant 150.$$

从而就解决了每条道路上每小时车的流量问题.

（2）当 BC 段封闭时，意味着 BC 段的车流量为 0，即 $x_6 = k_3 = 0$，从而由（1）知，各路段的车流量为：

$$\begin{cases} x_1 = 350 - k_1 \\ x_2 = k_1 + k_2 \\ x_3 = 150 - k_2 \\ x_4 = k_1 \\ x_5 = k_2 \\ x_6 = 0 \end{cases}, \text{ 其中 } k_1, k_2 \text{ 为非负整数，且 } k_1 \leqslant 350, k_2 \leqslant 150.$$

应用二：卫星定位问题

北斗卫星导航系统（BeiDou Navigation Satellite System，BDS）是中国自行研制的全球卫星导航系统，是继美国全球定位系统（GPS）、俄罗斯格洛纳斯卫星导航系统（GLONASS）之后第三个成熟的卫星导航系统.

北斗卫星导航系统由空间段、地面段和用户段三部分组成，可在全球范围内全天候、全天时为各类用户提供高精度、高可靠定位、导航、授时服务，并具短报文通信能力，已经初步具备区域导航、定位和授时能力.

一个货运卡车公司为卡车配备全球定位系统 GPS. 这个系统由 24 颗高轨道卫星组成，卡车从其中三颗卫星接收信号，如图 1-6 所示. 接收器里的软件用线性代数方法来确定卡车的位置，确定的误差在几英尺范围之内，并能自动传递到调度办公室.

这些相交球面的几何关系告诉了我们为什么需要三颗卫星. 当卡车和一颗卫星联系时，接收器从信号往返的时间能确定从卡车到卫星的距离，例如为 14000 英里. 从卫星来看，可以知道卡车位于以卫星为球心，半径为 14000 英里的球的表面上某个地方. 如果这辆卡车距离第二颗卫星是 17000 英里，则它处于以第二颗卫星为球心，半径为 17000 英里的球的表面上，第三颗卫星确定的卡车位置依然在以卫星为球心的球表面上，第三个球与前两个球相交得到的圆正好相交在两点：一点在地球的表面上，另一点在地面以上几千英里处. 不难知道这两点中的哪一个是卡车的位置.

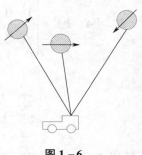

图 1-6

设卡车位于 (x, y, z)，卫星位于 (a_1, b_1, c_1)，(a_2, b_2, c_2) 和 (a_3, b_3, c_3)，并且设从卡车到这些卫星的距离分别为 r_1，r_2，r_3，由三维距离公式，可得

$$(x - a_1)^2 + (y - b_1)^2 + (z - c_1)^2 = r_1^2$$
$$(x - a_2)^2 + (y - b_2)^2 + (z - c_2)^2 = r_2^2$$
$$(x - a_3)^2 + (y - b_3)^2 + (z - c_3)^2 = r_3^2$$

这些方程关于 x，y，z 不是线性的，然而从第一式减去第二式，第一式减去第三式，可得

$$\begin{cases} (2a_2 - 2a_1)x + (2b_2 - 2b_1)y + (2c_2 - 2c_1)z = A \\ (2a_3 - 2a_1)x + (2b_3 - 2b_1)y + (2c_3 - 2c_1)z = B \end{cases}$$

其中，$A = r_1^2 - r_2^2 + a_2^2 - a_1^2 + b_2^2 - b_1^2 + c_2^2 - c_1^2$；$B = r_1^2 - r_3^2 + a_3^2 - a_1^2 + b_3^2 - b_1^2 + c_3^2 - c_1^2$

我们可以将这两个方程重新记为

$$\begin{cases} (2a_2 - 2a_1)x + (2b_2 - 2b_1)y = A - (2c_2 - 2c_1)z \\ (2a_3 - 2a_1)x + (2b_3 - 2b_1)y = B - (2c_3 - 2c_1)z \end{cases}$$

利用消元法，用 z 求出 x，y，把这些表达式代入原来任一距离方程中，就可得到关于 z 的一元二次方程，我们求这些根并且把它们代入 x，y 的表达式，每一个根给出一点，共给出两个点：一个点是卡车的位置，另一个则是远离地球的一个点.

应用知识

【营养食谱问题】

一个饮食专家计划一份食谱，提供一定量的维生素 C、钙和镁. 其中用到 3 种食物，它们的质量用适当的单位计量. 这些食品提供的营养以及食谱需要的营养见表 1-5：

表 1-5

营养	单位食谱所含的营养(毫克)			需要的营养总量(毫克)
	食物 1	食物 2	食物 3	
维生素 C	10	20	20	100
钙	50	40	10	300
镁	30	10	40	200

针对上述问题设 x_1，x_2，x_3 分别表示这三种食物的量. 对每一种食物考虑一个向量，其分量依次表示每单位食物中营养成分维生素 C、钙和镁的含量.

$$食物 1：\boldsymbol{\alpha}_1 = \begin{pmatrix} 10 \\ 50 \\ 30 \end{pmatrix}，\ 食物 2：\boldsymbol{\alpha}_2 = \begin{pmatrix} 20 \\ 40 \\ 10 \end{pmatrix}，\ 食物 3：\boldsymbol{\alpha}_3 = \begin{pmatrix} 20 \\ 10 \\ 40 \end{pmatrix}，\ 需求：\boldsymbol{\beta} = \begin{pmatrix} 100 \\ 300 \\ 200 \end{pmatrix};$$

则 $x_1\boldsymbol{\alpha}_1$，$x_2\boldsymbol{\alpha}_2$，$x_3\boldsymbol{\alpha}_3$ 分别表示三种食物提供的营养成分，所以，需要的向量方程为

$$x_1\boldsymbol{\alpha}_1 + x_2\boldsymbol{\alpha}_2 + x_3\boldsymbol{\alpha}_3 = \boldsymbol{\beta}.$$

解此方程组，得到 $x_1 = \dfrac{50}{11}$，$x_2 = \dfrac{50}{33}$，$x_3 = \dfrac{40}{33}$，因此食谱中应该包含 $\dfrac{50}{11}$ 个单位的食物 1，$\dfrac{50}{33}$ 个单位的食物 2，$\dfrac{40}{33}$ 个单位的食物 3.

阶段习题五

进阶题

1. 图 1-7、图 1-8 分别为某些地区的管道网，并已经标明了流量和流向，请列出确定各段流量 x_1，x_2，x_3，$\cdots$，x_k 的线性方程组.

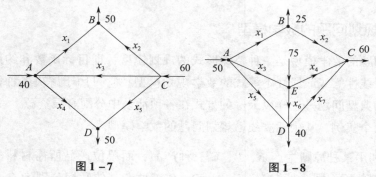

图 1-7　　　　　　　图 1-8

2. 设线性方程组 $\begin{pmatrix} a & 1 & 1 \\ 1 & a & 1 \\ 1 & 1 & a \end{pmatrix} \begin{pmatrix} x_1 \\ x_2 \\ x_3 \end{pmatrix} = \begin{pmatrix} 1 \\ 1 \\ -2 \end{pmatrix}$ 有无穷多解，求 a 的值.

提高题

1. 图 1-9 是某地区的灌溉渠道网，流量及流向均已在图 1-9 上标明.
(1) 确定各段的流量 x_1，x_2，x_3，x_4，x_5；

（2）若 BC 段渠道关闭，那么 AD 段的流量保持在什么范围内，才能使所有段的流量不超过30．

2．已知某一地区局部交通网络如图 $1-10$ 所示，图中道路为单行禁停道．某一高峰时段观测汽车进入和离开路口的车辆数已标于图 $1-10$ 上．现要求计算出每两个节点之间路段上的车辆数．

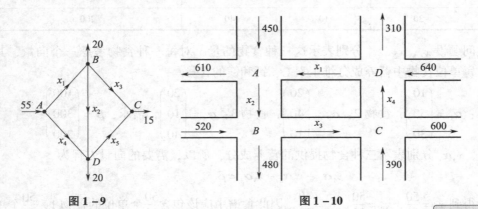

图 $1-9$ 图 $1-10$

1.6 线性规划问题

线性规划（Linear Programming，LP）是运筹学的一个重要分支，是辅助人们进行科学管理的一种数学方法．它是研究线性约束条件下线性目标函数的极值问题的数学理论和方法．线性规划广泛应用于军事作战、经济分析、经营管理和工程技术等方面，为合理地利用有限的人力、物力、财力等资源做出最优决策，提供了科学的依据．

1.6.1 线性规划问题的数学模型

线性规划问题的数学模型是一种特殊形式的规划模型，即目标函数和约束条件是待求变量的线性函数、线性等式或线性不等式的数学规划模型．它可用于解决各种领域内的极值问题．它所描述的典型问题是怎样以最优的方式在各项活动中分配有限资源．

先看下面两个实例，从中建立线性规划问题的数学模型．

例1 某工厂利用某种原料生产 A，B，C 三种产品，而单位产品所需材料的数量和耗费的加工时间各不相同，见表 $1-6$．A，B，C 三种产品的利润分别为 4 千元，5 千元，7 千元．问该厂应如何安排生产计划，才能使获得的利润最大？

表 $1-6$

资源	产品			资源总量
	A	**B**	**C**	
原材料	2	1.5	3	100
工时	1	2	2	150

分析　该问题所需确定的是生产 A，B，C 三种产品的数量．建立数学模型如下．

设该工厂计划生产 A，B，C 三种产品的产量分别为：x_1，x_2，x_3（$x_i \geqslant 0$，$i = 1, 2, 3$）．这里 x_1，x_2，x_3 称为决策变量．根据原料和工时的限制，有下列不等式成立：

$$\begin{cases} 2x_1 + 1.5x_2 + 3x_3 \leqslant 100 \\ x_1 + 2x_2 + 2x_3 \leqslant 150 \end{cases}.$$

结合决策变量非负的限制条件（约束条件），即有

$$\begin{cases} 2x_1 + 1.5x_2 + 3x_3 \leqslant 100 \\ x_1 + 2x_2 + 2x_3 \leqslant 150 \\ x_i \geqslant 0, \ i = 1, 2, 3 \end{cases}$$

此问题中确定目标函数：如何确定生产的数量，才能使所获得的利润最大．所以设总利润为 z，则可得线性关系式：$z = 4x_1 + 5x_2 + 7x_3$．

所以，原问题就是要确定 x_1，x_2，x_3 的值，使得目标函数取到最大值，即

$$\max z = 4x_1 + 5x_2 + 7x_3.$$

综上所述，本例中的数学模型可归结为：

$$\max z = 4x_1 + 5x_2 + 7x_3$$

$$s.t. \begin{cases} 2x_1 + 1.5x_2 + 3x_3 \leqslant 100 \\ x_1 + 2x_2 + 2x_3 \leqslant 150 \\ x_i \geqslant 0, \ i = 1, 2, 3 \end{cases}$$

其中"$s.t.$"是"subject to"的缩写，表示"在……的约束条件之下"或者说"约束为……"．

例 2　某车间有两台机床甲和乙，可用于加工三种工件．假定这两台机床的可用台时数分别为 700 和 800，三种工件的数量分别为 300、500 和 400，且已知用不同机床加工单位数量的不同工件所需的台时数和加工费用（见表 1 - 7），问怎样分配机床的加工任务才能既满足加工工件的要求，又使总加工费用最低？

表 1 - 7

车床类型	单位工件所需加工台时数			单位工件的加工费用			可用台时数
	工件 1	工件 2	工件 3	工件 1	工件 2	工件 3	
甲	0.4	1.1	1.0	13	9	10	700
乙	0.5	1.2	1.3	11	12	9	800

分析　本例中在机床数量一定需要生产的产品数量一定，要求通过合理安排机床进行加工，使得产生的总加工费用最低．

设在甲车床上加工工件 1、2、3 的数量分别为 x_1，x_2，x_3．在乙车床上加工工件 1、2、3 的数量分别为 x_4，x_5，x_6（$x_i \geqslant 0$，$i = 1, 2, \cdots, 6$）．则该问题可以转换成如下线性规划模型：

$$\min z = 13x_1 + 9x_2 + 10x_3 + 11x_4 + 12x_5 + 9x_6$$

$$s.t. \begin{cases} x_1 + x_4 = 300 \\ x_2 + x_5 = 500 \\ x_3 + x_6 = 400 \\ 0.4x_1 + 1.1x_2 + x_3 \leqslant 700 \\ 0.5x_4 + 1.2x_5 + 1.3x_6 \leqslant 800 \\ x_i \geqslant 0, \quad i = 1, 2, \cdots, 6 \end{cases}$$

例 1 和例 2 所涉及的问题虽然不同，但是所建立的数学模型有下列共性：

(1)每个问题都求一组变量，即决策变量，其取值一般非负.

(2)存在一定的限制条件，即约束条件，通常用线性方程或线性不等式表示.

(3)都有一个目标要求的线性函数，称为目标函数，且要求其取到最大或最小值.

一般地，问题所涉及的约束条件和目标函数都是线性的，我们把具有这种模型的问题称为**线性规划问题**，简称**线性规划**.

通常情况下，线性规划问题的数学模型的一般形式可归结为：

$$\max(或 \min) z = c_1 x_1 + c_2 x_2 + \cdots + c_n x_n$$

$$\begin{cases} a_{11}x_1 + a_{12}x_2 + \cdots + a_{1n}x_n \leqslant (=, \geqslant) b_1 \\ a_{21}x_1 + a_{22}x_2 + \cdots + a_{2n}x_n \leqslant (=, \geqslant) b_2 \\ \vdots \\ a_{m1}x_1 + a_{m2}x_2 + \cdots + a_{mn}x_n \leqslant (=, \geqslant) b_m \\ x_i \geqslant 0, \quad i = 1, 2, \cdots, n \end{cases}$$

其中 a_{ji}, b_j, c_i, $(i = 1, 2, \cdots, n, j = 1, 2, \cdots, m)$ 为模型的参数.

上述线性规划模型的一般形式可用矩阵形式简单地表示为：

$$\max(或 \min) z = \boldsymbol{c}^{\mathrm{T}} \boldsymbol{x}$$

$$s.t. \begin{cases} \boldsymbol{Ax} \leqslant (=, \geqslant) \boldsymbol{b} \\ \boldsymbol{x} \geqslant 0 \end{cases}$$

其中 $\boldsymbol{x} = (x_1, x_2, \cdots, x_n)^{\mathrm{T}}$, $\boldsymbol{c}^{\mathrm{T}} = (c_1, c_2, \cdots, c_n)$, $\boldsymbol{b} = (b_1, b_2, \cdots, b_m)^{\mathrm{T}}$, $\boldsymbol{A} = (a_{ji})_{m \times n}$.

因此，建立一个线性规划模型必须要经历三大过程：①确定决策变量；②寻找约束条件；③确定目标函数.

1.6.2 线性规划模型的标准型

通过学习可以看出，线性规划问题有不同的形式. 目标函数有求最大值的，也有求最小值的；约束条件可能是"$\geqslant$"，也可能是"$\leqslant$". 为了便于统一讨论，需要规定线性规划问题的标准形式，如下：

$$\min z = c_1 x_1 + c_2 x_2 + \cdots + c_n x_n = \sum_{i=1}^{n} c_i x_i$$

$$s.t. \begin{cases} a_{11}x_1 + a_{12}x_2 + \cdots + a_{1n}x_n = b_1 \\ a_{21}x_1 + a_{22}x_2 + \cdots + a_{2n}x_n = b_2 \\ \vdots \\ a_{m1}x_1 + a_{m2}x_2 + \cdots + a_{mn}x_n = b_m \\ x_i, b_j \geqslant 0, \quad i = 1, 2, \cdots, n, j = 1, 2, \cdots, m \end{cases}$$

线性代数与概率统计
实践任务书

机械工业出版社

目 录

任务1　探秘"信息传输中的加密与解密"

任务描述

　　信息传输是从一端将命令或状态信息经信道传送到另一端，并被对方所接收. 为确保传输信息的安全可靠，非常有必要对信息进行加密. 加密简单地说就是对要传输的信息（明文）按某种算法或手段进行处理，使其成为不可读的一段代码或不同意思的信息，通常称为"密文". 密文只能在输入相应的密钥之后才能还原出本来的内容. 通过这样的途径达到保护信息或数据不被人非法窃取、阅读的目的. 该过程的逆过程就为解密，即将密文信息转化为其原来的信息的过程.

　　实际上，密码学早在公元前400多年就已经产生，人类使用密码的历史几乎与使用文字的时间一样长. 我国古代也有以藏头诗、藏尾诗、漏格诗及绘画等形式，将要表达的真正意思或"密语"隐藏在诗文或画卷中特定位置的记载，一般人只注意诗或画的表面意境，而不会去注意或很难发现隐藏其中的"话外之音". 再如古代的藏宝图要经过层层的加密化，其实也是古典密码学的一个表现.

　　请小组成员合理分工，相互协作，共同完成以下任务：

　　（1）通过上网查阅资料，对密码学的发展简史进行阅读梳理，选择2种感兴趣的密码学，完成表1.

　　（2）选择一种最感兴趣的加密方法，并对其加密的原理进行分析描述，完成表2.

　　（3）矩阵理论可以进行信息的加密. 请同学们查阅有关希尔密码的资料，弄清希尔密码的加密与解密步骤，完成表3.

　　（4）利用希尔密码原理进行指定信息的加密和解密，完成表4.

　　（5）填写"实践任务书"，进行结果展示，完成任务反思和活动过程评价表.

✔ **实践任务书**

任务1 探秘"信息传输中的加密与解密"

班级：_____ 组号：_____ 成员：_____（组长）_____（组员）实施时间：_____

表1 感兴趣的密码学

序号	密码学名称	原理简述	应用领域或应用举例	特点
1				
2				

表2 最感兴趣的加密方法解析

加密方法	
加密原理	
加密举例	
实用性评价	

表 3 希尔密码的加密与解密步骤

假设要加密的明文由 26 个字母构成，确定字母表值如下：

字母	A	B	C	D	E	F	G	H	I	J	K	L	M	N	O
表值	1	2	3	4	5	6	7	8	9	10	11	12	13	14	15
字母	P	Q	R	S	T	U	V	W	X	Y	Z	空格	?	!	
表值	16	17	18	19	20	21	22	23	24	25	26	27	28	29	

用流程图简述加密过程		
简单描述加密与解密步骤	第一步	
	第二步	
	第三步	
	第四步	
	⋮	

表4　加密与解密的应用

需要加密的信息，明文	YI QI XIANG WEI LAI！

加密所需的字母表值(字母和数字的对应表)：

字母												
表值												
字母												
表值												

加密矩阵		明文对应的数字矩阵	

实施加密的具体过程：

得到的密文	

实施解密的具体过程：

获取的信息	YI QI XIANG WEI LAI！

表5　任务反思

收获	
不足	

表 6 活动过程自我评价

项目	评价要点	配分	得分
成果自评	知识点及技能点	20	
过程自评	目标和任务是否明确，执行思路是否可行	10	
	是否通过各种信息渠道搜集完成任务所用资料，并进行科学处理	10	
	能否及时解决执行中出现的问题，确保顺利实施	20	
	是否按照计划完成任务	10	
态度自评	是否有成员间的交流合作	10	
	是否有创新意识	10	
	实践动手操作的兴趣、态度、积极性	10	
合计	100		
简要评述			

表 7 活动过程组间互评

项目	评价要点	配分	得分
成果评价	知识点及技能点	20	
过程评价	目标和任务是否明确，执行思路是否可行	10	
	是否通过各种信息渠道搜集完成任务所用资料，并进行科学处理	10	
	能否及时解决执行中出现的问题，确保顺利实施	20	
	是否按照计划完成任务	10	
态度评价	是否有成员间的交流合作，分工是否合理	10	
	是否有创新意识	10	
	实践动手操作的兴趣、态度、积极性	10	
合计	100		

表8 活动过程教师评价

项目	评价要点	配分	得分
成果评价	知识点及技能点	20	
过程评价	目标和任务是否明确，执行思路是否可行	10	
	是否通过各种信息渠道搜集完成任务所用资料，并进行科学处理	10	
	能否及时解决执行中出现的问题，确保顺利实施	20	
	是否按照计划完成任务	10	
态度评价	是否有成员间的交流合作，分工是否合理	10	
	是否有创新意识	10	
	实践动手操作的兴趣、态度、积极性	10	
合计		100	

任务 2 大学生营养配餐

　　"民以食为天"，一日三餐直接关系到每个人的身体健康，特别是处于生长发育期的学生，均衡合理的膳食以及良好的饮食行为是学生身体发育以及完成繁重的学业的重要保证，而不合理的膳食行为则会影响身体健康，甚至出现营养性疾病. 本实践任务为研究在校大学生的经济营养配餐. 由于大学生属于无收入消费者，就餐一般均在食堂，所以大学生就餐时经常会考虑到饮食成本，所以研究如何在满足营养与热量的前提下使购买食品的费用最小，实现经济营养配餐，是关系到大学生切身利益的事.

　　请小组成员互相协作，完成以下任务：

　　(1)通过上网查阅资料，列出学校食堂最常见的食物及其主要营养物质的含量，完成表 1.

　　(2)通过实地调研，列出学校食堂常见食谱中菜式的单位价格，完成表 2.

　　(3)假设大学生平均体重为 60kg，一天餐费最多 20 元，建立使营养达到最佳搭配且使花费达到最小的线性规划模型，并求解，完成表 3.

　　(4)填写"实践任务书"，进行结果展示，完成任务反思与活动过程评价表.

✔ **实践任务书**

任务2 大学生营养配餐

班级：_____ 组号：_____ 成员：_____（组长）_____（组员）实施时间：_____

表1 100g 食物所含营养成分

序号	食物营养成分	蛋白质（mg）	脂肪（mg）	膳食纤维（mg）	碳水化合物（mg）
1	大米				
2	面条				
3	鸡蛋				
4	白菜				
5	猪肉				
6	牛肉				
7	鸡肉				
8	西蓝花				
9	西红柿				
⋮	⋮				
1 天所需营养成分（体重 60 kg）					

表2 100g 食谱中菜式所含食物重量及价格

序号	食物食谱	西红柿鸡蛋（g）	……（g）	……（g）	……（g）
1	大米				
2	面条				
3	鸡蛋				
4	白菜				
5	猪肉				
6	牛肉				
7	鸡肉				
8	西蓝花				
9	西红柿				
⋮	⋮				
单位价格（元）					

表3 主要实施过程

1. 了解线性规划模型
2. 合理假设
3. 符号说明
4. 建立模型
5. 求模型的解
6. 结论

表4 任务反思

收获	
不足	

表 5 活动过程自我评价

项目	评价要点	配分	得分
成果自评	知识点及技能点	20	
过程自评	目标和任务是否明确，执行思路是否可行	10	
	是否通过各种信息渠道搜集完成任务所用资料，并进行科学处理	10	
	能否及时解决执行中出现的问题，确保顺利实施	20	
	是否按照计划完成任务	10	
态度自评	是否有成员间的交流合作	10	
	是否有创新意识	10	
	实践动手操作的兴趣、态度、积极性	10	
合计	100		
简要评述			

表 6 活动过程组间互评

项目	评价要点	配分	得分
成果评价	知识点及技能点	20	
过程评价	目标和任务是否明确，执行思路是否可行	10	
	是否通过各种信息渠道搜集完成任务所用资料，并进行科学处理	10	
	能否及时解决执行中出现的问题，确保顺利实施	20	
	是否按照计划完成任务	10	
态度评价	是否有成员间的交流合作，分工是否合理	10	
	是否有创新意识	10	
	实践动手操作的兴趣、态度、积极性	10	
合计	100		

表 7　活动过程教师评价

项目	评价要点	配分	得分
成果评价	知识点及技能点	20	
过程评价	目标和任务是否明确，执行思路是否可行	10	
	是否通过各种信息渠道搜集完成任务所用资料，并进行科学处理	10	
	能否及时解决执行中出现的问题，确保顺利实施	20	
	是否按照计划完成任务	10	
态度评价	是否有成员间的交流合作，分工是否合理	10	
	是否有创新意识	10	
	实践动手操作的兴趣、态度、积极性	10	
合计		100	

任务3 探索"近防炮"

任务描述

近防炮属于近程防御武器系统. 因为来袭导弹密度比炮弹低, 而且比炮弹软, 所以近防炮才可以起作用. 据国内媒体报道, 我国研制的近距自卫反导系统在打得准上获得了突破, 五项技术填补了国内空白. 公开报道中提到"射速比国外同类装备提高了近100%", 具备拦截超音速反舰导弹的能力.

AK－1030 近防反导舰炮为辽宁舰的新型装备, 增加了辽宁舰的近距防御能力. 该近防炮, 成功解决了末端拦截超音速导弹的全自动作战决策难题, 打破了西方国家的技术封锁, 成为中国新型舰艇的"护身甲胄".

请小组成员互相协作, 完成以下任务:

(1)查阅资料, 了解"近防炮", 完成实践任务书中的表 1.

(2)"近防炮"是一种舰艇、车辆上使用的防空、反导系统, 它可以在短时间内发射大量的子弹对目标进行撞击. 假设每发子弹是否命中是互不影响的, 且命中概率均为0.004. 若系统发射 100 发子弹, 求至少命中一发的概率. 为确保以 99% 的概率击中导弹, 至少要发射多少发子弹?

(3)分组协作, 通过计算机模拟说明试验频率与理论值相接近, 将模拟结果截图.

图 1: 一次试验(100 发子弹)的模拟结果.

图 2: 100 次试验的模拟结果.

图 3: 100 次试验中命中次数.

图 4: 100 次试验共发射的 10000 发子弹中总命中频率.

图 5: 100 次试验累计命中频率及理论命中概率值.

图 6: 射击子弹数与命中率的关系.

(4)填写"实践任务书", 进行结果展示, 完成任务反思和活动过程评价表.

✔ 实践任务书

任务3 探索"近防炮"

班级：_____ 组号：_____ 成员：_____（组长）_____（组员）实施时间：_____

表1 近防炮信息收集表

名称	中国730型近防系统	中国AK–1030型近防反导舰炮	中国1130近防炮	美制MK15"火神"密集阵系统	俄制卡什坦近防系统
口径/mm					
炮管数/管					
弹仓数/个					
最大火力/(发/min)					

表2 计算机模拟射击结果

图1：一次试验(100发子弹)的模拟结果	图2：100次试验的模拟结果

图3：100次试验中命中次数	图4：100次试验共发射的10000发子弹中总命中频率

图5：100次试验累计命中频率及理论命中概率值	图6：射击子弹数与命中率的关系

13

表3　任务实施记录表

任务名称				
问题分析				
解决方法				
主要执行者				
参与者				

表4　主要实施过程

表5　任务执行结果

表6　任务反思

收获	
不足	

表 7　活动过程自我评价

项目	评价要点	配分	得分
成果自评	知识点及技能点	20	
过程自评	目标和任务是否明确，执行思路是否可行	10	
	是否通过各种信息渠道搜集完成任务所用资料，并进行科学处理	10	
	能否及时解决执行中出现的问题，确保顺利实施	20	
	是否按照计划完成任务	10	
态度自评	是否有成员间的交流合作	10	
	是否有创新意识	10	
	实践动手操作的兴趣、态度、积极性	10	
合计	100		
简要评述			

表 8　活动过程组间互评

项目	评价要点	配分	得分
成果评价	知识点及技能点	20	
过程评价	目标和任务是否明确，执行思路是否可行	10	
	是否通过各种信息渠道搜集完成任务所用资料，并进行科学处理	10	
	能否及时解决执行中出现的问题，确保顺利实施	20	
	是否按照计划完成任务	10	
态度评价	是否有成员间的交流合作，分工是否合理	10	
	是否有创新意识	10	
	实践动手操作的兴趣、态度、积极性	10	
合计	100		

表 9　活动过程教师评价

项目	评价要点	配分	得分
成果评价	知识点及技能点	20	
过程评价	目标和任务是否明确，执行思路是否可行	10	
	是否通过各种信息渠道搜集完成任务所用资料，并进行科学处理	10	
	能否及时解决执行中出现的问题，确保顺利实施	20	
	是否按照计划完成任务	10	
态度评价	是否有成员间的交流合作，分工是否合理	10	
	是否有创新意识	10	
	实践动手操作的兴趣、态度、积极性	10	
合计	100		

任务4　揭秘"学霸与学神"

任务描述

　　学霸与学神的学习状态．他们是如何学习的呢？普通同学与他们的差距在哪里？

　　（1）在全校大一学生中展开调查，得到大家每天在"高等数学"这门课程上花费的时间和期末考试成绩情况，完成实践任务书中的表1.

　　（2）分组协作，学习条件分布内容，重点掌握条件分布的定义与计算．

　　结合调查数据，完成以下任务：①每个学生的高等数学成绩 X 与学习高等数学的时间 Y，根据数据用计算机绘制出二维离散型随机变量的联合分布律的三维视图；②探究高等数学成绩在 80 分以上的条件下，学习时间的分布情况；③计算每天学习高等数学时间大于 2 小时的条件下，成绩的条件分布率．对得到的结果进行分析．

　　（3）填写"实践任务书"，进行结果展示，完成任务反思和活动过程评价表．

✔ **实践任务书**

任务4　揭秘"学霸与学神"

班级：_____ 组号：_____ 成员：_____（组长）_____（组员）实施时间：_____

表1　大一学生高等数学"成绩—时间频数"

考试成绩/分	学习时间/h				
	<0.5	0.5～1	1～2	>2	合计
>80					
60～80					
40～59					
<40					
合计					

表2　任务实施记录表

任务名称					
问题分析					
解决方法					
主要执行者					
参与者					

表3　主要实施过程

表 4 任务执行结果

表 5 任务反思

收获	
不足	

表 6 活动过程自我评价

项目	评价要点	配分	得分
成果自评	知识点及技能点	20	
过程自评	目标和任务是否明确，执行思路是否可行	10	
	是否通过各种信息渠道搜集完成任务所用资料，并进行科学处理	10	
	能否及时解决执行中出现的问题，确保顺利实施	20	
	是否按照计划完成任务	10	
态度自评	是否有成员间的交流合作	10	
	是否有创新意识	10	
	实践动手操作的兴趣、态度、积极性	10	
合计	100		
简要评述			

表 7 活动过程组间互评

项目	评价要点	配分	得分
成果评价	知识点及技能点	20	
过程评价	目标和任务是否明确，执行思路是否可行	10	
	是否通过各种信息渠道搜集完成任务所用资料，并进行科学处理	10	
	能否及时解决执行中出现的问题，确保顺利实施	20	
	是否按照计划完成任务	10	
态度评价	是否有成员间的交流合作，分工是否合理	10	
	是否有创新意识	10	
	实践动手操作的兴趣、态度、积极性	10	
合计	100		

表 8 活动过程教师评价

项目	评价要点	配分	得分
成果评价	知识点及技能点	20	
过程评价	目标和任务是否明确，执行思路是否可行	10	
	是否通过各种信息渠道搜集完成任务所用资料，并进行科学处理	10	
	能否及时解决执行中出现的问题，确保顺利实施	20	
	是否按照计划完成任务	10	
态度评价	是否有成员间的交流合作，分工是否合理	10	
	是否有创新意识	10	
	实践动手操作的兴趣、态度、积极性	10	
合计	100		

对应的矩阵形式为：

$$\min z = \boldsymbol{c}^{\mathrm{T}}\boldsymbol{x}$$
$$s.\,t. \begin{cases} \boldsymbol{Ax} = \boldsymbol{b} \\ \boldsymbol{x} \geqslant 0, \ \boldsymbol{b} > 0 \end{cases}$$

通常情况下，我们建立的线性规划模型不一定都是标准型，而可能出现下列情形：①使目标函数 z 达到最大，而不是使 z 达到最小；②约束条件组不是等式形式或决策变量无非负性约束条件的限制．这就需要进行标准化，步骤如下．

（1）若原问题目标函数为 $\max z = \boldsymbol{c}^{\mathrm{T}}\boldsymbol{x}$，则需要令 $z' = -z$，从而有 $\min z' = -\boldsymbol{c}^{\mathrm{T}}\boldsymbol{x}$；

（2）若原问题约束条件为 $a_{i1}x_1 + a_{i2}x_2 + \cdots + a_{in}x_n \leqslant b_i$，则需要给不等式左边加一个 $x_{n+i} \geqslant 0$，x_{n+i} 称为松弛变量．

（3）若原问题约束条件为 $a_{i1}x_1 + a_{i2}x_2 + \cdots + a_{in}x_n \geqslant b_i$，则需要给不等式左边减去一个 $x_{n+i} \geqslant 0$，x_{n+i} 称为剩余变量．

（4）若原问题 x_i 无非负约束，则令 $\begin{cases} x_i = u_i - v_i \\ u_i, \ v_i \geqslant 0 \end{cases}$．

例3 将下列线性规划模型化成标准型：

$$\max z = -x_1 + 2x_2 + 4x_3 - 3x_4 \qquad\qquad \min z = 2x_1 - x_2 + x_3$$

$$(1) \ s.\,t. \begin{cases} x_1 + x_2 - 3x_3 + x_4 \geqslant 2 \\ -x_1 + 4x_2 + x_3 - 2x_4 \leqslant 6 \\ 3x_1 + 2x_2 + 2x_4 = -5 \\ x_1, \ x_2, \ x_3, \ x_4 \geqslant 0, \end{cases} ; \qquad (2) \ s.\,t. \begin{cases} 2x_1 + 0.5x_2 - 3x_3 = 10 \\ x_1 - 2x_2 + 2x_3 \geqslant 15 \\ x_i \geqslant 0, \ i = 1, \ 2, \ x_3 \ \text{无约束} \end{cases} .$$

解 （1）首先目标函数的转换，令 $z' = -z$，从而有 $\min z' = x_1 - 2x_2 - 4x_3 + 3x_4$．
其次，约束条件需要转化为等式，且等式右边非负，从而有

$$\begin{cases} x_1 + x_2 - 3x_3 + x_4 - x_5 = 2 \\ -x_1 + 4x_2 + x_3 - 2x_4 + x_6 = 6 \\ -3x_1 - 2x_2 - 2x_4 = 5 \\ x_i \geqslant 0, \ i = 1, \ 2, \ \cdots, \ 6 \end{cases} ,$$

所以标准型为

$$\min z' = x_1 - 2x_2 - 4x_3 + 3x_4$$
$$\begin{cases} x_1 + x_2 - 3x_3 + x_4 - x_5 = 2 \\ -x_1 + 4x_2 + x_3 - 2x_4 + x_6 = 6 \\ -3x_1 - 2x_2 - 2x_4 = 5 \\ x_i \geqslant 0, \ i = 1, \ 2, \ \cdots, \ 6 \end{cases} .$$

（2）注意该模型中只需要对约束条件进行转化，令 $\begin{cases} x_3 = u_3 - v_3 \\ u_3, \ v_3 \geqslant 0 \end{cases}$，从而有标准型：

$$\min z = 2x_1 - x_2 + u_3 - v_3$$

$$s.\,t. \begin{cases} 2x_1 + 0.5x_2 - 3u_3 + 3v_3 = 10 \\ x_1 - 2x_2 + 2u_3 - 2v_3 - x_4 = 15 \\ x_3 = u_3 - v_3, \ u_3, \ v_3, \ x_1, \ x_2, \ x_4 \geqslant 0 \end{cases}$$

总结起来，线性规划问题的标准型有以下特点：目标函数为最小值形式；约束条件用等式表示；约束条件等式右侧非负；决策变量非负.

1.6.3 线性规划模型的解

在一个线性规划问题中，我们把满足约束条件的一组变量的取值称为线性规划问题的一个可行解. 使目标函数取得最大或最小的可行解称为最优解，此时目标函数的值称为最优值.

下面先介绍图解法解线性规划模型的最优解. 图解法直观简便，但应用范围较小，一般只能用来解两个变量的线性规划问题.

例4 用图解法求解线性规划问题：

$$\max z = 4x_1 + 3x_2$$

$$s.t. \begin{cases} x_1 + 2x_2 \leqslant 4 \\ 2x_1 + x_2 \leqslant 5. \\ x_1, \ x_2 \geqslant 0 \end{cases}$$

解 在平面直角坐标系中作直线：

$$l_1: x_1 + 2x_2 = 4$$
$$l_2: 2x_1 + x_2 = 5$$

如图 1-11 所示，找到阴影部分所有点及边界点满足约束条件.

满足所有约束条件的点称为**可行点**，所有可行点构成的集合称为**可行域**. 每一个可行点代表线性规划问题的一种方案，即为**可行解**.

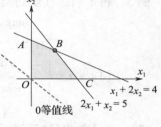

图 1-11

图 1-11 中，四边形 $OABC$ 内部及边界构成的阴影部分即为该问题的可行域，故该问题的可行解有无数多个. 一般我们最关注的不是所有可行解，而是能使目标函数值达到最大或最小的可行解，即最优可行解. 这种最优可行解简称最优解.

为了寻找最优解，将目标函数写成：$4x_1 + 3x_2 = k(k \in \boldsymbol{R})$，即 $x_2 = -\dfrac{4}{3}x_1 + \dfrac{k}{3}$. 当 k 取不同的值时，此函数表示相互平行的直线族，称为等值线. 令 $k = 0$，得到的直线 $x_2 = -\dfrac{4}{3}x_1$ 叫作 0 等值线.

先作 0 等值线：$x_2 = -\dfrac{4}{3}x_1$，它与可行域的交点为 $(0, 0)$，将这条直线沿着目标函数增大的右上方平移，过顶点 B 时，z 在可行域中取到最大值，如果继续移动，则等值线将离开可行域（等值线与可行域没有交点），因此点 B 的坐标就是最优解.

求两直线 l_1 与 l_2 的交点坐标，联立解方程组：

$$\begin{cases} x_1 + 2x_2 = 4 \\ 2x_1 + x_2 = 5 \end{cases},$$

得到 $x_1 = 2$，$x_2 = 1$ 即为最优解，此时最优值为 $\max z = 4 \times 2 + 3 \times 1 = 11$.

图解法解线性规划问题的步骤可以归纳如下：

(1)根据约束条件，在平面直角坐标系内作出可行域；

(2)作出目标函数的 0 等值线，即目标函数值等于 0 的直线，将 0 等值线在可行域中沿目标函数值最优的方向平移，找出与可行域有公共点且纵截距最大或最小的直线；

(3)求出最优点坐标，即得到最优解，进而得到目标函数的最优值.

　　上面例子是线性规划问题有唯一最优解的情况，实际上线性规划问题也有无穷多最优解和无最优解的情况，这里不多做讨论. 需要说明的是，只有两个或三个决策变量的线性规划问题，可以用图解法来求解. 图解法简单、直观，借助图解法可以方便初学者理解线性规划基本原理和几何意义. 像这样能用图解法解决的线性规划问题可以借助 GeoGebra 软件很好地实现. 有三个决策变量时要在 3D 窗口画.

利用 GeoGebra 解决线性规划问题

对于两个或三个决策变量的线性规划问题借助软件可以很好地实现.

1. 打开 ✿，首先输入不等式组，在绘图区绘制可行域(不等式间用"^"连接).
2. 绘制目标函数的滑动条，拉动滑动条，找到最大(小)值.

以例 4 为例，具体过程介绍如下.

(1)打开 GeoGebra，先利用所有约束条件绘制可行域：

输入命令：(x_1 对应 x，x_2 对应 y)

$x + 2y < =4 \wedge 2x + y < =5 \wedge x > =0 \wedge y > =0$，按〈Enter〉键得到图 1 – 12.

注：$\wedge$ 表示"且"，在输入框中单击 α 的按钮，调出符号框，单击输入.

(2)创建滑动条：输入目标函数按〈Enter〉键，系统会自动弹出"创建滑动条"的对话框，选择"创建滑动条"，如图 1 – 13 所示.

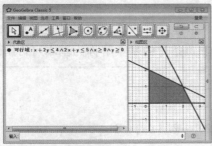

图 1 – 12

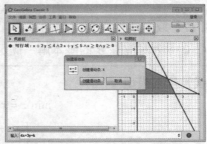

图 1 – 13

　　接着双击滑动条，进行滑动条的设置：最小输入" – 5"，最大输入"20"(需要大概估计一下，或者后续再调整)，增量输入"0.1"等即可，如图 1 – 14 所示.

(3)画出可行域边界的直线，找出直线的交点坐标，滑动滑动条可以得到 k 的最大最小值，从而解决该问题. 图 1 –15可以看出，当目标函数(双击目标函数点属性可以设置颜色为红色)过点 $B(2，1)$ 时，k 的值最大，即目标函数最大值为11.

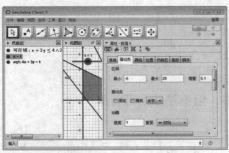

图 1 – 14

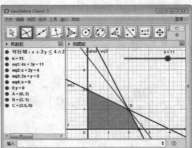

图 1 – 15

对于线性规划模型的标准型：

$$\min z = \boldsymbol{c}^{\mathrm{T}}\boldsymbol{x}$$
$$s.t. \begin{cases} \boldsymbol{Ax} = \boldsymbol{b} \\ \boldsymbol{x} \geq 0, \ \boldsymbol{b} > 0 \end{cases}$$

满足约束条件的决策变量的取值范围 $\boldsymbol{D} = \{\boldsymbol{x} \mid \boldsymbol{Ax} = \boldsymbol{b}, \ \boldsymbol{x} \geq 0\}$ 称为**可行域**，可行域是个凸集. 而满足约束条件的 $\boldsymbol{x} = (x_1, x_2, \cdots, x_n)^{\mathrm{T}}$，称为**可行解**.

> **定义 1.16** 设 $\boldsymbol{A}$ 为 $m \times n$ 阶的系数矩阵，其秩为 m，若 $\boldsymbol{B}$ 为 $\boldsymbol{A}$ 中 $m \times m$ 阶的非退化子阵，则称 $\boldsymbol{B}$ 为 $\boldsymbol{A}$（或线性规划问题）的一个基.

设基 $\boldsymbol{B} = (\boldsymbol{P}_{i1}, \boldsymbol{P}_{i2}, \cdots, \boldsymbol{P}_{im})$，称 $\boldsymbol{P}_{ik}(k = 1, 2, \cdots, m)$ 为基向量，称 $\boldsymbol{P}_{ik}$ 为对应的变量 $x_{ik}(k = 1, 2, \cdots, m)$ 为基变量，不是基变量的称为非基变量.

已知秩 $\boldsymbol{R}(\boldsymbol{A}) = m$，不妨设 $\boldsymbol{A}$ 的前 m 列向量线性无关，则可取 $\boldsymbol{B} = (\boldsymbol{P}_1, \boldsymbol{P}_2, \cdots, \boldsymbol{P}_m)$ 为基，则 $x_1, x_2, \cdots, x_m$ 为基变量. 因为 $\boldsymbol{Ax} = \boldsymbol{b}$，即

$$\boldsymbol{P}_1 x_1 + \cdots + \boldsymbol{P}_m x_m + \boldsymbol{P}_{m+1} x_{m+1} + \cdots + \boldsymbol{P}_n x_n = \boldsymbol{b}$$

所以有

$$\boldsymbol{P}_1 x_1 + \cdots + \boldsymbol{P}_m x_m = \boldsymbol{b} - \boldsymbol{P}_{m+1} x_{m+1} - \cdots - \boldsymbol{P}_n x_n$$

令非基变量 $x_{m+1} = \cdots = x_n = 0$，得到

$$(x_1, x_2, \cdots, x_m)^{\mathrm{T}} = \boldsymbol{B}^{-1}\boldsymbol{b}$$

> **定义 1.17** 取定线性规划问题的基 $\boldsymbol{B}$，令非基变量取零，求得基变量的取值 $\boldsymbol{B}^{-1}\boldsymbol{b}$，称解 $(\boldsymbol{B}^{-1}\boldsymbol{b}, 0)^{\mathrm{T}}$ 为对应基 $\boldsymbol{B}$ 的**基本解**. 满足非负条件的基本解称为**基本可行解**.

例5 已知线性规划模型

$$\min z = x_1 + 2x_2 - x_3 + 2x_4$$
$$s.t. \begin{cases} x_1 - 2x_2 - x_3 + 4x_4 = 8 \\ 2x_1 + 2x_2 - 2x_3 - x_4 = 2 \\ x_1, x_2, x_3, x_4 \geq 0 \end{cases}$$

求此问题的一个基本解和一个基本可行解.

解 对应的系数矩阵 $\boldsymbol{A} = \begin{pmatrix} 1 & -2 & -1 & 4 \\ 2 & 2 & -2 & -1 \end{pmatrix}$ 取 $\boldsymbol{B} = \begin{pmatrix} 1 & -2 \\ 2 & 2 \end{pmatrix}$，

则令非基变量 $x_3 = x_4 = 0$，得 $\begin{cases} x_1 - 2x_2 = 8 \\ 2x_1 + 2x_2 = 2 \end{cases}$，即 $\begin{cases} x_1 = \dfrac{10}{3} \\ x_2 = -\dfrac{7}{3} \end{cases}$，

所以 $\boldsymbol{x}^1 = \left(\dfrac{10}{3}, \dfrac{-7}{3}, 0, 0\right)^{\mathrm{T}}$ 是基本解，但不是基本可行解.

取 $\boldsymbol{B} = \begin{pmatrix} 1 & 4 \\ 2 & -1 \end{pmatrix}$，则令非基变量 $x_2 = x_3 = 0$，得 $\begin{cases} x_1 + 4x_4 = 8 \\ 2x_1 - x_4 = 2 \end{cases}$，即 $\begin{cases} x_1 = \dfrac{16}{9} \\ x_4 = \dfrac{14}{9} \end{cases}$，

所以 $\boldsymbol{x}^2 = \left(\dfrac{16}{9},\ 0,\ 0,\ \dfrac{14}{9}\right)^{\mathrm{T}}$ 是基本可行解.

事实上，线性规划问题中，基本解不一定是基本可行解. 但如果有可行解，则必有基本可行解. 当然，如果有最优解，则必有最优的基本可行解.

1.6.4　单纯形法

单纯形法是求解线性规划问题最常用、最有效的算法之一，其基本思路是：先找出可行域的一个顶点，据一定规则判断其是否最优；若否，则转换到与之相邻的另一顶点，并使目标函数值更优；如此下去，直到找到某最优解为止.

例 6　求解线性规划问题

$$\min z = -4x_1 - 3x_2$$

$$s.t.\ \begin{cases} x_1 + 2x_2 \leqslant 4 \\ 2x_1 + x_2 \leqslant 5 \\ x_1,\ x_2 \geqslant 0 \end{cases}.$$

解　依题化为标准型如下：

$$\min z = -4x_1 - 3x_2$$

$$s.t.\ \begin{cases} x_1 + 2x_2 + x_3 = 4 \\ 2x_1 + x_2 + x_4 = 5 \\ x_1,\ x_2,\ x_3,\ x_4 \geqslant 0 \end{cases}$$

对应系数矩阵 $\boldsymbol{A} = \begin{pmatrix} 1 & 2 & 1 & 0 \\ 2 & 1 & 0 & 1 \end{pmatrix}$ 取 $\boldsymbol{B} = \begin{pmatrix} 1 & 0 \\ 0 & 1 \end{pmatrix}$，则基变量为 x_3，x_4，非基变量为 x_1，x_2，所以

$$\begin{cases} x_3 = 4 - x_1 - 2x_2 \\ x_4 = 5 - 2x_1 - x_2 \end{cases},$$

令非基变量为 $x_1 = x_2 = 0$，得

$$\begin{cases} x_3 = 4 \\ x_4 = 5 \end{cases}$$

所以 $\boldsymbol{x}^1 = (0,\ 0,\ 4,\ 5)^{\mathrm{T}}$ 为基本可行解，$z^1 = 0$.

因此从 $z = -4x_1 - 3x_2$ 可以看出，x_1，x_2 的系数为负，当 x_1，x_2 的取值增大时，目标函数的值就可以减小. 所以，固定 x_2，考察 x_1 是否可以增大. 此时，

$$\begin{cases} x_3 = 4 - x_1 \\ x_4 = 5 - 2x_1 \end{cases},$$

由决策变量的非负性可知，$\begin{cases} x_3 \geqslant 0 \\ x_4 \geqslant 0 \end{cases}$ 即 $\begin{cases} x_1 \leqslant 4 \\ x_1 \leqslant \dfrac{5}{2} \end{cases}$，

所以当 $x_1 = \dfrac{5}{2}$ 时，$x_4 = 0$. 从而取 x_1 为基变量，x_4 为非基变量，有

$$\begin{cases} x_3 = \dfrac{3}{2} - \dfrac{3}{2}x_2 + \dfrac{1}{2}x_4 \\ x_1 = \dfrac{5}{2} - \dfrac{1}{2}x_2 - \dfrac{1}{2}x_4 \end{cases},$$

所以 $z = -10 - x_2 + 2x_4$，令 $x_4 = x_2 = 0$，则 $x_1 = \dfrac{5}{2}$，$x_3 = \dfrac{3}{2}$，

所以基本可行解为：$\boldsymbol{x}^2 = \left(\dfrac{5}{2}, \ 0, \ \dfrac{3}{2}, \ 0\right)^{\mathrm{T}}$，$z^2 = -10$.

从 $z = -10 - x_2 + 2x_4$ 可以看出，x_2 的系数为负，所以，固定 x_4，此时，

$$\begin{cases} x_3 = \dfrac{3}{2} - \dfrac{3}{2}x_2 \\ x_1 = \dfrac{5}{2} - \dfrac{1}{2}x_2 \end{cases}, \text{由决策变量的非负性可知，} x_2 \leqslant 1,$$

所以当 $x_2 = 1$ 时，$x_3 = 0$. 从而取 x_2 为基变量，x_3 为非基变量，有

$$\begin{cases} x_2 = 1 - \dfrac{2}{3}x_3 + \dfrac{1}{3}x_4 \\ x_1 = 2 + \dfrac{1}{3}x_3 - \dfrac{2}{3}x_4 \end{cases}, \text{所以，} z = -11 + \dfrac{2}{3}x_3 + \dfrac{5}{3}x_4,$$

令 $x_3 = x_4 = 0$，则 $\begin{cases} x_2 = 1 \\ x_1 = 2 \end{cases}$，所以基本可行解为：$\boldsymbol{x}^3 = (2, \ 1, \ 0, \ 0)^{\mathrm{T}}$，$z^3 = -11$.

因此，从目标函数 $z = -11 + \dfrac{2}{3}x_3 + \dfrac{5}{3}x_4$ 可以看出，x_3，x_4 的系数为正数，目标函数的值不会再减小.

所以最优解为 $\boldsymbol{x}^* = \boldsymbol{x}^3 = (2, \ 1, \ 0, \ 0)^{\mathrm{T}}$，目标函数值为 $z^* = z^3 = -11$.

单纯形法的一般解题步骤可归纳成这五步：①把线性规划问题的约束方程组表达成标准型方程组，找出基本可行解作为初始基本可行解；②若基本可行解不存在，即约束条件有矛盾，则问题无解；③若基本可行解存在，以初始基本可行解作为起点，根据最优性条件和可行性条件，引入非基变量取代某一基变量，找出目标函数值更优的另一基本可行解；④按步骤③进行迭代，直到对应检验数满足最优性条件(这时目标函数值不能再改善)，即得到问题的最优解；⑤若迭代过程中发现问题的目标函数值无界，则终止迭代.

阶段习题六

进阶题

1. 将下列线性规划模型化为标准型：

(1) $\min z = 2x_1 - x_2$

$s.t. \begin{cases} x_1 + x_2 \geqslant 5 \\ x_1 + 2x_2 \leqslant 8 \\ x_1, \ x_2 \geqslant 0 \end{cases};$

(2) $\max z = 2x_1 - x_2 + 3x_3$

$s.t. \begin{cases} 2x_1 + x_2 - x_3 \geqslant 10 \\ x_1 + 2x_2 + 2x_3 \geqslant 18 \\ x_1 - 3x_2 + x_3 = -2 \\ x_1, \ x_2, \ x_3 \geqslant 0 \end{cases}.$

2. 用图解法求解下列线性规划问题：

(1) $\min z = 2x_1 + x_2$

(2) $\max z = 2x_1 + 5x_2$

$$s.t.\begin{cases}x_1-x_2\geqslant-1\\x_1+x_2\leqslant1\\x_1\leqslant1\end{cases};\qquad s.t.\begin{cases}x_1\leqslant4\\x_2\leqslant3\\x_1+2x_2\leqslant8\\x_1\geqslant0,\ x_2\geqslant0\end{cases}.$$

3. 要将两种大小不同的钢板截成 A、B、C 三种规格，每张钢板可同时截得三种规格的小钢板的块数见表 1-8.

表 1-8

钢板类型	规格类型		
	A 规格	B 规格	C 规格
第一种钢板	2	1	1
第二种钢板	1	2	3

今需要 A、B、C 三种规格的成品分别为 15 块、18 块、27 块，问各截这两种钢板多少张可得所需三种规格成品，且使所用钢板张数最少？

提高题

1. 化为标准型：

$$\max z=2x_1-3x_2+x_3+3x_4$$
$$s.t.\begin{cases}2x_1-x_2+3x_3+x_4\geqslant3\\3x_1+2x_2+2x_4=7\\-x_1+4x_2-3x_3-x_4\leqslant6\\x_1,\ x_3,\ x_4\geqslant0,\ x_2\ 无约束\end{cases}.$$

2. 求解线性规划问题：

$$\min z=-2x_1+x_2-x_3$$
$$s.t.\begin{cases}x_1+3x_2-x_3\leqslant6\\4x_1-2x_2+x_3\leqslant8\\x_1,\ x_2,\ x_3\geqslant0\end{cases}.$$

3. 某厂每日 8 小时的产品产量不低于 1800 件．为了进行质量控制，计划聘请两种不同水平的检验员．一级检验员的标准为：速度 25 件/小时，正确率 98%，计时工资 4 元/小时；二级检验员的标准为：速度 15 件/小时，正确率 95%，计时工资 3 元/小时．检验员每错检一次，工厂要损失 2 元．为使总检验费用最省，该工厂应聘一级检验员、二级检验员各几名？请建立解决该问题的数学模型并求解.

1.7 利用线性规划解最优化问题

线性规划问题，需要根据实际问题设出决策变量，找出目标函数和决策变量满足的约束条件，建立起线性规划问题的数学模型．而对于该模型最优解的求解，可以借助 Matlab 软件来轻松解决.

例1 [运费问题]有两个建材厂 C_1 和 C_2，每年沙石的产量分别为 35 万吨和 55 万吨，这些沙石需要供应到 W_1、W_2 和 W_3 三个建筑工地，每个建筑工地对沙石的需求量分别为 26 万吨、38 万吨和 26 万吨，各建材厂到建筑工地间的运费（万元/万吨）见表 1 – 9，请问应当怎么进行调运才能使得总运费最少？

表 1 – 9

工厂工地	W_1	W_2	W_3
C_1	10	12	9
C_2	8	11	13

解 依题设，C_1 往 W_1，W_2 和 W_3 运送的沙石分别为 x_1，x_2，x_3；C_2 往 W_1，W_2 和 W_3 运送的沙石分别为 x_4，x_5，x_6，总运费为 w，则可建立该问题的线性规划模型为：

$$\min w = 10x_1 + 12x_2 + 9x_3 + 8x_4 + 11x_5 + 13x_6$$

$$s.t. \begin{cases} x_1 + x_2 + x_3 = 35 \\ x_4 + x_5 + x_6 = 55 \\ x_1 + x_4 = 26 \\ x_2 + x_5 = 38 \\ x_3 + x_6 = 26 \\ x_i \geq 0 (i = 1, 2, \cdots, 6) \end{cases}$$

下面借助 Matlab 软件求解该线性规划问题的最优解，输入的命令如下：

```
>> clear
>> c =[10,12,9,8,11,13];
>> Aeq =[1,1,1,0,0,0;0,0,0,1,1,1;1,0,0,1,0,0;0,1,0,0,1,0;0,0,1,0,0,1];
>> beq =[35,55,26,38,26];
>> lb =[0,0,0,0,0,0];
>> [x,Fval] = linprog(c,[],[],Aeq,beq,lb)
optimization terminated.
x =
    0.0000
    9.0000
   26.0000
   26.0000
   29.0000
    0.0000
fval =
  869.0000
```

故，当 $x_1 = 0$，$x_2 = 9$，$x_3 = 26$；$x_4 = 26$；$x_5 = 29$，$x_6 = 0$ 时，有最优解 869.

例2 [产量问题]某农场有 Ⅰ、Ⅱ、Ⅲ 三种不同等级的耕地，其面积分别为 100hm²、300hm² 和 200hm². 现计划种植水稻、大豆和玉米三种作物，要求三种作物的最低收获量分别为 190000kg、130000kg 和 350000kg. Ⅰ、Ⅱ、Ⅲ 等级的耕地种植三种作物的单产见表 1 – 10. 三种作物的售价分别为水稻 1.20 元/kg，大豆 1.50 元/kg，玉米 0.80 元/kg.

（1）如何制订种植计划，才能使总产量最大？

（2）如何制订种植计划，才能使总产值最大？

表 1 – 10 | | | 单位：kg/hm²

	I 等耕地	II 等耕地	III 等耕地
水稻	11000	9500	9000
大豆	8000	6800	6000
玉米	14000	12000	10000

首先要求根据题意建立线性规划模型(决策变量设置见表 1 – 11，表中 x_{ij} 表示第 i 种作物在第 j 等级的耕地上的种植面积).

表 1 – 11 | | | 单位：hm²

	I 等耕地	II 等耕地	III 等耕地
水稻	x_{11}	x_{12}	x_{13}
大豆	x_{21}	x_{22}	x_{23}
玉米	x_{31}	x_{32}	x_{33}

解 根据题意，决策变量满足条件 $x_{ij} \geqslant 0(i=1,\ 2,\ 3;\ j=1,\ 2,\ 3)$，
耕地的约束应满足

$$\begin{cases} x_{11}+x_{21}+x_{31} \leqslant 100 \\ x_{12}+x_{22}+x_{32} \leqslant 300, \\ x_{13}+x_{23}+x_{33} \leqslant 200 \end{cases}$$

最低收获的约束应满足

$$\begin{cases} -11000x_{11}-9500x_{12}-9000x_{13} \leqslant -190000 \\ -8000x_{21}-6800x_{22}-6000x_{23} \leqslant -130000 \\ -14000x_{31}-12000x_{32}-10000x_{33} \leqslant -350000 \end{cases},$$

(1)设总产量为 z，要求总产量 z 最大，则目标函数应为

$$\min\ -z = -11000x_{11}-9500x_{12}-9000x_{13}-8000x_{21}-6800x_{22}-6000x_{23}$$
$$-14000x_{31}-12000x_{32}-10000x_{33}.$$

在 Matlab 中输入的命令如下:

```
>> clear
>> c = [ -11000, -9500, -9000, -8000, -6800, -6000, -14000, -12000, -10000];
>> A =[1,0,0,1,0,0,1,0,0;0,1,0,0,1,0,0,1,0;0,0,1,0,0,1,0,0,1;
-11000, -9500, -9000,0,0,0,0,0,0;0,0,0, -8000, -6800, -6000,0,0,0;
0,0,0,0,0,0, -14000, -12000, -10000];
>> b = [100,300,200, -190000, -130000, -350000];
>> lb = [0,0,0,0,0,0,0,0,0];
>> [x,Fval] = linprog(c,A,b,[],[],lb,[])
optimization terminated.
x =
   0.0000
   0.0000
   21.1111
   0.0000
   0.0000
   21.6667
   100.0000
```

```
        300.0000
        157.2222
fval =
    -6.8922e+006
```

故而可知，当水稻Ⅰ等耕地种植的面积为 0hm²，Ⅱ等耕地种植的面积为 0hm²，Ⅲ等耕地种植的面积为 21. 1111hm²；大豆Ⅰ等耕地种植的面积为 0hm²，Ⅱ等耕地种植的面积为 0hm²，Ⅲ等耕地种植的面积为 21. 6667hm²；玉米Ⅰ等耕地种植的面积为 100hm²，Ⅱ等耕地种植的面积为 300hm²，Ⅲ等耕地种植的面积为 157. 2222hm² 时，总产量最大，为 6892200kg.

（2）设总产值为 w，要求总产量 w 最大，则目标函数应为

$$
\begin{aligned}
\min -w &= -1.2 \cdot (11000x_{11} + 9500x_{12} + 9000x_{13}) - 1.5 \cdot (8000x_{21} + 6800x_{22} + 6000x_{23}) \\
&\quad - 0.8 \cdot (14000x_{31} + 12000x_{32} + 10000x_{33}) \\
&= -13200x_{11} - 11400x_{12} - 10800x_{13} - 12000x_{21} - 10200x_{22} - 9000x_{23} \\
&\quad - 11200x_{31} - 9600x_{32} - 8000x_{33}
\end{aligned}
$$

Matlab 中输入的命令如下.

```
>> clear
>> c = [ -13200, -11400, -10800, -12000, -10200, -9000, -11200, -9600,
-8000];
>> A = [1,0,0,1,0,0,1,0,0;0,1,0,0,1,0,0,1,0;0,0,1,0,0,1,0,0,1;
-11000, -9500, -9000,0,0,0,0,0,0;0,0,0, -8000, -6800, -6000,0,0,0;
0,0,0,0,0,0, -14000, -12000, -10000];
>> b = [100,300,200, -190000, -130000, -350000];
>> lb = [0,0,0,0,0,0,0,0,0];
>> [x,Fval] = linprog(c,A,b,[],[],lb,[])
optimization terminated.
x =
    58.7500
    300.0000
    200.0000
    16.2500
    0.0000
    0.0000
    25.0000
    0.0000
    0.0000
fval =
    -6.8305e+006
```

所以，当水稻Ⅰ等耕地种植的面积为 58. 75hm²，Ⅱ等耕地种植的面积为 300hm²，Ⅲ等耕地种植的面积为 200hm²；大豆Ⅰ等耕地种植的面积为 16. 25hm²，Ⅱ等耕地种植的面积为 0hm²，Ⅲ等耕地种植的面积为 0hm²；玉米Ⅰ等耕地种植的面积为 25hm²，Ⅱ等耕地种植的面积为 0hm²，Ⅲ等耕地种植的面积为 0hm² 时，总产值最大，为 6830500kg.

通过上面例子可以看出，在线性规划解最优解的问题中，对于变量比较多，处理复杂的问题，我们可以借助 Matlab 软件进行求解.

阶段习题七

进阶题

1. 用 Matlab 求解线性规划问题：

$$\max z = 2x_1 + 4x_2 + x_3 + x_4$$

$$s.t. \begin{cases} x_1 + 3x_2 + x_4 \leqslant 4 \\ 2x_1 + x_2 \leqslant 3 \\ x_2 + 4x_3 + x_4 \leqslant 3 \\ x_i \geqslant 0 (i=1,2,3,4) \end{cases}.$$

2. 某服装厂生产两种童装 A 和 B. 产品销量很好，但是有三种工序即裁剪、缝纫和检验限制了生产的发展. 已知制作一件童装需要这三道工序的工时数、预计下个月内各工序所拥有的工时数见表 1-12. 童装 A 每件产生利润 5 元，童装 B 每件产生利润 8 元.

表 1-12

工序	工序单位时耗		下月生产能力 小时
	A 小时/件	B 小时/件	
裁剪	1	3/2	900
缝纫	1/2	1/3	300
检验	1/8	1/4	100

该厂生产部希望知道能使下月利润最大的生产计划. 试求：

(1) 建立这一问题的数学模型.

(2) 求出最优解和最优值.

提高题

1. 某饲养场有 5 种饲料，已知各种饲料的单位价格和每百千克饲料的蛋白质、矿物质、维生素含量见表 1-13，又知该饲养场每日至少需蛋白质 70 单位、矿物质 3 单位、维生素 10 毫单位. 问如何混合调配这 5 种饲料，才能使总成本最低？

表 1-13

饲料种类	成分			饲料单价/(元/千克)
	蛋白质/单位	矿物质/单位	维生素/毫单位	
1	0.30	0.10	0.05	2
2	2.20	0.05	0.10	7
3	1.00	0.02	0.02	4
4	0.60	0.20	0.20	3
5	1.80	0.05	0.08	5

2. 某城市的交通路口要求每天每个时间段都有一定数量的交警值班，以便解决城市道路交通堵塞问题. 每人连续工作，中间不休息. 表 1-14 是一天 8 个班次所需值班警员的人数情况统计，现在不考虑时间段中警员上下班的情况，交通大队至少需要多少交通警察才能满足值班需要？

表 1 – 14

班次	时间段	人数	班次	时间段	人数
1	6:00—9:00	80	5	18:00—21:00	80
2	9:00—12:00	90	6	21:00—24:00	50
3	12:00—15:00	60	7	0:00—3:00	80
4	15:00—18:00	100	8	3:00—6:00	90

应用知识

【信息传输中的加密解密】

首先来介绍一下 Hill 密码，Hill 密码是纽约亨特学院的数学教授希尔（Lester S. Hill）于 1929 年提出的一种加密算法，是一种传统的加密体制，它的加密过程可用图 1 – 16 来描述：

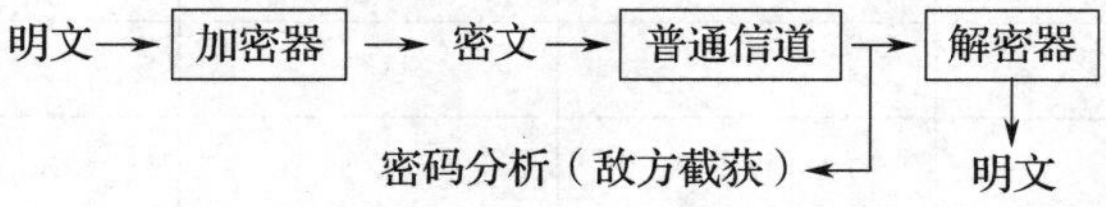

明文 → 加密器 → 密文 → 普通信道 → 解密器
密码分析（敌方截获）← ← 明文

图 1 – 16

假设要加密的明文是由 26 个字母所构成，将每个明文字母以及标点与 1 ~ 29 的数字建立起一一对应的关系见表 1 – 15，这个称为字母的表值.

表 1 – 15

字母	A	B	C	D	E	F	G	H	I	J	K	L	M	N	O
表值	1	2	3	4	5	6	7	8	9	10	11	12	13	14	15
字母	P	Q	R	S	T	U	V	W	X	Y	Z	空格	?	!	
表值	16	17	18	19	20	21	22	23	24	25	26	27	28	29	

下面只需要三步就能实现加密.

第一步：选择一个可逆矩阵. 这个可逆矩阵就是加密体制的"密钥"，是加密的关键，只有通信的双方知道.

第二步：转换成数字矩阵. 将要传递的"信息"即明文转换成与所选逆矩阵同行数的数字矩阵，组后不足的数字可以补充一个没有实际意义的哑字母，如空格或符号.

第三步：加密. 利用矩阵的乘法，用可逆矩阵左乘数字矩阵，得到一个新的矩阵，如果新的矩阵中数字超过了表值中的最大数 29，就用这个数除以 29 取余数，构成一个新的矩阵，再将数字对应到表值中的字母，即得到了加密的密文.

通过上述操作就可以完成信息的加密，加密后的信息就可以进行传递了. 对方接到信息后做上述过程的逆过程便可解密.

举例：加密明文 SEND MONEY ！ 逆矩阵 $P = \begin{pmatrix} 0 & 2 & 3 \\ 1 & 4 & 7 \\ 2 & 3 & 6 \end{pmatrix}$.

根据表值转化成对应数字：19 5 14 4 27 13 15 14 5 25 27 29.

从而得到数字矩阵:

$$A = \begin{pmatrix} 19 & 4 & 15 & 25 \\ 5 & 27 & 14 & 27 \\ 14 & 13 & 5 & 29 \end{pmatrix}.$$

对明文进行加密

$$B = PA = \begin{pmatrix} 0 & 2 & 3 \\ 1 & 4 & 7 \\ 2 & 3 & 6 \end{pmatrix} \begin{pmatrix} 19 & 4 & 15 & 25 \\ 5 & 27 & 14 & 27 \\ 14 & 13 & 5 & 29 \end{pmatrix}$$

$$= \begin{pmatrix} 52 & 93 & 43 & 141 \\ 137 & 203 & 106 & 336 \\ 137 & 167 & 102 & 305 \end{pmatrix} \bmod 29 = \begin{pmatrix} 23 & 6 & 14 & 25 \\ 21 & 29 & 19 & 17 \\ 21 & 22 & 15 & 15 \end{pmatrix}.$$

通过与表值进行对照得到密文

$$B = PA = \begin{pmatrix} 23 & 6 & 14 & 25 \\ 21 & 29 & 19 & 17 \\ 21 & 22 & 15 & 15 \end{pmatrix} = \begin{pmatrix} W & F & N & Y \\ U & ! & S & Q \\ U & V & O & O \end{pmatrix}.$$

所以密文为 WUUF! VNSOYQO.

解密的过程就是加密的逆过程，需要求出选定的可逆矩阵 P 的逆矩阵 P^{-1}，然后左乘矩阵 B.

第2章 概率与统计

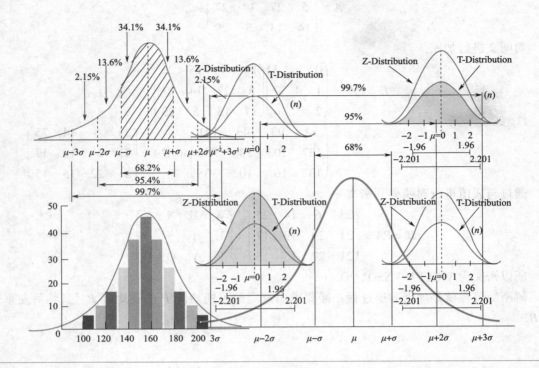

[概率知多少]

现存最早关于掷骰子排列数的记述源于 13 世纪的拉丁诗歌《维拉图》，其中指出这 56 种组合出现的机会不是相同的. 其中给出掷 3 颗骰子有 216 种可能方式. 但是这些经验并没有引起更多的思考，机会的计算仍处于直觉的、散乱的经验水平上.

卡尔·皮尔逊

概率密度函数

概率是对随机事件发生的可能性的度量，起源于 17 世纪中叶的欧洲，帕斯卡和费马在来往的一系列信件的讨论中开始了对概率的系统研究.

1933 年，苏联科学院院士柯尔莫哥洛夫将概率公理化，概率论才得以成为一门严格的演绎科学，并通过集合论与其他数学分支密切关联，从而被公认为一门严格的数学学科.

概率论和以它为基础的数理统计学一起，在自然科学、社会科学、工程技术、军事科学及生产、生活实际等诸多领域中都起着不可替代的作用. 在这一章里，将先以古典概型为基础介绍概率公理及其计算公式，然后再介绍随机变量的分布与经典数字特征——期望和方差.

知识目标

1. 深刻理解随机试验、基本事件、样本空间、随机事件的概念；掌握一个随机试验的样本空间、基本事件和有关事件的表示方法.

2. 深刻理解事件的包含关系、和事件、积事件、互斥事件、逆事件和差事件的意义；掌握事件之间的各种运算.

3. 理解古典概率的定义，掌握计算的一般方法，理解古典概率具备的三条性质.

4. 掌握条件概率的定义、了解概率的乘法定理及全概率公式的应用.

5. 掌握常见的离散型随机变量：二项分布、泊松分布的分布列.

6. 了解常见的连续型随机变量：均匀分布、指数分布、正态分布的概率密度函数及其应用.

7. 深刻理解随机变量数学期望和方差的性质，熟练掌握其应用.

8. 理解数理统计的基本概念，掌握样本平均值、样本方差和样本标准差的含义及应用.

9. 了解参数估计能够解决的问题及参数估计在实际应用中的意义，掌握单个正态总体均值、方差的区间估计方法.

10. 熟练掌握单个正态总体参数假设检验的计算及应用.

思政元素分析与相关知识板块

1. 通过概率试验，体会随机现象的特点，可以估计一些随机事件的概率. 在实际生活中，大量随机事件发生的概率不能依靠计算得到，可以通过试验时的频率作为事件发生的概率的估计值，如抛图钉、抛硬币的问题；同时通过概率试验澄清错误认识，结合生活经验，引导感性经验向理论性思维发展.

2. 具有能用数量具体刻画某一事件发生的可能性，对随机现象本体的认识和应用随机观念解释自然和社会现象、解决实际问题的应用能力，对现实世界中一些简单的随机现象做出解释、利用随机观念做出自己的决策.

3. 能从统计的角度思考与数据信息有关的问题；能通过收集数据、描述数据、分析数据的过程，做出合理的决策，认识到统计对决策的作用；具备直观分析数据特征的观察能力和计算反应数据各种定量指标的运算能力以及对各种指标的选择能力；在统计决策过程中具备对数据来源、处理数据的方法以及由此得到的结论进行合理质疑的能力，也是批判和反思能力.

10 随机事件与概率

2.1 随机事件与概率

现实生活中，有些现象事前可以预言．例如，在一个标准大气压下，水被加热到100℃便会沸腾，这类现象称为**确定性现象**，研究这类现象的数学工具有分析、几何、代数、微分方程等．

现实生活中，有些现象本身的含义不确定．例如，情绪稳定与不稳定、身体健康与不健康等，这类现象叫作模糊现象，研究这类现象的数学工具有**模糊数学**．

现实生活中，也有些现象事前不可以预言，即使是在相同条件下重复进行试验，每次实验的结果也未必相同．例如，抛硬币、掷骰子、预报天气等，这类现象叫作**随机现象**，研究这类现象的数学工具就是概率论和统计学．

确定性现象与随机现象的共同特点是"事物本身的含义确定"．随机现象与模糊现象的共同特点则是"不确定"：随机现象中事件的结果不确定，模糊现象中事物本身的定义不确定．

2.1.1 随机现象

在现实世界中我们经常遇到两类不同的现象．

(1)**确定性现象**——在一定的条件下必然发生或必然不发生的现象．例如，在地面上抛一枚硬币，它必然会下落；同性电荷，必然相斥；标准大气压下，30℃的水必然不结冰等．

(2)**随机现象**——在一定的条件下，具有多种可能的结果，但事先不能确定将会得到哪种结果的现象．例如，上抛的硬币落下后，可能正面向上，也可能反面向上，事先不能确定；在装有红球、白球的口袋里任意摸取一个，取出的是红球还是白球，事先也不能确定等．

下面再举一些例子．

例 1 在一个标准大气压下，纯水被加热到100℃必然沸腾．

例 2 导体有电流通过时必然发热．

例 3 某篮球运动员投篮一次，其结果可能投进，也可能不进．

例 4 从含有一定个数次品的一批产品中任取3件，取出的3件中所含次品个数可能为0，1，2，3，事先不能确定．

上述例1、例2是确定性现象，而例3、例4是随机现象．

随机现象的特点是：一方面，事先不能预言得到哪一种结果，具有偶然性；另一方面，在相同的条件下进行大量重复试验，会呈现某种规律性．例如在相同条件下，多次抛掷一枚均匀的硬币，落下后正面向上和反面向上的次数约各占总抛掷次数的一半；对含有次品的一批产品进行多次重复抽查，查出的次品比率大致等于这批产品的次品率．这种规律性称为统计规律性．

这说明随机现象的统计规律性是客观存在的，是在相同的条件下进行大量重复试验时呈现出来的，重复的次数越多，统计规律性会表现得越明显．也就是说，在偶然性里孕育着必然性，必然性通过无数的偶然性表现出来. 随机现象是偶然性与必然性的辩证统一.

2.1.2　随机事件

随机现象是通过随机试验去研究的. 随机试验的含义是广泛的，它包含科学试验、测量等. 但它应满足以下条件：

（1）可以在相同条件下重复进行.

（2）试验的所有可能结果是已知的(可有多个).

（3）每次试验出现上述可能结果中的一个，但事先不能肯定将出现哪一个.

这样的试验称为**随机试验**，简称**试验**.

在一定的条件下，随机试验的每一个可能的结果称为一个**随机事件**，简称**事件**，用字母 A、B、C 等表示. 例如：

上抛一枚硬币，落下后"正面向上"是一个事件，"反面向上"也是一个事件，可分别记作：

$$A = \{正面向上\}, \qquad B = \{反面向上\}.$$

从含有次品的一批产品中任取 3 件检验，可能有事件：

$A_0 = \{不含次品\}$，$A_1 = \{有1件次品\}$，$A_2 = \{有2件次品\}$，$A_3 = \{有3件次品\}$；

还可能有事件：

$$B = \{至少有2件次品\}, \qquad C = \{不超过1件次品\}等.$$

在一定的研究范围内不能再分的事件称为**基本事件**，由两个或两个以上基本事件组成的事件称为**复合事件**. 如上抛硬币落下后出现的"正面向上"和"反面向上"都是基本事件；检验 3 件产品后出现的"没有次品""有1件次品""有2件次品""有3件次品"也都是基本事件；而"至少有2件次品"是由"有2件次品""有3件次品"组成的复合事件，"不超过1件次品"是由"没有次品""有1件次品"组成的复合事件.

在每次试验中必然发生的事件称为**必然事件**，记作 Ω，如例 1 与例 2 都是必然事件；每次试验中必然不发生的事件称为**不可能事件**，记作 Φ. 如"标准大气压下 30℃ 的纯水结冰"就是不可能事件，"从不含次品的一批产品中任取 1 件恰是次品"也是不可能事件. 必然事件和不可能事件实质上都是确定性现象的表现. 为便于讨论，通常把它们看作随机事件的特例.

随堂小练

指出下列事件中哪些是必然事件？哪些是不可能事件？哪些是随机事件？

（1）一批产品有正品、有次品，从中任意抽取一件是正品.

（2）明天降雨.

（3）没有水分，水稻的种子仍发芽.

（4）在北京地区，将水加热到 100℃，水变成蒸汽.

（5）在地面上抛一物体，过一段时间物体落回地面.

（6）北京市区明年 5 月 1 日的最高气温是 22℃.

2.1.3 事件间的关系和运算

1. 事件的包含关系

一些事件相互间存在着关系. 例如, 抽查 3 件商品, 事件 $A = \{$有 2 件次品$\}$, $B = \{$至少有 1 件次品$\}$, 那么事件 A 的发生必然导致事件 B 的发生. 对于事件间的这种关系, 我们有如下的定义.

> **定义 2.1**　如果事件 A 发生必然导致事件 B 发生, 则称事件 A 包含于事件 B, 记作 $A \subset B$ 或 $B \supset A$.

我们常用图示法直观地表示事件间的关系: 用一个矩形表示必然事件 Ω, 矩形内的一些封闭图形表示随机事件 A、B 等.

一次试验可理解为向 Ω 随机地"投入"一点, 若此点落在图形 B 中就表示事件 B 发生. 图 2 - 1 就表示 $A \subset B \subset \Omega$, 因为落入 A 中的点必落入 B 中, 落入 B 中的点也落入 Ω 中.

事件的包含关系有以下性质:

(1) $A \subset A$.

(2) $\Phi \subset A \subset \Omega$.

(3) 若 $A \subset B$, $B \subset C$, 则 $A \subset C$.

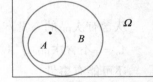

图 2 - 1

2. 事件的相等关系

> **定义 2.2**　若事件 $A \subset B$, 同时 $B \subset A$, 则称事件 A 与 B 相等, 记作 $A = B$.

3. 事件的和

> **定义 2.3**　在一次试验中, "事件 A 与事件 B 至少有一个发生"的事件称为事件 A 与事件 B 的和, 记作 $A + B$.

图 2 - 2 中阴影部分表示了 $A + B$.

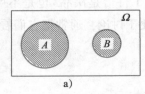
a)
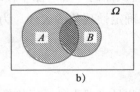
b)

图 2 - 2

需要注意的是, $A + B$ 表示"事件 A 与事件 B 至少有一个发生", 与"事件 A 与事件 B 恰有 1 个发生"(即"A 发生 B 不发生"或"B 发生 A 不发生")是不同的, $A + B$ 意味着事件 A 与 B 可能只有一个发生, 也可能都发生.

事件的和有如下性质:

$$A \subset A + B, \quad B \subset A + B, \quad A + B = B + A.$$

类似地, "事件 A_1、A_2、$\cdots$、A_n 中至少有一个发生"的事件称为事件 A_1、A_2、$\cdots$、A_n

的和，记作

$$A_1 + A_2 + \cdots + A_n = \sum_{i=1}^{n} A_i.$$

4. 事件的积

> **定义 2.4**　在一次试验中，"事件 A 与事件 B 同时发生"的事件称为事件 A 与事件 B 的积，记作 AB.

图 2-3a 中阴影部分表示了 AB，图 2-3b 表示 AB 是不可能事件.

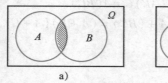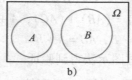

图 2-3

事件的积有如下性质：

$A \supset AB, \quad B \supset AB, \ AB = BA.$

类似地，"事件 A_1、A_2、$\cdots$、A_n 同时发生"这一事件称为事件 A_1、A_2、$\cdots$、A_n 的积，记作

$$A_1 A_2 \cdots A_n = \prod_{i=1}^{n} A_i.$$

例 5　一个电路如图 2-4 所示.

设事件 A、B、C 分别表示元件 a、b、c 畅通无故障，事件 D 表示整个线路畅通无故障.
试用事件 A、B、C 表示事件 D.

解　由电学的知识可以知道，$D = AB + AC$，或 $D = A(B + C)$.

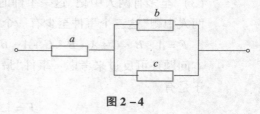

图 2-4

5. 互不相容事件

> **定义 2.5**　在一次试验中，事件 A 与事件 B 不可能同时发生，那么称事件 A 与事件 B 互不相容（或互斥），记作 $AB = \Phi$.

图 2-3b 中的事件 A 与 B 就是互不相容的.

一次射击，事件 $A_0 = \{未击中\}$，$A_1 = \{命中 1 环\}$，$A_2 = \{命中 2 环\}$，$\cdots$，$A_{10} = \{命中 10 环\}$. 这些事件的每两个都是互不相容的，通常称这些事件组成一个互不相容事件组.

6. 对立事件

> **定义 2.6**　事件"A 不发生"称为事件"A 发生"的**对立事件**（或**逆事件**），记作 $\overline{A}$.

图 2-5 的阴影部分就表示事件 A 的对立事件 $\overline{A}$. 例如在一批含有次品的产品中抽查 3 件, 事件 $A = \{$没有次品$\}$, 事件 $B = \{$至少有 1 件次品$\}$, 事件 B 是事件 A 的对立事件, 即 $B = \overline{A}$ 或 $A = \overline{B}$.

对立事件有如下性质:

$A + \overline{A} = \Omega$, $A \cdot \overline{A} = \Phi$, $\overline{\overline{A}} = A$, 以及 $\overline{\Omega} = \Phi$, $\overline{\Phi} = \Omega$.

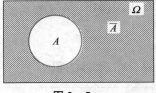

图 2-5

7. 事件的运算律

事件的运算律主要有:

(1) 交换律 $A + B = B + A$, $AB = BA$.

(2) 结合律 $(A + B) + C = A + (B + C)$, $(AB)C = A(BC)$.

(3) 分配律 $A(B + C) = (AB) + (AC)$, $A + (BC) = (A + B)(A + C)$.

(4) 反演律 $\overline{A + B} = \overline{A} \cdot \overline{B}$, $\overline{AB} = \overline{A} + \overline{B}$.

这些运算律可以通过图示法得到验证.

例 6 甲、乙、丙三人同时射击, 设事件 $A = \{$甲中靶$\}$, $B = \{$乙中靶$\}$, $C = \{$丙中靶$\}$. 试用事件 A、B、C 的关系表示以下事件:

(1) 三人都中靶;   (2) 至少有一人中靶;   (3) 至多有两人中靶.

解 设事件 $D = \{$三人都中靶$\}$, $E = \{$至少有一人中靶$\}$, $F = \{$至多有两人中靶$\}$.

(1) D 事件的发生即 "三人都中靶", 必须要事件 A、B、C 同时发生, 所以有

$$D = ABC.$$

(2) "至少有一人中靶" 这一事件的发生表示 "事件 A、B、C 至少有一个发生", 由事件的和的定义可得:

$$E = A + B + C.$$

(3) "至多有两人中靶" 这一事件的发生表示 "没有人中靶" "恰有一人中靶" "恰有两人中靶" 这三个事件至少有一个发生, 所以有

$$F = \overline{A} \cdot \overline{B} \cdot \overline{C} + A \cdot \overline{B} \cdot \overline{C} + \overline{A} \cdot B \cdot \overline{C} + \overline{A} \cdot \overline{B} \cdot C + A \cdot B \cdot \overline{C} + A \cdot \overline{B} \cdot C + \overline{A} \cdot B \cdot C.$$

本问题还可反过来考虑: 事件 "最多有两个人中靶" 是事件 "三人都中靶" 的对立事件, 于是有

$$F = \{$最多有两人中靶$\} = \overline{ABC}.$$

显然后者更简明. 所以在解决实际问题时我们应多方考虑, 选择最简明的事件表达式.

例 7 某一随机试验, 其基本事件组成的集合 (也称基本事件全集) $\Omega = \{e_0, e_1, e_2, e_3\}$, 事件 $A = \{e_0\}$, 事件 $B = \{e_1, e_2, e_3\}$, 事件 $C = \{e_2, e_3\}$. 判断 A, B, C 中哪两个是互不相容事件, 哪两个是对立事件.

解 因为 $A + B = \Omega$, 且 $AB = \Phi$, 所以 A, B 互为对立事件, 显然, A, B 是互不相容事件. 因为 $AC = \Phi$, 且 $A + C = \{e_0, e_2, e_3\} \neq \Omega$, 所以 A, C 是互不相容事件, 但不是对立事件.

随堂小练

1. 设 A、B 为两个事件, 叙述下列各式所表示的事件:

(1) $A + B$;   (2) AB;   (3) $\overline{AB}$;

(4) $A\overline{B} + \overline{A}B$;   (5) $\overline{A} + \overline{B}$;   (6) $\overline{A}(B + \overline{B})$.

2. 用事件 A、B、C 的关系式表示以下事件:

(1)仅事件 A 发生;

(2)事件 A、B、C 都发生;

(3)事件 A、B、C 都不发生;

(4)事件 A、B、C 不都发生,说明它与(2)题中事件的关系;

(5)事件 A、B、C 至少发生一个,说明它与(3)题中事件的关系;

(6)事件 A、B、C 中恰有一个发生;

(7)事件 A、B、C 中至多有两个发生.

阶段习题一

进阶题

1. 设 A、B、C 是同一随机试验中的三个事件,用数学式子表示下列事件:

(1) A、B 发生,C 不发生;   (2) A、B、C 都发生;

(3) A、B、C 至少有一个发生;   (4) A、B、C 都不发生.

2. 城市天气预报中,$A=\{晴\}$,$B=\{阴\}$,$C=\{雨\}$,试用数学式子表示下面的事件:

(1)晴天有雨;   (2)阴天有雨;   (3)晴转阴;   (4)无雨.

提高题

1. 从一批商品中随机抽取三件,$A_k=\{第 k 件合格\}$($k=1$,2,3),试用数学式子表示下列事件:(1)三件都合格;(2)只有第一件合格;(3)至少有一件合格;(4)三件都不合格.

2. 掷一枚骰子,观察其落下后出现的点数. 设事件 $A=\{不超过 3 点\}$,$B=\{6 点\}$,$C=\{不小于 4 点\}$,$D=\{不超过 5 点\}$,$E=\{4 点\}$. 试指出上述事件中哪些有包含关系?哪些是对立事件?哪些是互不相容事件?

3. 一批产品中有正品也有次品,从中任意抽取三件. 设 $A_i=\{取出的三件中恰有 i 件次品\}$($i=0$,1,2,3). 试用事件间的关系与运算表示下列事件:

(1)$\{恰有一件次品\}$;   (2)$\{至少有一件次品\}$;

(3)$\{没有次品\}$;   (4)$\{至少有两件正品\}$.

4. 一批产品中有正品也有次品,从中依次抽取三件,取后不放回. 设 $A_i=\{取出的第 i 件是次品\}$($i=1$,2,3). 试用事件间的关系与运算表示下列事件:

(1)$\{第一件是次品\}$;   (2)$\{只有第一件是次品\}$;

(3)$\{前两件是正品,第三件是次品\}$;   (4)$\{三件都是正品\}$;

(5)$\{恰有一件是次品\}$;   (6)$\{没有一件是次品\}$;

(7)$\{至少有一件是次品\}$;   (8)$\{至多有两件是次品\}$.

> 11 频率与概率的关系

2.1.4　事件的概率

在随机试验中,随机事件可能出现,也可能不出现,随机事件的发生带有偶然性,然而对同一随机现象在相同的条件下进行大量试验,又会呈现出一种确定的规律来. 它告诉我们,随机事件发生的可能性的大小是可以度量的.

1. 事件的频率

> **定义 2.7** 在一定的条件下进行 n 次重复试验，其中事件 A 发生的次数 m 称为事件 A 的**频数**，频数 m 与试验次数 n 的比称为事件 A 的**频率**，记作 $f_n(A) = \dfrac{m}{n}$.

例如有人做过投掷硬币的试验，记录见表 2 – 1.

表 2 –1

投掷次数 n	"正面向上"次数	频率
2048	1061	0.5181
4040	2408	0.5960
12000	6019	0.5016
24000	12012	0.5005
30000	14984	0.4995
72088	36124	0.5011

可以看出，投掷次数很大时，"正面向上"的频率稳定于 0.5 附近.

又如某工厂生产某种产品，抽检记录见表 2 – 2.

表 2 –2

抽检件数 n	10	50	100	200	500	1000	2000
次品数 m	1	3	4	9	27	52	98
次品率 $\dfrac{m}{n}$	0.10	0.06	0.04	0.045	0.054	0.052	0.049

可以看出次品的频率在 0.05 左右摆动，并随抽检件数的增多，逐渐稳定于 0.05.

上述实例说明，当试验次数 n 增大时，事件 A 的频率常常稳定在一个常数附近，通常把这一规律称为事件频率的稳定性.

频率不仅反映了事件发生的可能性的大小，而且还具有以下三个**性质**：

(1) 对任一事件 A，有 $0 \leqslant f_n(A) \leqslant 1$；

(2) 对必然事件 Ω，有 $f_n(\Omega) = 1$，对不可能事件 Φ，有 $f_n(\Phi) = 0$；

(3) 对事件 A_1，A_2，$\cdots$，A_n，若它们两两互不相容，则

$$P(A_1 + A_2 + \cdots + A_n) = P(A_1) + P(A_2) + \cdots + P(A_n).$$

2. 概率的统计定义

英国逻辑学家约翰（John Venn，1834—1923）和奥地利数学家理查德（Richard Von Mises，1883—1953）提出，获得一个事件的概率值的唯一方法是通过对该事件进行大量前后相互独立的随机试验，针对每次试验均记录下绝对频率值和相对频率值 $h_n(A)$，随着试验次数 n 的增加，会出现如下事实：相对频率值会趋于稳定，它在一个特定的值上下浮动，即相对频率值趋向于一个固定值 $P(A)$，这个极限值称为**统计概率**，即

$$P(A) = \lim_{n \to \infty} h_n(A).$$

定义 2.8　在一定的条件下进行 n 次重复试验，当 n 充分大时，如果事件 A 的频率稳定在某一个确定的常数 p 附近，就把数值 p 称为**随机事件 A 的概率**，记作 $P(A) = p$.

如投掷硬币的试验中，令事件 $A = \{$正面向上$\}$，由于其频率稳定在 0.5 附近，所以
$$P(A) = 0.5;$$
又如某厂产品抽检，令事件 $B = \{$取一个是次品$\}$，由于频率稳定在 0.05 附近，所以
$$P(B) = 0.05.$$

频率是个试验值，具有偶然性，是随机波动的变量，它近似地反映事件发生的可能性的大小；概率是频率的稳定值．只有概率，才能精确地反映出事件发生的可能性的大小．

由频率的性质，可以推出概率的如下性质．

性质 2.1　事件 A 的概率满足
$$0 \leqslant P(A) \leqslant 1.$$
性质 2.2　必然事件的概率为 1，即 $P(\Omega) = 1$；不可能事件的概率为零，即 $P(\Phi) = 0$.
性质 2.3　若事件 A_1，A_2，$\cdots$，A_n 两两互不相容，则
$$P\left(\sum_{i=1}^{n} A_i\right) = \sum_{i=1}^{n} P(A_i).$$

由于随机现象的结果具有不确定性，因此，随机现象不能呈现事物的必然规律．那么大量前后相互独立的随机试验是否呈现出事物的规律呢？看下面例子．

（高尔顿钉板试验）　高尔顿钉板试验由英国生物统计学家高尔顿设计：板上第 1 行钉 2 颗，$\cdots$，第 10 行钉 11 颗；第 10 行下方是 10 个竖直的格槽．自最上端放入小球，任其自由下落，小球碰到钉子时，从左边和从右边落下的机会是相等的．碰到下一排钉子时也是如此，最后落入某一格槽．对于一个球，落入哪一个格槽是不确定的，但当大量的球落下后，便形成了一种规律，如图 2-6 所示．

我们把在一定的条件下，对某种现象的大量观测中所表现出来的规律称为统计规律．

放入的小球数为250个

图 2-6

数学小讲堂

1654 年，法国一个名叫梅勒（De Mere）的骑士提出如下问题："两个赌徒约定赌若干局，且谁先赢 c 局便算赢家，若在一赌徒胜 a 局（$a < c$），另一赌徒胜 b 局（$b < c$）时便终止赌博，问应如何分赌本"，并以此问题求教于天才数学家帕斯卡（B. Pascal）。1654 年 7 月 29 日，帕斯卡与费马（Fermat）通信讨论这一问题．当时，荷兰年轻的物理学家惠更斯（Huygens）也到巴黎参加讨论，于 1654 年共同建立了概率论的第一个基本概念：数学期望．

拓展阅读

概率论的发展简史

1. 概率论的起源

概率论是一门研究随机现象的数量规律的学科. 它起源于对赌博问题的研究. 早在 16 世纪, 意大利学者卡丹与塔塔里亚等人就已从数学角度研究过赌博问题. 他们的研究内容除了赌博外, 还与当时的人口、保险业等内容有关, 但由于卡丹等人的思想未引起重视, 概率概念的要旨也不明确, 于是很快被人淡忘了.

促使概率论产生的强大动力来自社会实践. 首先是保险事业. 文艺复兴后, 随着航海事业的发展, 意大利开始出现海上保险业务. 16 世纪末, 欧洲不少国家已把保险业务扩大到其他工商业上, 保险的对象都是偶然性事件, 为了保证保险公司赢利, 又使参加保险的人愿意参加保险, 就需要根据对大量偶然现象规律性的分析, 去创立保险的一般理论. 于是, 有必要研究一种专门适用于分析偶然现象的数学工具. 不过, 作为数学科学之一的概率论, 其基础并不是在上述实际问题的材料上形成的, 因为这些大量随机现象, 常被许多错综复杂的因素所干扰, 使它难以呈"自然的随机状态", 因此必须从简单的材料来研究随机现象的规律性, 这种材料就是所谓的"随机博弈". 在近代概率论创立之前, 人们通过对随机博弈现象的分析, 注意到了它的一些特性, 如"多次实验中的频率稳定性"等, 然后经加工提炼而形成概率论. 概率概念的要点在 17 世纪中叶法国数学家帕斯卡与费马的讨论中才比较明确.

2. 概率论在实践中曲折发展

概率问题早期的研究逐步建立了事件、概率和随机变量等重要概念以及其基本性质. 后来许多社会问题和工程技术问题, 如人口统计、保险理论、天文观测、误差理论、产品检验和质量控制等, 均促进了概率论的发展. 从 17 世纪到 19 世纪, 贝努利、棣莫弗、拉普拉斯、高斯、普阿松、切贝谢夫、马尔可夫等著名数学家都对概率论的发展做出了杰出的贡献. 在这段时间里, 概率论的发展简直到了使人着迷的程度. 但是, 随着概率论中各个领域获得大量成果, 以及概率论在其他基础学科和工程技术上的应用, 由拉普拉斯给出的概率定义的局限性很快便暴露了出来, 甚至无法适用于一般的随机现象. 因此可以说, 到 20 世纪初, 概率论的一些基本概念, 如概率等, 尚没有确切的定义, 概率论作为一个数学分支, 缺乏严格的理论基础.

3. 概率论理论基础的建立

概率论的第一本专著是 1713 年问世的雅各·贝努利的《推测术》. 经过二十多年的艰难研究, 贝努利在该书中, 表述并证明了著名的"大数定律". 所谓"大数定律", 简单地说就是, 当实验次数很大时, 事件出现的频率与概率有较大偏差的可能性很小. 这一定理第一次在单一的概率值与众多现象的统计度量之间建立了演绎关系, 构成了从概率论通向更广泛应用领域的桥梁. 因此, 贝努利被称为概率论的奠基人.

为概率论确定严密的理论基础的是数学家柯尔莫哥洛夫. 1933 年, 他发表了著名的《概率论的基本概念》。其中, 他给出了公理化概率论的一系列基本概念, 提出了六条公理, 整个概率论大厦可以从这六条公理出发建筑起来. 柯尔莫哥洛夫的公理体系逐渐得到数学家们的普遍认可. 由于公理化, 概率论成为一门演绎科学, 为以后的现代概率论的迅速发展奠定了基础, 并通过集合论与其他数学分支密切地联系起来.

4. 概率论的应用

20 世纪以来，由于物理学、生物学、工程技术、农业技术和军事技术发展的推动，概率论飞速发展，理论课题不断扩大与深入，应用范围大大拓宽. 卫星上天、导弹巡航、飞机制造、宇宙飞船遨游太空等都有概率论的一份功劳；及时准确的天气预报，海洋探险，考古研究等更离不开概率论与数理统计；电子技术发展，影视文化进步，人口普查及教育等同概率论与数理统计也是密不可分的. 目前，概率论在近代物理、自动控制、地震预报和气象预报、工厂产品质量控制、农业试验和公用事业、大数据、人工智能、生物医药等方面都得到了重要应用. 越来越多的概率论方法被引入经济、金融和管理科学，概率论成为它们的重要工具.

2.2 古典概型与条件概率

先看一个案例：

引例 1[有奖促销] 某商场的促销广告宣称，年终活动的中奖率为 100%，其中一等奖的中奖率是 20%，购买金额超过 2000 元的顾客每 1 万人产生特等奖 1 名，如果用事件来表示

$$A = \{中奖\}、B = \{中一等奖\}、C = \{不中奖\}、D = \{中特等奖\}，$$

那么商场的促销广告告诉人们的是：

(1)A 是必然会发生的事，其发生的可能性是 100%.

(2)B 可能发生也可能不发生，发生的可能性为 20%.

(3)C 是不可能发生的事，换言之其发生的可能性为 0.

(4)D 是 1 万人中产生 1 名，即在购买金额超过 2000 元的顾客中，D 发生的可能性是万分之一.

从案例中不难看出，现实生活中描述事件的发生或不发生是以"可能性"进行度量的. 我们将**随机试验 Ω 中，随机事件 A 发生的可能性大小叫作概率**，记为 $P(A)$. 于是，有

$$P(A) = 1，P(B) = 0.2，P(C) = 0，P(D) = 0.0001.$$

其中 A 是**必然事件**，C 是**不可能事件**，而 D 这种概率很小的事件则常称为**小概率事件**.

12 古典概型

2.2.1 古典概型

我们从概率的稳定性引出了概率的统计定义，但频率的计算，必须通过大量的重复试验才能得到稳定的常数，这是比较困难的.

在某些特殊的情况下，并不需要进行大量重复试验，只需根据事件的特点，对事件及其相互关系进行分析对比，就可直接算出概率值. 例如抛掷硬币，每次试验的结果只有两种："正面向上"和"反面向上"，如果硬币是均匀的，抛掷又是任意的，那么两种结果发生的可能性是相等的，各占 $\frac{1}{2}$，从而认为 $P\{正面向上\} = \frac{1}{2}$，$P\{反面向上\} = \frac{1}{2}$.

> **定义 2.9** 如果随机试验的结果只有有限个，每个事件发生的可能性相等且互不相容，这样的随机试验称为拉普拉斯试验，这样条件下的概率模型叫作古典概型.

古典概型是概率论中最直观和最简单的模型，它具有有限性、等可能性和互斥性三个特点，概率的许多运算规则，也都首先是在这种模型下得到的.

由古典概型的等可能性，假设随机试验 Ω 的样本点总数 n 为有限，事件 A 在试验中发生的次数为 m，则 A 在试验中发生的可能性（概率）

$$P(A) = \frac{m}{n}.$$

这种概率又称为古典概率.

上述定义也叫概率的古典定义，它同样具备概率统计定义的三个性质. 下面通过具体例子来了解古典概型中事件概率的计算.

例1 抛一枚均匀的硬币 2 次，若 $A = \{$恰有一次是反面$\}$，求 $P(A)$.

解 抛一枚均匀的硬币 2 次的随机试验 Ω 的所有事件有

（正，正）、（正，反）、（反，正）、（反，反），

即样本点总数 $n = 4$. 在这 4 个样本中，恰有一次是反面的有

（正，反）和（反，正），

即 A 出现的次数 $m = 2$，故 $P(A) = \frac{2}{4} = 0.5$.

例2 掷二颗均匀骰子 1 次，若 $B = \{$点数之和为 7$\}$，求 $P(B)$.

解 掷二颗均匀骰子的随机试验 Ω 的样本点总数为

$$C_6^1 \cdot C_6^1 = 6 \times 6 = 36,$$

点数和为 7 的事件有

$(1, 6)$、$(2, 5)$、$(3, 4)$、$(4, 3)$、$(5, 2)$、$(6, 1)$，

可能出现 6 次，故 $P(B) = \frac{6}{36} = \frac{1}{6}$.

例 2 中的 C_6^1 表示从 6 个中取 1 个做 1 组，由于有 6 种取法，因此 $C_6^1 = 6$.

一般从 n 个不同的元素中任取 m 个元素并成一组的个数 C_n^m 的计算公式为

$$C_n^m = \frac{n!}{m!(n-m)!}.$$

例3 设盒中有 3 个红球，5 个白球.

(1) 从中任取一球，求取出的是红球的概率，取出的是白球的概率.

(2) 从中任取两球，求两个都是白球的概率，一个红球和一个白球的概率.

(3) 从中任取 5 球，求取出的 5 个球中恰有 2 个白球的概率，至多有一个红球的概率.

解 (1) 设 $A = \{$取出的是红球$\}$，$B = \{$取出的是白球$\}$，则

$$P(A) = \frac{C_3^1}{C_8^1} = \frac{3}{8}; \qquad\qquad P(B) = \frac{C_5^1}{C_8^1} = \frac{5}{8}.$$

(2) 设 $C = \{$两个都是白球$\}$，$D = \{$一个红球和一个白球$\}$，则

$$P(C) = \frac{C_5^2}{C_8^2} = \frac{5 \times 4}{2 \times 1} \cdot \frac{2 \times 1}{8 \times 7} \approx 0.357; \qquad P(D) = \frac{C_3^1 C_5^1}{C_8^2} = \frac{3 \times 5 \times 2 \times 1}{8 \times 7} \approx 0.536.$$

(3) 设 $E = \{$取到的 5 个球中恰有 2 个白球$\}$，$F\{$至多有一个红球$\}$. 则

$$P(E) = \frac{C_3^3 C_5^2}{C_8^5} \approx 0.179; \qquad P(F) = \frac{C_3^0 C_5^5 + C_3^1 C_5^4}{C_8^5} \approx 0.286.$$

例 4　某电话局的电话号码除局号外，后四位数可由 0，1，2，…，9 这十个数字中的任意四个组成(可重复)．任取一电话号码，求它的后四位数是由 4 个不同数字组成的概率．

解　设 $A = \{$后四位数由不同数字组成$\}$．

基本事件总数 $n = 10^4$，事件 A 包含的基本事件个数 $m = P_{10}^4$，

所以，$P(A) = \dfrac{m}{n} = \dfrac{P_{10}^4}{10^4} = \dfrac{10 \times 9 \times 8 \times 7}{10 \times 10 \times 10 \times 10} = \dfrac{63}{125}$．

例 5　10 件产品中含有 2 件次品，从中任取 3 件(取后不放回)，求以下事件的概率：

(1)事件 $A = \{3$ 件中没有次品$\}$；

(2)事件 $B = \{$恰有一件次品$\}$；

(3)事件 $C = \{$至少有一件次品$\}$．

解　基本事件总数为从 10 件产品中任取 3 件的组合种数 $n = C_{10}^3 = 120$．

(1)事件 A 包含的基本事件个数 $m_A = C_8^3 = 56$，故所求概率为

$$P(A) = \frac{m_A}{n} = \frac{56}{120} = \frac{7}{15};$$

(2)事件 B 包含的基本事件个数 $m_B = C_8^2 \cdot C_2^1 = 56$，故所求概率为

$$P(B) = \frac{m_B}{n} = \frac{56}{120} = \frac{7}{15};$$

(3)事件 C 包括"恰有一件次品"和"恰有两件次品"，它包含的基本事件个数为

$$m_C = C_8^2 \cdot C_2^1 + C_8^1 \cdot C_2^2 = 64,$$

故所求概率为

$$P(C) = \frac{m_C}{n} = \frac{64}{120} = \frac{8}{15}.$$

数学小讲堂

　　随着 IT 时代的来临，密码学越来越受到重视，而与此同时产生了大量关于生日悖论和生日攻击的研究论文．直至今日，生日悖论和生日攻击仍是国内外学者关注的热点问题，可见古老而简单的古典模型在现代科学发展中依然绽放着旺盛的生命力．特别是 2004 年王小云教授破解了非常著名的 MD5 Hash 函数，使得生日攻击等 Hash 函数安全性问题再一次成为研究的热点问题．

随堂小练

1. 抛一枚均匀的硬币 2 次，若 $A = \{$恰有一次是正面$\}$，求 $P(A)$．
2. 掷二颗均匀骰子 1 次，若 $B = \{$点数之和为 8$\}$，求 $P(B)$．

3. 袋中有 5 个白球、3 个红球，现从中随机地取出 2 球，求下面事件的概率：

(1)取出的是 2 只白球；   (2)取出的是 1 白 1 红.

2.2.2 几何概型

古典概型的样本点个数只能为有限个，下面介绍一种样本点个数为无穷的概率模型——几何概型.

> **定义 2.10**   如果每个事件发生的概率只与构成该事件区域的长度、面积或体积成比例，那么这样的概率模型称为几何概型.

几何概型的特点有：

(1)无限性. **一次试验中，所有可能出现的结果有无穷多个**.

(2)等可能性. **每个单位事件发生的可能性都相等**.

由定义 2.10，设 Ω 是几何点集，μ 是它的一个度量指标，$G \subset \Omega$. 若随机向 Ω 中投放一点 M，M 落在 G 中的概率只与 μ 成正比，而与 G 的形状和位置无关，则根据几何概型的等可能性可得 M 落在 G 中的概率.

$$P = \frac{\mu(G)}{\mu(\Omega)},$$

其中 $\mu(G)$ 是 G 关于 μ 的度量，P 叫几何概率.

下面通过具体例子看几何概率的计算.

例 6 [射箭比赛]奥运会射箭比赛的箭靶涂有 4 个彩色分环，从外到内分别为白、黑、蓝、红色，靶心为金色——黄心（见图 2 - 7）；靶面直径为 122cm，靶心直径为 12.2cm，运动员站在离靶 70m 远的位置. 假设射箭都能中靶，且射中靶面任一点都是等可能的，问射中黄心的概率有多大？

图 2 - 7

解 如图 2 - 7 所示，设 Ω 为靶面、G 为靶心，取 μ 为面积，则

(1)靶面的面积 $\mu(\Omega) = \pi \cdot \left(\frac{122}{2}\right)^2$.

(2)黄心的面积 $\mu(G) = \pi \cdot \left(\frac{12.2}{2}\right)^2$.

从而射中黄心的概率 $P = \frac{\mu(G)}{\mu(\Omega)} = 0.01$.

例 7 某同学午睡醒来，发现手表已经停了，他打开收音机，想听电台报时，求他等待时间不超过 10 分钟的概率.

解 电台是 1 小时报一次时间，因此，$\Omega = [0, 60]$. "等待时间不超过 10 分钟"表明打开收音机的时刻在 $G = [50, 60]$ 时段内，取 μ 为时段长度，则

$$\mu(\Omega) = 60, \quad \mu(G) = 60 - 50 = 10,$$

从而等待时间不超过 10 分钟的概率 $P = \frac{\mu(G)}{\mu(\Omega)} = \frac{1}{6} \approx 0.167$.

随堂小练

1. 某公共汽车站每隔 15 分钟有一辆汽车到达，并且出发前在车站停靠 3 分钟．乘客到达车站的时刻是任意的，求一个乘客到达车站后候车时间大于 10 分钟的概率．

2. 《广告法》对插播广告的时间有一定的规定．某人对某台的电视节目做了长期的统计后得出结论，他任意时间打开电视机看该台节目，看到广告的概率为 0.1 ，那么该台每小时约有多少分钟的广告？

<h2 style="text-align:center">阶段习题二</h2>

进阶题

1. 从 1，2，3，4，5 这五个数中，任取三个组成三位数，求所得三位数是奇数的概率．

2. 一部小说，分上、中、下三册，今随机地放到书架上，问自左至右恰好按上、中、下排列的概率是多少？

3. 掷两枚均匀的骰子，求下列事件的概率：

(1)"点数和为 1"；　　　　　　(2)"点数和为 5"；　　　　　　(3)"点数和为 12"；

(4)"点数和大于 10"；　　　　　(5)"点数和不超过 11"．

4. 某小组有 7 男 3 女，需选 2 名代表参加辩论赛，求当选者为 1 男 1 女的概率．

5. 某公共汽车站每隔 15 分钟有一辆汽车到达，乘客到达车站的时刻是任意的，求一个乘客到达车站后候车时间小于 10 分钟的概率？

提高题

1. 某种产品共有 40 件，其中有 3 件次品，现从中任取 2 件，求其中至少有 1 件次品的概率．

2. 一批产品共 50 件，其中 46 件合格品，4 件废品，从中任取 3 件，其中有废品的概率是多少？废品不超过 2 件的概率是多少？

3. 有 10 个电阻，其阻值分别为 1，2，3，…，10．从中任取 3 个．

(1)求取出的电阻一个小于 5，一个等于 5，一个大于 5 的概率．

(2)求取出的电阻第一个小于 5，第二个等于 5，第三个大于 5 的概率．

4. 盒中有红色、白色、蓝色的球各一个，每次从中取一个，有放回地抽取三次，求下列事件的概率：

(1)$A = \{$都是红球$\}$；　　　　(2)$B = \{$颜色都不同$\}$；　　　　(3)$C = \{$颜色都相同$\}$；

(4)$D = \{$只有红、白两色$\}$；　　(5)$E = \{$三个球全是红的或全是蓝的$\}$．

5. 甲、乙两人对讲机的接收范围是 25km，下午 3:00 甲在基地正东 30km 内部处向基地行驶，乙在基地正北 40km 内部处向基地行驶．试问下午 3:00，他们可以交谈的概率．

2.2.3　加法公式

1. 互不相容事件的概率加法公式

由概率的性质 2.3 可知，如果事件 A 与 B 互不相容，那么

$$P(A+B) = P(A) + P(B) \qquad (2-1)$$

公式(2-1)也可由图2-8得到解释：设图中 Ω 的面积为1，A、B 的面积分别表示事件 A、B 的概率，因事件 A 与 B 互不相容，其图形没有重叠部分，所以不难看出

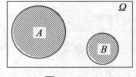

图 2-8

$$P(A+B) = P(A) + P(B).$$

由公式(2-1)可得下面推论：

$$P(\bar{A}) = 1 - P(A). \tag{2-2}$$

例8 两人下棋，甲获胜的概率为0.5，乙获胜的概率为0.4，求两人下成和棋的概率.

解 设 $A = \{甲获胜\}$，$B = \{乙获胜\}$，$C = \{下成和棋\}$，则

$$P(A) = 0.5, \quad P(B) = 0.4, \quad A+B = \bar{C}.$$

从而 $P(C) = 1 - P(\bar{C}) = 1 - P(A+B) = 1 - P(A) - P(B) = 0.1.$

例9 从一批含有一等品、二等品和废品的产品中任取1件，取得一等品、二等品的概率（也称作一等品率、二等品率）分别为0.73及0.21，求产品的合格率及废品率.

解 分别用 A_1、A_2、A 表示取出1件是一等品、二等品及合格品的事件，则 $\bar{A}$ 表示取出1件是废品的事件，由题意，$A = A_1 + A_2$，且 A_1、A_2 互不相容.
所以，

$$P(A) = P(A_1 + A_2) = P(A_1) + P(A_2) = 0.73 + 0.21 = 0.94,$$
$$P(\bar{A}) = 1 - P(A) = 1 - 0.94 = 0.06.$$

例10 袋中有20个球，其中白球3个，黑球17个. 从中任取3个，求至少有1个白球的概率.

解 设事件 $A_i = \{任取的3个球中恰有 i 个白球\}$ $(i = 0, 1, 2, 3)$，$A = \{任取的3个球中至少有1个白球\}$.

方法一 基本事件总数 $n = C_{20}^3$，事件 A 包含的基本事件个数 $m = C_3^1 C_{17}^2 + C_3^2 C_{17}^1 + C_3^3 C_{17}^0$，故所求概率为

$$P(A) = \frac{m}{n} = \frac{460}{1140} = \frac{23}{57}.$$

方法二 由题意，事件 $A = A_1 + A_2 + A_3$，且 A_1、A_2、A_3 构成互不相容事件组，故所求概率为

$$P(A) = P(A_1 + A_2 + A_3) = P(A_1) + P(A_2) + P(A_3) = \frac{C_3^1 C_{17}^2}{C_{20}^3} + \frac{C_3^2 C_{17}^1}{C_{20}^3} + \frac{C_3^3 C_{17}^0}{C_{20}^3} = \frac{23}{57}.$$

方法三 由题意，事件 $A = \bar{A}_0$. 于是

$$P(A) = P(\bar{A}_0) = 1 - P(A_0) = 1 - \frac{C_3^0 C_{17}^3}{C_{20}^3} = 1 - \frac{34}{57} = \frac{23}{57}.$$

从例10可见求概率的方法不是唯一的. 有时利用事件的对立关系计算概率比直接计算更简捷. 但必须强调：公式(2-1)中事件 A 与 B 必须互不相容，不具备这个条件就会出错. 例如甲、乙二人向某一目标同时射击，击中的概率分别为0.6及0.7，求目标被击中的概率. 可设事件 $A = \{甲击中\}$、$B = \{乙击中\}$，则事件 $\{目标被击中\} = A+B$，此时用公式(2-1)计算：$P(A+B) = P(A) + P(B) = 0.6 + 0.7 = 1.3$，求出的概率大于1，显然错误. 原因是事件

A 与 B 相容，存在甲、乙同时击中的可能，不能应用公式 $(2-1)$.

2. 任意事件的概率加法公式

设 A、B 是两个任意事件，则

$$P(A+B) = P(A) + P(B) - P(AB) \qquad (2-3)$$

这个公式可由图 $2-9$ 验证：可以看出事件 $A+B = A + B\overline{A}$（事件 $B\overline{A}$ 为图中阴影所示）.

且事件 A 与 $B\overline{A}$ 互不相容，由公式 $(2-1)$：

$$P(A+B) = P(A + B\overline{A}) = P(A) + P(B\overline{A}) \qquad (2-4)$$

另一方面 $B = BA + B\overline{A}$，且 BA 与 $B\overline{A}$ 互不相容，

于是 $P(B) = P(AB) + P(B\overline{A})$，即 $P(B\overline{A}) = P(B) - P(AB)$，代入 $(2-4)$ 式，得

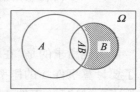

图 2-9

$$P(A+B) = P(A) + P(B) - P(AB).$$

公式 $(2-3)$ 还可用图形面积来验证. 前面已说过 $P(A+B)$ 可看作图形 $(A+B)$ 的面积，它从图上看应等于 A 的面积 $P(A)$ 加上 B 的面积 $P(B)$，再减去重叠的部分，即减去 AB 的面积 $P(AB)$，得 $P(A+B) = P(A) + P(B) - P(AB)$.

不难看出，当事件 A、B 互不相容时，$P(AB) = P(\Phi) = 0$，这时，

$$P(A+B) = P(A) + P(B) - P(AB) = P(A) + P(B).$$

这样，公式 $(2-1)$ 就成为公式 $(2-3)$ 的特例.

例 11 某电路板上装有甲、乙两根熔丝，已知甲熔丝熔断的概率为 0.85，乙熔丝熔断的概率为 0.76，甲、乙熔丝同时熔断的概率为 0.62，问该电路板上甲、乙熔丝至少有一根熔断的概率有多大？

解 设 $A = \{$甲熔丝熔断$\}$，$B = \{$乙熔丝熔断$\}$，则

$$P(A) = 0.85, \quad P(B) = 0.76, \quad P(AB) = 0.62.$$

该电路板上甲、乙熔丝至少有一根熔断的事件为 $A+B$，由概率加法公式，得

$$P(A+B) = P(A) + P(B) - P(AB) = 0.85 + 0.76 - 0.62 = 0.99.$$

随堂小练

1. 一次射击游戏规则规定，击中 9 环或 10 环为优秀. 已知某射手击中 9 环的概率为 0.52，击中 10 环的概率为 0.43，问

(1) 该射手取得优秀的概率有多大？　(2) 该射手达不到优秀的概率是多少？

2. 从 $1 \sim 100$ 的整数中任取一个数，求取到的数能被 5 或 9 整除的概率.

3. 某旅行社有 30 名翻译，其中英语翻译 12 名、日语翻译 10 名、既会英语又会日语的翻译有 3 名、其余的人是其他语种的翻译. 现从中任选 1 名去带旅行团，求选出的是英语翻译或日语翻译的概率.

4. 在图 $2-10$ 中，线路上元件 a、b 发生故障的概率分别为 0.05，0.06，a、b 同时发生故障的概率为 0.003，求此线路中断的概率.

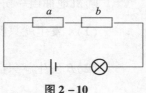

图 2-10

2.2.4 条件概率

引例 2　设 100 件产品中有 98 件合格、2 件不合格，其中 98 件合格品中有 60 件优等品、28 件一级品. 现从中任取一件，若取到的是合格品，那么它是优等品的概率有多大？

解　题设 100 件产品中有 98 件合格，从这 100 件产品中任取一件取到的是合格品，因此，选取就只能是在 98 件合格品中进行，即样本点总数为 98 而不是 100.

进一步，若取出的是优等品，则选取只能是在 60 件优等品中进行，于是所求概率

$$P = \frac{60}{98} \approx 0.6122.$$

引例所求的是"在取得的是合格品的条件下，产品为优等品"的概率. 在实际问题中，除了要计算事件 A 的概率 $P(A)$ 外，有时还需计算在"事件 B 已发生"的条件下，事件 A 发生的概率. 像这种**"事件 A 发生的条件下，事件 B 发生"的概率称为条件概率**，并记为

$$P(B \mid A).$$

一般来说，$P(A \mid B)$ 与 $P(A)$ 是不相等的. 例如，在掷一枚骰子中，设事件 $A = \{$出现 4 点$\}$，则 $P(A) = \frac{1}{6}$. 如果事件 $B = \{$出现偶数点$\}$ 已发生，这时事件 A 发生的概率

$$P(A \mid B) = \frac{1}{3},$$

显然，

$$P(A \mid B) \neq P(A).$$

例 12　在对 1000 人的问卷调查中，其饮酒人数和高血压人数见表 2 - 3.

表 2 - 3

血压	饮酒情况		总计
	饮	不饮	
正常	120	780	900
高	80	20	100
总计	200	800	1000

现随机地抽出一份问卷，A 表示此被访者是饮酒者，B 表示此被访者是高血压，求概率 $P(A)$、$P(B)$、$P(AB)$、$P(B \mid A)$.

解　首先由题设知样本点总数为 1000.

其次，饮酒人数为 200，高血压人数为 100，既饮酒又是高血压的人数为 80. 因此，随机地抽出一份问卷，

(1) A 发生就只能是从 200 中取 1 份，有 200 种可能，$P(A) = \frac{200}{1000}$；

(2) B 发生就只能是从 100 中取 1 份，有 100 种可能，$P(B) = \frac{100}{1000}$；

(3) AB 发生就只能是从 80 中取 1 份，有 80 种可能，$P(AB) = \frac{80}{1000}$.

(4) 下面再来考察 $P(B|A)$.

当 A 发生后，这时不需要考虑不饮酒的人数，因此，样本点的总数为饮酒总人数 200 而不是 1000. 此外再注意到在饮酒的条件下患高血压的人数为 80，于是

$$P(B|A) = \frac{80}{200} = \frac{80/1000}{200/1000} = \frac{P(AB)}{P(A)}.$$

则得条件概率的计算公式：

$$P(B|A) = \frac{P(AB)}{P(A)}. \qquad (2-5)$$

$$P(A|B) = \frac{P(BA)}{P(B)}. \qquad (2-6)$$

例 13 某种显像管正常使用 10000 小时的概率是 0.8，正常使用 15000 小时的概率是 0.4，问使用了 10000 小时的显像管能再使用到 15000 小时的概率是多少？

解 设 $A = \{$正常使用 10000 小时$\}$，$B = \{$正常使用 15000 小时$\}$，则 $B|A = \{$使用了 10000 小时的显像管能再使用到 15000 小时$\}$.

由于"正常使用 15000 小时"一定有"正常使用 10000 小时"，所以 $B \subset A$. 于是，根据事件交的关系 $AB = B$，由公式 $(2-5)$ 得

$$P(B|A) = \frac{P(AB)}{P(A)} = \frac{P(B)}{P(A)} = \frac{0.4}{0.8} = \frac{1}{2}.$$

例 14 已知一批产品中有 1% 的不合格品，而合格品中优等品占 90%，现从这批产品中任取一件，求取得的是优等品的概率.

解 设 $A = \{$取得的是优等品$\}$，$B = \{$取得的是合格品$\}$，则

$$P(A|B) = 0.9, \quad P(\bar{B}) = 0.01,$$

从而 $P(B) = 1 - P(\bar{B}) = 1 - 0.01 = 0.99.$

另一方面，由 $A \subset B$ 知：$A = AB$，再由条件概率计算公式，得

$$P(A) = P(AB) = P(A|B)P(B) = 0.9 \times 0.99 = 0.891.$$

随堂小练

1. 盒中有 6 个白球和 4 个黑球，从中不放回地任取 2 次，每次 1 球，若 $A = \{$第 1 次取到的是白球$\}$，$B = \{$第 2 次取到的是白球$\}$，求 $P(B|A)$.

2. 某年级有男生 80 人和女生 20 人，其中免修英语的 40 人中有男生 32 人和女生 8 人，若 $A = \{$男生$\}$，$B = \{$免修英语$\}$，求 $P(B|A)$.

2.2.5 乘法公式

由条件概率的计算公式，得

$$P(B|A) = \frac{P(AB)}{P(A)}, \quad P(A|B) = \frac{P(BA)}{P(B)},$$

注意到 $P(AB) = P(BA)$，于是便得到了**乘法公式**：

$$P(AB) = P(A)P(B|A) = P(B)P(A|B). \qquad (2-7)$$

可以证明,概率的乘法公式(2-7)可以推广到有限个事件积的情形. 下面给出公式:

$$P(A_1 A_2 \cdots A_n) = P(A_1) \cdot P(A_2 \mid A_1) \cdot P(A_3 \mid A_1 A_2) \cdots \cdot P(A_n \mid A_1 A_2 \cdots A_{n-1}). \quad (2-8)$$

例 15 100 台电视机中有 3 台次品,其余都是正品,无放回地从中连续取 2 台,试求

(1)两次都取得正品的概率;

(2)第二次才取得正品的概率.

解 设事件 $A = \{$第一次取得正品$\}$,$B = \{$第二次取得正品$\}$,则事件 $AB = \{$两次都取得正品$\}$,$\overline{A}B = \{$第二次才取得正品$\}$. 于是有

(1)$P(AB) = P(A) \cdot P(B \mid A) = \dfrac{97}{100} \cdot \dfrac{96}{99} \approx 0.94$;

(2)$P(\overline{A}B) = P(\overline{A}) \cdot P(B \mid \overline{A}) = \dfrac{3}{100} \cdot \dfrac{97}{99} \approx 0.029$.

例 16 有 5 把钥匙,其中只有 1 把能把门打开,但分不清是哪把,逐把试开,求

(1)第三次才打开门的概率 P_1;

(2)三次内把门打开的概率 P_2.

解 设 $A_i = \{$第 i 次打开门$\}$($i = 1, 2, 3, 4, 5$). 则 $\overline{A}_1 \overline{A}_2 A_3 = \{$第三次才打开门$\}$,$A_1 + \overline{A}_1 A_2 + \overline{A}_1 \overline{A}_2 A_3 = \{$三次内把门打开$\}$,且 A_1、$\overline{A}_1 A_2$、$\overline{A}_1 \overline{A}_2 A_3$ 两两互不相容. 于是,

(1)$P_1 = P(\overline{A}_1 \overline{A}_2 A_3) = P(\overline{A}_1) \cdot P(\overline{A}_2 \mid \overline{A}_1) \cdot P(A_3 \mid \overline{A}_1 \overline{A}_2) = \dfrac{4}{5} \cdot \dfrac{3}{4} \cdot \dfrac{1}{3} = \dfrac{1}{5}$;

(2)$P_2 = P(A_1) + P(\overline{A}_1 A_2) + P(\overline{A}_1 \overline{A}_2 A_3) = P(A_1) + P(\overline{A}_1) \cdot P(A_2 \mid \overline{A}_1) + P(\overline{A}_1 \overline{A}_2 A_3)$

$\qquad = \dfrac{1}{5} + \dfrac{4}{5} \cdot \dfrac{1}{4} + \dfrac{1}{5} = \dfrac{3}{5}$.

例 17 设有一雷达探测设备,在监视区域有飞机出现的条件下,雷达会以 0.99 的概率正确报警,在监视区域没有飞机出现的条件下,雷达也会以 0.1 的概率错误报警. 假定飞机出现在监视区域的概率为 0.05,问

(1)飞机没有出现但雷达却有报警的概率有多大?

(2)飞机有出现而雷达却不报警的概率有多大?

解 设 $A = \{$飞机出现$\}$,$B = \{$雷达报警$\}$,则

$$P(A) = 0.05, \quad P(B \mid A) = 0.99, \quad P(B \mid \overline{A}) = 0.1.$$

从而

$$P(\overline{A}) = 1 - P(A) = 0.95, \quad P(\overline{B} \mid A) = 1 - P(B \mid A) = 0.01.$$

(1)飞机没有出现但雷达却有报警的事件为 $\overline{A}B$,由概率乘法公式,得

$$P(\overline{A}B) = P(\overline{A})P(B \mid \overline{A}) = 0.95 \times 0.1 = 0.095;$$

(2)飞机有出现而雷达却不报警的事件为 $A\overline{B}$,由概率乘法公式,得

$$P(A\overline{B}) = P(A)P(\overline{B} \mid A) = 0.05 \times 0.01 = 0.0005.$$

随堂小练

设有一透镜,第 1 次落下时打破的概率为 0.5;若第 1 次落下没打破,则第 2 次落下时打破的概率为 0.7;若前 2 次落下没打破,则第 3 次落下时打破的概率为 0.9,求

（1）透镜落下 2 次没被打破的概率；

（2）透镜落下 3 次没被打破的概率.

2.2.6 全概率公式与贝叶斯公式

1. 全概率公式

现实生活中的问题常常会涉及各种类型的概率计算，由于条件限制或者样本空间复杂，其直接计算往往会较为繁杂. 分割样本空间，将求复杂事件的概率转变为对多个简单事件的概率的计算，是全概率公式的核心所在.

全概率公式是概率论中的一个重要公式，它主要展示"化整为零"的数学思想，即将复杂问题分割为多个简单问题进行分析处理.

引例 3［全厂产品的次品率］ 某工厂有 Ⅰ，Ⅱ，Ⅲ 三个车间，生产同一种产品. 每个车间的产量分别占全厂产量的 25%，35%，40%，各车间产品的次品率分别为 5%，4%，2%. 求从总产品中任意抽取一件产品是次品的概率（全厂产品的次品率）.

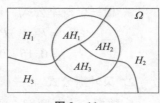

图 2 – 11

解 用 H_1，H_2，H_3 依次表示抽取的一件产品是 Ⅰ，Ⅱ，Ⅲ 车间生产的，A 表示抽取的一件产品是次品（见图 2 – 11）.

因为 H_1，H_2，H_3 是两两互不相容的，且 $H_1 + H_2 + H_3 = \Omega$，所以，
$$A = A\Omega = A(H_1 + H_2 + H_3).$$
$$= AH_1 + AH_2 + AH_3.$$

其中 AH_1，AH_2，AH_3 也是两两互不相容的. 所以，
$$P(A) = P(AH_1 + AH_2 + AH_3)$$
$$= P(AH_1) + P(AH_2) + P(AH_3),$$

根据乘法公式得
$$P(A) = P(H_1)P(A \mid H_1) + P(H_2)P(A \mid H_2) + P(H_3)P(A \mid H_3)$$
$$= \frac{25}{100} \cdot \frac{5}{100} + \frac{35}{100} \cdot \frac{4}{100} + \frac{40}{100} \cdot \frac{2}{100} = 3.45\%.$$

引例 3 告诉我们，一个事件的概率，往往可以分解为一组互不相容的事件的概率之和，然后应用乘法公式求得. 这种方法具有普遍性.

一般地，若 H_1，H_2，$\cdots$，H_n 是一组互不相容的事件，而且它们的和是必然事件，即
$$H_1 + H_2 + \cdots + H_n = \Omega,$$

那么对于任意事件 A，都有
$$P(A) = \sum_{i=1}^{n} P(H_i)P(A \mid H_i). \tag{2-9}$$

称公式（2 – 9）为**全概率公式**.

例 18 甲袋中装有 3 个白球、5 个红球，乙袋中装有 4 个白球、2 个红球. 从甲袋中任取 2 个球放入乙袋，然后再从乙袋中任取 1 球，求这个球是白球的概率.

解 设 $H_i = \{$从甲袋中任取 2 球，其中恰有 i 个白球$\}$，$i = 0, 1, 2$，则 H_0，H_1，H_2 两两互不相容，且 $H_0 + H_1 + H_2 = \Omega$；设 $A = \{$从乙袋任取一球是白球$\}$，则

$$P(A) = P(H_0)P(A \mid H_0) + P(H_1)P(A \mid H_1) + P(H_2)P(A \mid H_2)$$

$$= \frac{20}{56} \cdot \frac{4}{8} + \frac{30}{56} \cdot \frac{5}{8} + \frac{6}{56} \cdot \frac{6}{8} = \frac{266}{448} \approx 0.594.$$

例 19 某厂有四条流水线生产同一种产品，且生产互不相容，其产量分别占总产量的 15%、25%、25% 和 35%，次品率也分别为 0.4%、0.2%、0.3% 和 0.1%．现从该产品中任取一件，问取出是次品的概率是多少？

解 设 $A_k = \{$第 k 条流水线生产的$\}$ $(1 \leqslant k \leqslant 4)$，$B = \{$取出的是次品$\}$，则

$$P(A_1) = 0.15，P(A_2) = 0.25，P(A_3) = 0.25，P(A_4) = 0.35；$$

$$P(B \mid A_1) = 0.004，P(B \mid A_2) = 0.002，P(B \mid A_3) = 0.003，P(B \mid A_4) = 0.001.$$

注意所检测的产品仅由这四条流水线生产，且生产互不相容，即

$$A_i A_j = \varphi(i \neq j)，A_1 + A_2 + A_3 + A_4 = \Omega.$$

根据全概率公式，得

$$P(B) = P(A_1)P(B \mid A_1) + P(A_2)P(B \mid A_2) + P(A_3)P(B \mid A_3) + P(A_4)P(B \mid A_4)$$

$$= 0.15 \times 0.004 + 0.25 \times 0.002 + 0.25 \times 0.003 + 0.35 \times 0.001 = 0.0022.$$

2. 贝叶斯公式

大数据、人工智能、海滩搜救、生物医学、邮件过滤，这些看起来彼此不相关的领域在推理或决策时往往都会用到同一个数学公式——贝叶斯公式．

贝叶斯（Thomas Bayes，1702—1761）是英国数学家，贝叶斯公式主要用于已知先验概率求后验概率，即根据已发生事件的概率来预测事件将来发生可能性的大小．

贝叶斯公式推理的问题是条件概率推理问题．例如，投资决策分析中已知相关项目 B 的资料，而缺乏论证项目 A 的直接资料时，可通过对 B 项目的有关状态及发生概率分析推导 A 项目的状态及发生概率．

引例 4 一座别墅在过去的 3 个月里 2 次被盗，别墅里养有一条狗，狗平均每周晚上叫 4 次，在盗贼入侵的情况下狗叫的概率预计为 0.95，问狗叫的情况下发生盗贼入侵的概率是多少？

解 设 $A = \{$盗贼入侵$\}$，$B = \{$狗叫$\}$，每月以 30 天计算，则由题设有

$$P(A) = \frac{2}{90}，P(B) = \frac{4}{7}，P(B \mid A) = 0.95.$$

由乘法公式

$$P(AB) = P(A)P(B \mid A) = P(B)P(A \mid B)$$

解出 $P(A \mid B)$，即得狗叫的情况下发生盗贼入侵的概率

$$P(A \mid B) = \frac{P(A)P(B \mid A)}{P(B)} = \frac{\dfrac{2}{90} \times 0.95}{\dfrac{4}{7}} = 0.0369.$$

引例 4 中用到了乘法公式：

$$P(AB) = P(A)P(B \mid A) = P(B)P(A \mid B)，$$

如果 $P(B \mid A)$ 叫作先验概率，那么 $P(A \mid B)$ 就是后验概率．因此，引例 4 实际上是已知先验概率求后验概率问题．

另一方面，由乘法公式

$$P(AB) = P(A)P(B \mid A) = P(B)P(A \mid B),$$

得

$$P(A \mid B) = \frac{P(A)P(B \mid A)}{P(B)},$$

注意到 $A\overline{A} = \Phi$、$A + \overline{A} = \Omega$，再根据全概率公式：

$$P(B) = P(A)P(B \mid A) + P(\overline{A})P(B \mid \overline{A}),$$

于是有两个事件的**贝叶斯公式**：

$$P(A \mid B) = \frac{P(A)P(B \mid A)}{P(A)P(B \mid A) + P(\overline{A})P(B \mid \overline{A})} \tag{2-10}$$

数学小讲堂

　　贝叶斯的两篇遗作于逝世前 4 个月，寄给好友普莱斯（R. Price，1723—1791）. 普莱斯又将其寄到皇家学会，并于 1763 年 12 月 23 日在皇家学会大会上做了宣读. 在 1763 年发表的《论机会学说问题的求解》中，贝叶斯提出了一种归纳推理的理论，其中的"贝叶斯定理（或贝叶斯公式）"，可以看作最早的一种统计推断程序，以后被一些统计学者发展为一种系统的统计推断方法，称为贝叶斯方法. 而认为贝叶斯方法是唯一合理的统计推断方法的统计学者，形成数理统计学中的贝叶斯学派. 贝叶斯对统计推理的主要贡献是使用了"逆概率"这个概念，并把它作为一种普遍的推理方法提出来，贝叶斯定理原本是概率论中的一个定理，这一定理可用一个数学公式来表达，这个公式就是著名的贝叶斯公式，贝叶斯公式又称逆概率公式.

例 20　有一个通信系统，假设信源发射 0、1 两个状态信号（编码过程省略），其中发 0 的概率为 0.58，发 1 的概率为 0.42，信源发 0 时接收端分别以 0.92 和 0.08 的概率收到 0 和 1，信源发 1 时接收端分别以 0.94 和 0.06 的概率收到 1 和 0，求接收端收到 0 的条件下，信源发的是 0 的概率.

解　设 $A = \{$信源发的是 $0\}$，$B = \{$接收端收到 $0\}$，由贝叶斯公式，得

$$P(A \mid B) = \frac{P(A)P(B \mid A)}{P(A)P(B \mid A) + P(\overline{A})P(B \mid \overline{A})},$$

注意到

$$P(A) = 0.58，\ P(\overline{A}) = 0.42；$$
$$P(B \mid A) = 0.92，\ P(B \mid \overline{A}) = 0.06.$$

于是有

$$P(A \mid B) = \frac{P(A)P(B \mid A)}{P(A)P(B \mid A) + P(\overline{A})P(B \mid \overline{A})} = \frac{0.58 \times 0.92}{0.58 \times 0.92 + 0.42 \times 0.06} = 0.9549.$$

一般下面更广泛的贝叶斯公式也成立.

若试验 Ω 中的随机事件 $H_k (k = 1，\cdots，n)$ 满足：

$$H_i H_j = \Phi (i \neq j)，\ H_1 + \cdots + H_n = \Omega,$$

则对 $k = 1，\cdots，n$ 成立

$$P(H_k \mid B) = \frac{P(H_k)P(B \mid H_k)}{P(H_1)P(B \mid H_1) + \cdots + P(H_n)P(B \mid H_n)} = \frac{P(H_k)P(B \mid H_k)}{\sum\limits_{i=1}^{n} P(H_i)P(B \mid H_i)}.$$

随堂小练

1. 某人欲参加毕业三十周年同学聚会，他乘火车、轮船、汽车、飞机的概率分别为 0.3、0.2、0.1、0.4，迟到的概率相应为 0.25、0.3、0.1、0，求他能准时参加同学聚会的概率.

2. 在例 20 的假设下，求接收端收到 0 的条件下信源发的却是 1 的概率.

3. 设有 10 箱同规格的产品，其中甲厂生产了 5 箱，乙厂生产了 3 箱，丙厂生产了 2 箱. 已知这三个厂生产这种产品的不合格率分别为 0.02、0.03 和 0.05. 现从中任取一箱，再从该箱中任取一件，若取到的是合格品，求该产品是从甲厂生产的箱子中取出的概率.

阶段习题三

进阶题

1. 加工某产品需要经过两道工序. 如果这两道工序都合格的概率为 0.95，求至少有一道工序不合格的概率.

2. 把一枚硬币掷五次，求"正面向上"不多于一次的概率.

3. 甲、乙两射手进行射击，甲击中目标的概率为 0.8，乙击中目标的概率为 0.85，甲乙两人同时击中目标的概率为 0.68，求目标被击中的概率.

4. 某厂用三台机床进行生产，其产量分别占总产量的 25%、35% 和 40%，次品率分别为 5%、4% 和 2%. 现从出厂产品中任取一件，问取出次品的概率是多少？

5. 某地成人肥胖者中，重度肥胖占 10%、中度肥胖占 82%、轻度肥胖占 8%，他们患高血压的概率分别为 0.2、0.1、0.05. 求该地成人肥胖者患高血压的概率.

6. 袋内有六个黑球、四个红球和两个蓝球. 从中依次任取两个球，取后不放回. 求下列事件的概率：

(1) 两个球都是黑球；　　　　(2) 两个球都是红球；

(3) 两个球都是蓝球；　　　　(4) 两个球颜色相同.

提高题

1. 甲罐有两个白球和一个黑球，乙罐有一个白球和五个黑球. 从甲罐中任取一球放入乙罐，然后再从乙罐中任取一球，求此球是白球的概率.

2. 两台车床加工同样的零件，第一台车床的废品率为 0.03，第二台车床的废品率为 0.02. 现把加工出来的零件放在一起，并已知第一台车床加工的零件比第二台车床加工的零件多一倍. 求从产品中任取一件是合格品的概率.

3. 假设 5 支手枪中有 2 支旧枪 3 支新枪，一枪手用旧枪射击的中靶率为 0.4、用新枪射击的中靶率为 0.9.

(1) 若枪手任取一支枪射击，问他中靶的概率是多少？

(2) 若枪手任取一支枪射击，结果没有中靶，问该枪是旧枪的概率有多大？

4. 某地区胃癌患者的人数占地区总人口数的 0.5%，假设该地区胃癌患者对一种检测呈阳性的概率为 0.95，非胃癌患者对这种检测呈阳性的概率为 0.04，现在抽查了一人，检测结果为阳性，问此人是胃癌患者的概率有多大？

5. 某地成人肥胖者中，重度肥胖占 82%、轻度肥胖占 8%，他们患高血压的概率分别为 0.2、0.1、0.05. 已知某成人肥胖者患有高血压，那么他的肥胖是重度、中度、轻度的概率是多少？

16 事件的独立性

2.2.7 事件的独立性

引例 5［取后放回的概率］ 在 20 个产品中有 2 个次品，从中依次取出两个产品，取后放回. 求

（1）第二次取得次品的概率；

（2）第一次取得次品，第二次也取得次品的概率；

（3）第一次取得正品，第二次取得次品的概率.

解 设 $A = \{$第一次取得正品$\}$，$B = \{$第二次取得次品$\}$.

（1）不论第一次取得的是正品还是次品，都要放回，所以第二次取得次品的概率为

$$P(B) = \frac{2}{20} = \frac{1}{10}.$$

（2）事件"第一次取得次品，第二次也取得次品"可表示为 $B \mid \overline{A}$，因此，

$$P(B \mid \overline{A}) = \frac{2}{20} = \frac{1}{10}.$$

（3）类似地，可求得 $P(B \mid A) = \frac{2}{20} = \frac{1}{10}.$

由上面的计算可见：

$$P(B) = P(B \mid \overline{A}) = P(B \mid A) = \frac{1}{10}.$$

即事件 A 发生与否和事件 B 的发生无关. 对于这样的事件 B 和 A，给出如下的定义.

> **定义 2.11** 在同一随机试验中若事件 A 的发生不影响事件 B 发生的概率. 即
> $$P(B \mid A) = P(B)$$
> 成立，则称**事件 B 对事件 A 是独立的**. 否则称为不独立的.

例如，办公室有甲、乙两台计算机，令事件 $A = \{$甲计算机发生故障$\}$，$B = \{$乙计算机发生故障$\}$. 显然甲计算机是否发生故障对乙计算机发生故障的概率没影响. 所以**事件 B 对事件 A 是独立的**.

关于独立事件有如下的结论：

（1）若事件 B 对事件 A 是独立的，则事件 A 对事件 B 也是独立的. 通常可说**事件 A 与 B 相互独立**.

事实上，若事件 B 对事件 A 是独立的，即 $P(B \mid A) = P(B)$，那么

$$P(A \mid B) = \frac{P(AB)}{P(B)} = \frac{P(A) \cdot P(B \mid A)}{P(B)} = \frac{P(A) \cdot P(B)}{P(B)} = P(A) \qquad (2-11)$$

也成立. 这说明事件 A 对事件 B 也是独立的.

（2）事件 A 与 B 相互独立的充分且必要条件是

$$P(AB) = P(A) \cdot P(B). \tag{2-12}$$

这是独立事件的概率乘法公式. 进一步有

$$P(A+B) = P(A) + P(B) - P(A) \cdot P(B) \tag{2-13}$$

这是独立事件的概率加法公式.

（3）若事件 A 与 B 相互独立，则下列三对事件：A 与 $\overline{B}$，$\overline{A}$ 与 B，$\overline{A}$ 与 $\overline{B}$ 也相互独立. 事件的独立性概念也可以推广到有限多个事件，即如果事件 A_1, A_2, $\cdots$, A_n 中的任一事件 A_i（$i=1$, 2, $\cdots$, n）的概率不受其他 $n-1$ 个事件是否发生的影响，则称事件 A_1, A_2, $\cdots$, A_n 是互相独立的，并且有

$$P(A_1 \cdot A_2 \cdots A_n) = P(A_1) \cdot P(A_2) \cdots P(A_n). \tag{2-14}$$

在实际问题中，事件间是否相互独立一般是根据问题的实际意义判定的. 如前面甲、乙两台计算机"发生故障"就认为是相互独立的；又如 10 台机床互不联系各自运转，其中任一台机床发生故障与其他 9 台机床发生故障通常也认为是相互独立的. 但地球上"甲地地震"与"乙地地震"就不能轻易认为它们一定是相互独立的. 因为它们可能存在某种内在联系.

例21 甲、乙两人同时各自向某目标射击一次. 射击的命中率分别为 0.7 和 0.6. 求

（1）两人同时击中的概率；

（2）甲击中而乙不中的概率；

（3）甲、乙二人恰有一人击中的概率；

（4）至少有一人击中的概率.

解 设事件 $A = \{甲击中\}$，$B = \{乙击中\}$，则 $\overline{A} = \{甲未中\}$，$\overline{B} = \{乙未中\}$，且 A、B 相互独立，$P(A) = 0.7$，$P(B) = 0.6$，$P(\overline{A}) = 0.3$，$P(\overline{B}) = 0.4$.

（1）事件"两人同时击中"可表示为 AB，故

$$P(AB) = P(A) \cdot P(B) = 0.7 \times 0.6 = 0.42;$$

（2）事件"甲击中乙不中"可表示为 $A\overline{B}$，故

$$P(A\overline{B}) = P(A) \cdot P(\overline{B}) = 0.7 \times 0.4 = 0.28;$$

（3）事件"甲、乙二人恰有一人击中"可表示为 $A\overline{B} + \overline{A}B$，而 $A\overline{B}$ 与 $\overline{A}B$ 互不相容，故

$$P(A\overline{B} + \overline{A}B) = P(A\overline{B}) + P(\overline{A}B) = P(A) \cdot P(\overline{B}) + P(\overline{A}) \cdot P(B)$$
$$= 0.7 \times 0.4 + 0.3 \times 0.6 = 0.28 + 0.18 = 0.46.$$

（4）**方法一** 事件"至少有一人击中"可表示为 $A\overline{B} + \overline{A}B + AB$，且 $A\overline{B}$、$\overline{A}B$ 和 AB 两两互不相容，因此 $P(A\overline{B} + \overline{A}B + AB) = P(A\overline{B} + \overline{A}B) + P(AB) = 0.46 + 0.42 = 0.88.$

方法二 事件"至少有一人击中"的对立事件是"两人都没击中"."两人都没击中"可表示为 $\overline{A} \cdot \overline{B}$，所以事件"至少有一人击中"又可表示为 $\overline{\overline{A} \cdot \overline{B}}$，故

$$P(\overline{\overline{A} \cdot \overline{B}}) = 1 - P(\overline{A} \cdot \overline{B}) = 1 - P(\overline{A}) \cdot P(\overline{B}) = 1 - 0.3 \times 0.4 = 0.88.$$

方法三 事件"至少有一人命中"就是 $A+B$，故

$$P(A+B) = P(A) + P(B) - P(AB) = P(A) + P(B) - P(A) \cdot P(B)$$
$$= 0.7 + 0.6 - 0.7 \times 0.6 = 0.88.$$

例22 保险公司办理某项事故保险. 每个投保人发生此项事故的概率为 0.004；发生事故后保险公司将予以赔偿. 现有 300 人投保，问保险公司将进行赔偿的概率.

解 保险公司进行赔偿的对立事件是保险公司不发生赔偿，即 300 个投保人都不发生事故．由于每个投保人不发生事故的概率都是 $(1-0.004)$，所以保险公司不发生赔偿的概率是 $(1-0.004)^{300}$，于是保险公司进行赔偿的概率就是

$$P=1-(1-0.004)^{300}=1-0.996^{300}\approx0.7.$$

在实际问题中有时会遇到这样的情况：在相同的条件下进行了 n 次相互独立的试验，每次试验只有两个可能的结果 A 与 $\bar{A}$．其中 $P(A)=p,P(\bar{A})=1-p=q$，称这样的 n 次试验构成**一个 n 次独立试验概型**，也称贝努利概型．

下面来计算在 n 次独立试验中事件 A 出现 k 次的概率．

例 23 8 个元件中有 3 个次品．有放回地连续抽取 4 次，每次 1 个．求所取的 4 个恰有 2 个是次品的概率．

解 设事件 $A_i=\{$第 i 次取到次品$\}(i=1,2,3,4)$，则 $\bar{A}_i=\{$第 i 次取到正品$\}(i=1,2,3,4)$；又设 $B=\{$所取 4 次有 2 次是次品$\}$，显然

$$B=A_1A_2\bar{A}_3\bar{A}_4+A_1\bar{A}_2A_3\bar{A}_4+A_1\bar{A}_2\bar{A}_3A_4+\bar{A}_1A_2A_3\bar{A}_4+\bar{A}_1A_2\bar{A}_3A_4+\bar{A}_1\bar{A}_2A_3A_4.$$

并且上式右边各事件之间互不相容．

因为是有放回的抽取，故 $P(A_i)=\dfrac{3}{8}$，$P(\bar{A}_i)=1-\dfrac{3}{8}=\dfrac{5}{8}$，$i=(1,2,3,4)$．于是，

$$P(B)=P(A_1A_2\bar{A}_3\bar{A}_4)+P(A_1\bar{A}_2A_3\bar{A}_4)+P(A_1\bar{A}_2\bar{A}_3A_4)+P(\bar{A}_1A_2A_3\bar{A}_4)+$$
$$P(\bar{A}_1A_2\bar{A}_3A_4)+P(\bar{A}_1\bar{A}_2A_3A_4)$$
$$=\left(\frac{3}{8}\right)^2\cdot\left(1-\frac{3}{8}\right)^2+\left(\frac{3}{8}\right)^2\cdot\left(1-\frac{3}{8}\right)^2+\left(\frac{3}{8}\right)^2\cdot\left(1-\frac{3}{8}\right)^2+\left(\frac{3}{8}\right)^2\cdot$$
$$\left(1-\frac{3}{8}\right)^2+\left(\frac{3}{8}\right)^2\cdot\left(1-\frac{3}{8}\right)^2+\left(\frac{3}{8}\right)^2\cdot\left(1-\frac{3}{8}\right)^2=C_4^2\cdot\left(\frac{3}{8}\right)^2\cdot\left(1-\frac{3}{8}\right)^2$$
$$=C_4^2\cdot\left(\frac{3}{8}\right)^2\cdot\left(\frac{5}{8}\right)^2\approx0.33.$$

一般地，对于前面所说的贝努利概型，在 n 次试验中事件 A 出现 k 次的概率为

$$P_n(k)=C_n^kp^kq^{n-k}\quad(k=0,1,2,\cdots,n)\tag{2-15}$$

例 24 在含有 4 件次品的 1000 件元件中任取 4 件，每次取一件，取后不放回．求所取 4 件中恰有 3 件次品的概率．

解 每取一个元件可看作一次试验．设 $A=\{$取到一件次品$\}$．由于元件数量较大，因此，每次试验中事件 A 发生的概率可近似地看作相同，所以可看作是 4 次独立试验．由公式 $(2-15)$，得

$$P_4(3)=C_4^3(0.004)^3\times0.996=4\times(0.004)^3\times0.996$$
$$\approx2.56\times10^{-9}.$$

例 25 一批玉米种子的发芽率为 0.8．现每穴种 4 粒．求每穴至少有 2 棵苗的概率．

解 设事件 $A=\{$一粒种子发芽$\}$，则 $P(A)=0.8$，$P(\bar{A})=1-0.8=0.2$．每穴四粒种子可看作四次独立试验，所以每穴至少有 2 棵苗的概率为 $P_4(k\geq2)$．

方法一 $P_4(k\geq2)=P_4(2)+P_4(3)+P_4(4)=C_4^2\cdot0.8^2\cdot0.2^2+C_4^3\cdot0.8^3\cdot0.2^1+C_4^4\cdot0.8^4$
$$=0.1536+0.4096+0.4096=0.9728.$$

方法二 $P_4(k\geq2)=1-P_4(k<2)=1-P_4(0)-P_4(1)=1-C_4^0\cdot0.2^4-C_4^1\cdot0.8^1\cdot0.2^3$
$$=1-0.0016-0.0256=0.9728.$$

两种方法结果一样，方法二计算量较小．

随堂小练

1. 制造某种产品可以采取两种工艺：第一种工艺需经三道工序，每道工序的废品率分别为 0.1，0.2，0.3；第二种工艺需经两道工序，每道工序的废品率均为 0.3.

(1) 试求两种工艺各自的合格品率；

(2) 又知采用第一种工艺，则在合格品中得到优质品的概率为 0.9；采用第二种工艺，则在合格品中得到优质品的概率为 0.8. 试确定哪种工艺得到优质品的概率更大？

2. 室内有两个电灯各有开关. 晚上甲灯亮着的概率为 0.9，乙灯亮着的概率为 0.8. 求晚上室内亮灯的概率.

3. 设某种电子元件的次品率为 0.01，现从产品中任取四个. 试分别求出没有次品、有一个次品、有两个次品的概率.

阶段习题四

进阶题

1. 甲、乙等 4 人参加 4×100m 接力赛，每个人跑第几棒都是等可能的，求甲跑第 1 棒或乙跑第 4 棒的概率.

2. 某种灯泡使用时数在 1000 小时以上的概率为 0.2，求三个灯泡在使用 1000 小时后最多只坏一个的概率.

3. 已知 100 个产品中，93 个长度合格，90 个重量合格，其中长度和重量都合格的有 85 个，现从中任意选取 1 个产品，求长度、重量至少有一个合格的概率.

4. 一批产品中有 20% 的次品，进行重复抽样检查，共抽得 5 件样品，分别计算这 5 件样品中恰有 3 件次品和至多有 3 件次品的概率.

5. 两人独立地解一道题，甲能解答的概率为 0.6，乙能解答的概率为 0.5，求该题能被甲或乙解答的概率.

6. 袋中有 3 个红球和 2 个白球.

(1) 第一次从袋中任取一球，然后放回，第二次再任取一球，求两次都是红球的概率；

(2) 第一次从袋中任取一球，不放回，第二次再任取一球，求两次都是红球的概率.

提高题

1. 某产品可能出现 A、B 两类缺陷中的一个或两个，缺陷 A 和 B 的发生是独立的. 且知 $P(A) = 0.05$，$P(B) = 0.03$. 求产品出现以下情形的概率：

(1) 两类缺陷都有；(2) 有缺陷 A 而没有缺陷 B；(3) 两类缺陷至少存在一类.

2. 在图 2-12 所示的电路中有三个元件 a、b、c，各元件发生故障是相互独立的，发生故障的概率依次是 0.3，0.2，0.1. 求该电路由于元件故障而中断的概率.

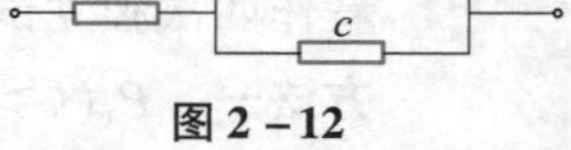

图 2-12

3. 某一车间有 12 台车床，由于工艺的原因，每台车床时常要停车. 设各台车床的工作状态是相互独立的，且在任一时刻处于停车状态的概率为 0.3，计算在任一指定时刻里有 2 台车床处于停车状态的概率.

4. 两台机床加工同一种零件，第一台机床加工的零件中有 95 件合格，5 件不合格，第二台机床加工的零件中有 142 件合格，8 件不合格，现从中任取一件，设 $A = \{$取出的零件是第一台机床加工的$\}$，$B = \{$取出的零件是合格品$\}$. 求 $P(A)$、$P(AB)$ 和 $P(B \mid A)$.

5. 如图 2-13 所示，开关 a、b、c 开或关的概率都是 0.5，且各开关是否关闭相互独立. 求灯亮的概率以及若已见灯亮，开关 a、b 同时关闭的概率.

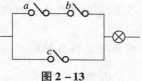

图 2-13

拓展阅读

剪刀、石头、布——"猜"拳定胜负

在剪刀、石头、布的猜拳游戏中，有必胜的方法吗？或者说有胜算高的方法吗？

我们先来看一下猜拳规则. 首先，两人共同伸出一只手，握拳成石头状. 然后，一齐喊"剪刀、石头、布"，各自出拳. 大家最初都握成石头状，因此胜负的关键在于之后出什么拳.

1. 猜拳必胜的方法

(1) 规定起始拳

据心理学家研究发现，在剪刀、石头、布的猜拳中，大多数人都不会连续出同一种拳. 这也就是说，对方下一拳很有可能出石头以外的拳，即剪刀或布. 如果对方出剪刀或布的概率较大，那我们就出剪刀. 如果对方出布，我们就赢了. 如果对方出剪刀，只是平局，我们至少不会输. 如果双方都出剪刀打成平局，接下来对方出剪刀以外的拳，即石头或布的概率会比较大，因此我们要出布. 如果对方出石头，我们就赢了. 如果对方出布，则是平局，再继续……

大家都从握拳成石头状态开始，之后我们应该出剪刀. 如果出剪刀打成平局，我们再出布. 这也就是说，出拳的顺序应该是石头、剪刀、布如果出布再打成平局，那就再出石头，然后还是剪刀、布、石头、剪刀、布……照这样的顺序出拳，获胜的概率会比较高.

如果要总结规律，那就是这次出的拳应该是上次输给对手的拳. 具体而言，如果对手上次出的是石头，我们这次就应该出剪刀；如果对手上次出剪刀，我们这次就应该出布，等等，以此类推. 当然，如果遇到喜欢连续出同一种拳的人我们刚才的方法就会让你输得很惨. 不过，这个世界上喜欢连续出同一种拳的人没有，变换出拳的人多，因此使用这种方法获胜的概率还是大一些. 如果规定从一开始就不可以连续出同一种拳，那按照刚才的顺序出拳就绝对不会输，甚至可以说它是猜拳的必胜方法.

(2) 不规定起始拳

前面讲的方法是规定起始拳为石头，假如不规定起始拳，第一拳大家随便出，那就必须另寻他法了. 据统计，在不规定起始拳的情况下，先出石头或布的人要多于先出剪刀的人. 剪刀的手势是相对难做的，因为要在瞬间出拳，与复杂的剪刀相比，人们更容易选择简单的石头或布. 因此，在不规定起始拳的情况下，如果先出石头或布的人居多. 那我们第一拳就应该出布. 对方出石头，我们获胜. 对方出布，只是平局. 如果出现平局，便可以采用前面所讲的策略了，即如果出布打成平局，下一拳我们就出石头.

2. 猜拳多少回合可以决出胜负

前面我们讲了猜拳时获胜概率较高的出拳方法，那么要多少回合才能决出胜负呢？我们以两个人猜拳为例进行说明. 两个人猜拳, 每人都有剪刀、石头、布三种出拳方法. 因此, 两个人一起出拳的方法一共有: $3 \times 3 = 9$ 种. 其中, 平局的情况有三种, 即双方同时出剪刀、石头或布. 因此, 出现平局的概率为 $\frac{1}{3}$, 那么, 决出胜负的概率就是 $\frac{2}{3}$, 这也就是说, 一个回合决出胜负的概率为 $\frac{2}{3}$.

如果第一回合打成了平局, 第二回合分出了胜负, 出现这种情况的概率为平局的概率乘以决出胜负的概率, 即 $\frac{1}{3} \times \frac{2}{3} = \frac{2}{9}$. 那么, 如果前两回合都打成平局, 第三回合决出了胜负, 出现这种情况的概率 $\frac{1}{3} \times \frac{1}{3} \times \frac{2}{3} = \frac{2}{27}$.

根据以上结果, 在三个回合以内决出胜负的概率, 就是把上述三个概率相加, 结果如下:

$$\frac{2}{3} + \frac{2}{9} + \frac{2}{27} = \frac{26}{27}.$$

这也就是说, 两个人玩剪刀、石头、布猜拳游戏的时候, 在三个回合内决出胜负的概率大约为 96%. 在剪刀、石头、布游戏中, 主要还是双方心理博弈的实时比拼. 有时候能够实时分析对方的出拳特点, 有助于获胜.

2.3 离散型随机变量及特殊分布

随机事件是随机试验中的结果, 其概率的计算, 无论是用加法、乘法公式, 还是用全概率、贝叶斯公式, 都仅局限在简单的数学推导和计算的范畴. 将随机试验中的结果用变量的取值进行表示, 例如,

(1) 抛钱币: $X = 1$ 表示 {出现正面}, $X = 0$ 表示 {出现反面};

(2) 掷骰子: $X = k$ 表示 {出现 k 点}.

17 随机变量

建立起随机事件与实数轴上点的对应关系, 这种对应不仅以数量直观表现了随机事件, 也可借助变量与函数进行分析和演绎.

上述以数量取值表示随机试验中的结果的变量就称为随机变量 (random variable).

随机变量可能是自变量, 也可能是因变量或函数. 随机变量的取值可能是一系列离散的实数值, 如某一时段内公共汽车站等车的乘客人数; 也可能是一单值实函数, 如家用电器的寿命随使用时间而呈指数衰减.

在不同的条件下, 由于偶然因素影响, 随机变量的取值也具有随机性和不确定性, 例如, 抛钱币的结果有出现正面和出现反面, 可让 $X = 1$ 和 0, 也可以让 $X = 1$ 和 -1, 但这些取值落在某个范围的概率则是一定的. 因此, 对于随机变量, 重要的不是它的取值, 而是它的概率分布. 为此, 引入下面定义.

> **定义 2.12** 设 X 是随机变量, x 为实数, 称
> $$F(x) = P(X \leqslant x),$$
> 为 X 的概率分布函数 (其中 $P(X \leqslant x)$ 是事件 {$X \leqslant x$} 的概率).

注意 $X \leqslant -\infty$ 是不可能事件，其概率为 0；$X \leqslant +\infty$ 是必然事件，其概率为 1. 再综合概率公理，有

$$F(-\infty) = 0, \quad F(+\infty) = 1, \quad 0 \leqslant F(x) \leqslant 1.$$

2.3.1　离散型随机变量的分布

若随机变量 X 的取值只有有限个或可数个，则称 X 为离散型随机变量.

由于离散型随机变量取值的可数性，其概率分布状况也就可以通过列表或矩阵精确描述.

> **定义 2.13**　若概率 $P(X = x_k) = p_k (k = 1, 2, \cdots)$，则
>
> | X | x_1 | x_2 | $\cdots$ | x_k | $\cdots$ |
> |---|---|---|---|---|---|
> | P | p_1 | p_2 | $\cdots$ | p_k | $\cdots$ |
>
> 称为离散型随机变量 X 的概率分布律，当且仅当 $\sum_k p_k = 1$.

离散型随机变量 X 的概率分布律也可等价地采用矩阵形式：

$$X \sim \begin{pmatrix} x_1 & x_2 & \cdots & x_k & \cdots \\ p_1 & p_2 & \cdots & p_k & \cdots \end{pmatrix}$$

进行描述. 根据概率的性质，不难得出，任一离散型随机变量的分布列都具备以下两个基本性质：

(1) 随机变量取任何值时，其概率不会为负，即

$$p_k \geqslant 0 \ (k = 1, 2, 3 \cdots);$$

(2) 随机变量取遍所有可能值时，其相应的概率之和等于 1，即

$$\sum_{k=1}^{n} p_k = 1, \text{或} \sum_{k=1}^{\infty} p_k = 1.$$

其中，$\sum_{k=1}^{\infty} p_k = 1$ 是指 $\lim_{n \to \infty} \sum_{k=1}^{n} p_k = 1$.

例 1　一射手对某一目标进行射击，一次命中的概率为 0.8. 求：(1) 一次射击的分布列；(2) 直到击中目标为止所需射击次数的分布列.

解　(1) 一次射击是随机现象，设 $\{X = 1\}$ 表示击中目标，$\{X = 0\}$ 表示没击中目标，则

$$p_1 = P(X = 0) = 0.2, \quad p_2 = P(X = 1) = 0.8,$$

所以分布列为

X	0	1
p_k	0.2	0.8

(2) 设到击中目标为止，射击的次数是随机变量 Y，则 Y 的取值范围是 $\{1, 2, \cdots, k, \cdots\}$，所以随机变量 Y 的分布列为

Y	1	2	$\cdots$	k	$\cdots$
p_k	0.8	0.2×0.8	$\cdots$	$0.2^{k-1} \times 0.8$	$\cdots$

例 2 如果 X 的分布列为

X	-2	-1	0	1	3
p_k	$\dfrac{1}{5}$	$\dfrac{1}{6}$	$\dfrac{1}{5}$	$\dfrac{1}{15}$	$\dfrac{11}{30}$

求 $Y = X^2$ 的分布列以及 $P(Y \leqslant 4)$.

解 要求 $Y = X^2$ 的分布列，须先找出 Y 的可取值范围.

因为 X 的取值范围为 $\{-2, -1, 0, 1, 3\}$，所以 Y 的可取值范围为 $\{0, 1, 4, 9\}$. 又因为

$$p_1 = P(Y=0) = P(X=0) = \frac{1}{5},$$

$$p_2 = P(Y=1) = P(\{X=-1\} \cup \{X=1\}) = P(X=-1) + P(X=1) = \frac{1}{6} + \frac{1}{15} = \frac{7}{30},$$

$$p_3 = P(Y=4) = P(X=-2) = \frac{1}{5}, \quad p_4 = P(Y=9) = P(X=3) = \frac{11}{30};$$

且

$$\sum_{k=1}^{4} p_k = p_1 + p_2 + p_3 + p_4 = \frac{1}{5} + \frac{7}{30} + \frac{1}{5} + \frac{11}{30} = 1,$$

所以 $Y = X^2$ 的分布列为

Y	0	1	4	9
p_k	$\dfrac{1}{5}$	$\dfrac{7}{30}$	$\dfrac{1}{5}$	$\dfrac{11}{30}$

$$P(Y \leqslant 4) = P(\{Y=0\} + \{Y=1\} + \{Y=4\}) = P(Y=0) + P(Y=1) + P(Y=4)$$
$$= \frac{1}{5} + \frac{7}{30} + \frac{1}{5} = \frac{19}{30}.$$

例 3 若 $X \sim \begin{pmatrix} 0 & 1 & 2 \\ 0.2 & 0.3 & 0.5 \end{pmatrix}$，求 X 的概率分布函数.

解 注意 X 只取 0、1、2 三个值，考察事件 $\{X \leqslant x\}$：

(1) $x < 0$ 时，0、1、$2 \leqslant x$ 都是不可能的，因此 $\{X \leqslant x\}$ 是不可能事件，于是
$$P(X \leqslant x) = 0;$$

(2) $0 \leqslant x < 1$ 时，$\{X \leqslant x\}$ 等价于 $\{X=0\}$，因此
$$P(X \leqslant x) = P(X=0) = 0.2.$$

(3) $1 \leqslant x < 2$ 时，$\{X \leqslant x\}$ 等价于 $\{X=0\} + \{X=1\}$，因此
$$P(X \leqslant x) = P(X=0) + P(X=1) = 0.2 + 0.3 = 0.5.$$

(4) $x \geqslant 2$ 时，$\{X \leqslant x\}$ 等价于 $\{X=0\} + \{X=1\} + \{X=2\}$，因此
$$P(X \leqslant x) = P(X=0) + P(X=1) + P(X=2) = 1.$$

综合上面计算，可得 X 的概率分布函数 $P(X \leqslant x) = \begin{cases} 0 & x < 0 \\ 0.2 & 0 \leqslant x < 1 \\ 0.5 & 1 \leqslant x < 2 \\ 1 & x \geqslant 2 \end{cases}$

例 4　设随机变量 X 的分布列是

X	-1	0	1
p_k	0.3	0.5	0.2

求 X 的分布函数.

解　X 的可能取值为 -1，0，1，它们把区间 $(-\infty, +\infty)$ 划分为 $(-\infty, -1)$，$[-1, 0)$，$[0, 1)$，$[1, +\infty)$，下面分四种情况来讨论：

（1）当 $x \in (-\infty, -1)$ 时，

$$F(x) = P(X \leqslant x) = \sum_{x_k < -1} p_k = 0;$$

（2）当 $x \in [-1, 0)$ 时，

$$F(x) = P(X \leqslant x) = P(X = -1) = 0.3;$$

（3）当 $x \in [0, 1)$ 时，

$$F(x) = P(X \leqslant x) = P(X = -1) + P(X = 0) = 0.3 + 0.5 = 0.8;$$

（4）当 $x \in [1, +\infty)$ 时，

$$F(x) = P(X \leqslant x) = P(X = -1) + P(X = 0) + P(X = 1) = 0.3 + 0.5 + 0.2 = 1.$$

故随机变量 X 的分布函数为

$$F(x) = P(X \leqslant x) = \begin{cases} 0 & x < -1 \\ 0.3 & -1 \leqslant x < 0 \\ 0.8 & 0 \leqslant x < 1 \\ 1 & x \geqslant 1 \end{cases}.$$

随堂小练

1. 下列各表是否能作为离散型随机变量的分布列？为什么？

（1）

X	-1	0	1
P	0.5	0.2	0.3

（2）

X	1	3	5
P	0.3	0.3	0.3

（3）

X	0	1	2	$\cdots$	10
P	$\dfrac{1}{2}$	$\dfrac{1}{2} \times \dfrac{1}{3}$	$\dfrac{1}{2} \times \left(\dfrac{1}{3}\right)^2$	$\cdots$	$\dfrac{1}{2} \times \left(\dfrac{1}{3}\right)^{10}$

2. 掷一枚均匀骰子，出现的点数 X 是一随机变量，写出 X 的概率分布，并求 $P(X > 1)$，$P(2 < X < 5)$.

3. 若 $X \sim \begin{pmatrix} 0 & 1 \\ 0.3 & 0.7 \end{pmatrix}$，求 X 的概率分布函数.

2.3.2　几种常见的离散型随机变量

常见的离散型随机变量的分布有 0—1 分布、二项分布、泊松分布等.

1. 0—1 分布

如果随机变量 X 的分布列为

X	0	1
p_k	q	p

其中 $p+q=1$，$p>0$，$q>0$，则称 X 服从 **0—1 分布**，记作 $X \sim$ 0—1 分布.

0—1 分布适应于一次试验仅有两个结果的随机现象. 例如，一次运行中电力是否超载；一次射击是否命中；抽取一件产品是否合格等，随机变量都服从 0—1 分布.

2. 二项分布

如果随机变量 X 的分布列为

X	0	1	2	$\cdots$	k	$\cdots$	n
p_k	$C_n^0 q^n$	$C_n^1 p q^{n-1}$	$C_n^2 p^2 q^{n-2}$	$\cdots$	$C_n^k p^k q^{n-k}$	$\cdots$	$C_n^n p^n$

或 $p_k=P(X=k)=C_n^k p^k q^{n-k}(k=0,1,2,\cdots,n)$，其中 $0<p<1$，$0<q<1$，$p+q=1$，则称 X 服从**二项分布**，记作 $X \sim B(n,p)$.

二项分布适用于 n 次独立试验，特别在产品的抽样检验中有着广泛的应用.

当二项分布 $n=1$ 时，即为 0—1 分布.

例5 假设产妇生男生女的概率都是 0.5，妇产医院现有 3 名产妇要分娩 3 名新生儿，求所生男孩数 $X=0,1,2,3$ 的概率.

解 产妇生男生女是两个结果的随机试验，其中生男生女的概率 $p=q=0.5$. 3 名产妇分娩就相当于 3 重贝努利试验，因此，所生男孩数 $X \sim B(3,0.5)$，其概率
$$P(X=k)=C_3^k 0.5^k 0.5^{3-k}(k=0,1,2,3).$$

例6 已知某厂生产的螺钉次品率为 1%，任取 200 只螺钉，求其中至少有 5 只次品的概率.

解 设取到的次品数为 X，它是一个随机变量. 根据实际情况，生产的螺钉数量是相当大的，任取 200 只螺钉，可以看作 200 次独立试验，所以 $X \sim B(200,0.01)$，这时
$$p_k=P(X=k)=C_{200}^k(0.01)^k(0.99)^{200-k}.$$

设事件 $A=\{$任取 200 只螺钉中，至少有 5 只次品$\}$，则

$$P(A)=P(X \geqslant 5)=1-P(X<5)=1-\sum_{k=0}^4 C_{200}^k(0.01)^k(0.99)^{200-k}=0.051746.$$

从例6可以看出，当 n 很大时，计算 $p_k=C_n^k p^k q^{n-k}$ 是很麻烦的，为此，我们给出下面的定理.

定理 2.1（泊松定理） 在 n 次独立试验中，以 p_n 表示在一次试验中事件 A 发生的概率. 且随着 n 增大，p_n 在减小. 若 $n \to \infty$ 时有 $\lambda_n=np_n \to \lambda$（常数），则事件 A 发生 k 次的概率为
$$\lim_{n \to \infty} C_n^k p_n^k(1-p_n)^{n-k}=\frac{\lambda^k}{k!}e^{-\lambda}(k=0,1,2,\cdots,n,\cdots).$$

该定理说明，对于二项分布 $B(n,p)$ 来说，当 n 充分大，p 相对很小时（一般 $p \leqslant 0.01$），可用下面的近似公式：

$$C_n^k p_n^k(1-p_n)^{n-k} \approx \frac{\lambda^k}{k!}e^{-\lambda}，\text{其中 } \lambda=np.$$

下面用此公式来计算例6中的 $P(X \geqslant 5)$.

由 $\lambda = np = 200 \times 0.01 = 2$,

$$P(A) \approx 1 - \sum_{k=0}^{4} \frac{2^k}{k!} e^{-2} = 1 - e^{-2}\left(1 + 2 + 2 + \frac{4}{3} + \frac{2}{3}\right) \approx 0.052652.$$

可见利用近似公式计算的误差很小, 可满足一般概率计算中的需要.

同时, $p_k = P(X = k) = \dfrac{\lambda^k}{k!} e^{-\lambda}$ ($k = 0, 1, 2, \cdots, n, \cdots$) 满足分布列的两个性质, 即

$$p_k > 0,$$

且

$$\sum_{k=0}^{\infty} \frac{\lambda^k}{k!} e^{-\lambda} = \lim_{n \to \infty} \sum_{k=0}^{n} \frac{\lambda^k}{k!} e^{-\lambda} = e^{-\lambda} \lim_{n \to \infty} \sum_{k=0}^{n} \frac{\lambda^k}{k!} = 1.$$

数学小讲堂

泊松 (Poisson, 1781—1840), 法国数学家、几何学家和物理学家. 他应用数学方法研究各类物理问题, 并由此得到数学上的发现. 他对积分理论、行星运动理论、热物理、弹性理论、电磁理论、位势理论和概率论都有重要贡献. 泊松是 19 世纪概率统计领域里的卓越人物. 他改进了概率论的运用方法, 特别是统计方面的方法, 建立了描述随机现象的一种概率分布——泊松分布. 他推广了"大数定律", 并导出了在概率论与数理方程中有重要应用的泊松积分.

3. 泊松分布

如果随机变量 $E(X)$ 的分布列为

$$p_k = P(X = k) = \frac{\lambda^k}{k!} e^{-\lambda} \ (k = 0, 1, 2, \cdots, n, \cdots),$$

则称 $E(X)$ 服从**泊松分布**, 记作 $X \sim P(\lambda)$. 其中 λ 为正实数.

泊松分布适用于随机试验的次数 n 很大, 每次试验事件 A 发生的概率 p 很小的情形.

例如, 电话总机某段时间内的呼叫数; 商店某段时间内的顾客流动数; 棉纺厂细纱机上的纱锭在某段时间内的断头个数等随机变量都服从泊松分布.

例 7 某地新生儿先天性心脏病的发病概率为 8‰, 那么该地 120 名新生儿中有 4 人患先天性心脏病的概率有多大?

解 $p = 0.008$, $n = 120$, 从而 $\lambda = np = 0.96$.

记 X 为该地新生儿先天性心脏病的发病人数, 并采用泊松分布 $X \sim P(0.96)$, 得

$$P(X = 4) = \frac{0.96^4}{4!} e^{-4} \approx 0.0136,$$

即该地 120 名新生儿中有 4 人患先天性心脏病的概率约为 0.0136.

例 8 通过某交叉路口的汽车流量服从泊松分布. 若在一分钟内没有汽车通过的概率为 0.2, 求在两分钟内通过多于一辆车的概率.

解 设每分钟通过的汽车数量为随机变量 X. 根据题意, $X \sim P(\lambda)$, 即

$$P(X = k) = \frac{\lambda^k}{k!} e^{-\lambda}.$$

因为 $P(X=0)=0.2$，所以 $\frac{\lambda^0}{0!}e^{-\lambda}=0.2$，即 $\lambda=\ln5$.

于是， $P(X=k)=\frac{1}{5\cdot k!}(\ln5)^k$.

设事件 $A=\{2$ 分钟内通过的车辆多于 1 辆$\}$，则 $\bar{A}=\{2$ 分钟内通过的车辆不多于 1 辆$\}$，它包含以下三种情形：

(1)第一分钟和第二分钟都没有车辆通过，这时记作$\{X=0\}\cdot\{X=0\}$；

(2)第一分钟没有车辆通过，第二分钟有 1 辆车通过，这时记作$\{X=0\}\cdot\{X=1\}$；

(3)第一分钟有 1 辆车通过，第二分钟没有车辆通过，这时记作$\{X=1\}\cdot\{X=0\}$.

由于以上三种情形中事件$\{X=0\}$与$\{X=1\}$的发生是相互独立的，所以

$$P(\bar{A})=P(\{X=0\}\cdot\{X=0\})+P(\{X=0\}\cdot\{X=1\})+P(\{X=1\}\cdot\{X=0\})$$
$$=P(X=0)\cdot P(X=0)+P(X=0)\cdot P(X=1)+P(X=1)\cdot P(X=0)$$
$$=0.2\times0.2+0.2\times\frac{\ln5}{5}+0.2\times\frac{\ln5}{5}\approx0.5286.$$

因此，$P(A)=1-P(\bar{A})\approx1-0.5286=0.4714.$

随堂小练

1. 某篮球运动员，每次投篮的命中率为 0.8，连续投四次. 设投篮次数为随机变量 X，(1)问 X 服从哪种分布？(2)求 $P(X\geqslant1)$.

2. 设 $X\sim P(\lambda)$，已知 $P(X=1)=P(X=2)$，求 $P(X=4)$.

阶段习题五

进阶题

1. 已知随机变量 X 的分布列为

X	-4	-1	0	1
p_k	$\frac{1}{2}$	$\frac{1}{4}$	$\frac{1}{8}$	$\frac{1}{8}$

求$(1)P(X=0)$；$(2)P(X\leqslant0)$；(3) $P(X<0)$；$(4)P(-2\leqslant X\leqslant1)$.

2. 若 $X\sim\begin{pmatrix}0 & 1 & 2\\ 0.1 & 0.5 & 0.4\end{pmatrix}$，求 X 的概率分布函数.

3. 某选手射击的命中率为 $p=0.4$，现射击 5 次，命中次数用 X 表示，求 X 的分布列.

4. 一批产品中有 1% 次品，试问任意抽取多少件产品，才能保证至少有一件次品的概率不小于 0.95？

提高题

1. 5 件产品中有 3 件正品，从中依次抽取产品，每次一件，直到取得正品为止，写出：

(1)每次取后放回，取得正品时所需抽取次数的分布列；

(2)每次取出不放回，取得正品时所需抽取次数的分布列.

2. 袋中装有 2 只红球，13 只白球，每次从中任取一只，取后不放回，连续取三次. 设 X

为取出红球的个数，试写出 X 的分布列.

3. 若 $X \sim \begin{pmatrix} -2 & -1 & 0 & 1 & 2 \\ 0.2 & 0.1 & 0.2 & 0.2 & 0.3 \end{pmatrix}$，求随机变量函数 $Y = X^2 + 1$ 的分布率.

4. 公共汽车站每隔 $5\mathrm{min}$ 有一辆汽车通过. 乘客在任意时刻到达汽车站是等可能的. 求乘客候车时间不超过 $3\mathrm{min}$ 的概率.

拓展阅读

笨小鸟与聪明的鹦鹉——总结经验，做有心人

笨小鸟与聪明的鹦鹉都想从 3 扇同样大小的窗户飞出去，其中只有一扇是打开的，假设窗户打开与否凭借肉眼是看不出来的，必须通过尝试过才知道.

(1)有一只鸟从开着的窗户飞入了房间，它只能从开着的窗户飞出去，鸟在房子里飞来飞去，假定这只鸟是一只笨小鸟，没有记忆，笨小鸟飞向各扇窗户是随机的. 用 X 表示这只笨小鸟为了飞出房间试飞的次数. 试求 X 的分布率.

(2)假设这个户主养的一只鹦鹉是有记忆的. 它飞向任一扇窗户的尝试不多于一次. 户主把房间里聪明的鹦鹉为了飞出房间试飞的次数记作 Y，试求 Y 的分布率.

(3)求试飞的次数 X 小于 Y 的概率，求试飞的次数 Y 小于 X 的概率.

(4)这只笨小鸟飞出房间试飞的平均次数和聪明的鹦鹉飞出房间试飞的平均次数.

解　(1)笨小鸟飞向每一扇窗户是等可能的，所以 $p = 1/3$，X 表示鸟为了飞出房间试飞的次数，X 的取值可以是 1，2，…，笨小鸟如果是第 k 次飞出房间，那么其前面 $k-1$ 次都没有成功飞出房间，第 k 次的成功飞出的概率为 $1/3$，前 $k-1$ 次试飞，每一次失败的概率都是 $2/3$，即 X 服从几何分布. 其分布律为

$$P\{X = k\} = \frac{1}{3}\left(\frac{2}{3}\right)^{k-1} \quad (k = 1, 2, \cdots).$$

(2)设 A_k 表示这只聪明的鹦鹉第 k 次试飞时成功飞出房间，$k = 1, 2, \cdots$，Y 表示这只聪明的鹦鹉为了飞出房间试飞的次数，

$$P\{Y = 1\} = P(A_1) = \frac{1}{3}$$

$$P\{Y = 2\} = P(\overline{A_1} \cdot A_2) = \frac{2}{3} \times \frac{1}{2} = \frac{1}{3}$$

$$P\{Y = 3\} = 1 - P(Y=1) - P(Y=2) = 1 - \frac{1}{3} - \frac{1}{3} = \frac{1}{3}$$

即其分布律为

Y	1	2	3
p_k	$\frac{1}{3}$	$\frac{1}{3}$	$\frac{1}{3}$

(3)试飞的次数 X 小于 Y 的概率，即

$$P\{X < Y\} = P\{X=1\}P\{Y=2\} + P\{X=1\}P\{Y=3\} + P\{X=2\}P\{Y=3\}$$

$$= \frac{1}{3} \times \frac{1}{3} + \frac{1}{3} \times \frac{1}{3} + \frac{2}{3} \times \frac{1}{3} \times \frac{1}{3} = \frac{8}{27}.$$

试飞的次数 Y 小于 X 的概率，即

$$P\{Y < X\} = P\{Y=1\}P\{X>1\} + P\{Y=2\}P\{X>2\} + P\{Y=3\}P\{X>3\}$$

$$= \frac{1}{3} \times \left[\sum_{k=2}^{\infty} \left(\frac{2}{3}\right)^{k-1} \frac{1}{3} + \sum_{k=3}^{\infty} \left(\frac{2}{3}\right)^{k-1} \frac{1}{3} + \sum_{k=4}^{\infty} \left(\frac{2}{3}\right)^{k-1} \frac{1}{3} \right]$$

$$= \frac{1}{9} \times \left[\frac{\frac{2}{3}}{1-\frac{2}{3}} + \frac{\left(\frac{2}{3}\right)^2}{1-\frac{2}{3}} + \frac{\left(\frac{2}{3}\right)^3}{1-\frac{2}{3}} \right] = \frac{1}{3} \times \left(\frac{2}{3} + \frac{4}{9} + \frac{8}{27} \right) = \frac{38}{81}$$

(4)笨小鸟飞出房间试飞的平均次数为

$$E(X) = \sum_{k=1}^{\infty} k \left(\frac{2}{3}\right)^{k-1} \frac{1}{3} = \frac{1}{3} \sum_{k=1}^{\infty} \left[\left(\frac{2}{3}\right)^k \right]' = \frac{1}{3} \left[\sum_{k=1}^{\infty} \left(\frac{2}{3}\right)^k \right]' = 3.$$

聪明的鹦鹉飞出房间试飞的平均次数为 $E(Y) = 1 \times \frac{1}{3} + 2 \times \frac{1}{3} + 3 \times \frac{1}{3} = 2$

从上面的分析可以知道,有记忆和没有记忆对成功飞出去的次数是会不同的,所以在实际生活中我们应该做生活中的有心人,记住成功的经验以及失败的教训,努力做一只聪明的鹦鹉,就能提高办事的效率.

2.4 连续型随机变量及特殊分布

现实生活中的随机变量的取值不都是有限或可数的. 例如,计算机的寿命、乘客在公共汽车站的等车时间等,这些随机变量就可以在某一区间范围连续取值.

若随机变量 X 可在某一区间范围连续取值,则称 X 为**连续型随机变量**.

2.4.1 连续型随机变量的分布

引例 假设射击靶是一半径为 50cm 的圆盘,某人射击总能中靶,但他击中靶圆中心的概率为 0,若以 X 表示中靶点到圆心的距离(见图 2 – 14),则 X 的取值范围为区间(0,50],因此,X 是一个连续型随机变量. 考察事件$\{X \leqslant x\}$:

分析 (1)$x \leqslant 0$ 时,因为 X 是距离,所以 $X \leqslant x < 0$ 是不可能事件,而 $P(X=0)=0$,于是有

$$P(X \leqslant x) = 0;$$

(2)$x > 50$ 时,$X \leqslant 50 < x$ 是必然事件,所以

$$P(X \leqslant x) = 1.$$

(3)假设 $0 < x \leqslant 50$ 时,$P(0 < X \leqslant x) = kx^2$,那么

$$P(X \leqslant x) = P(X \leqslant 0) + P(0 < X \leqslant x) = kx^2;$$

图 2 – 14

且由于射击总中靶知:

$$P(0 < X \leqslant 50) = k \cdot 50^2 = 1, \quad k = \frac{1}{2500}.$$

综合上面讨论,可得到 X 的概率分布函数

$$F(x) = P(X \leqslant x) = \begin{cases} 0 & x \leqslant 0 \\ \dfrac{1}{2500}x^2 & 0 < x \leqslant 50, \\ 1 & x > 50 \end{cases} \quad \text{若令} \ f(t) = \begin{cases} \dfrac{t}{1250} & 0 < t \leqslant 50 \\ 0 & t \leqslant 0, \ t > 50 \end{cases}, \ \text{则有}$$

$(1) f(t) \geqslant 0, \displaystyle\int_{-\infty}^{+\infty} f(t)\mathrm{d}t = \int_0^{50} \frac{t}{1250}\mathrm{d}t = \frac{1}{2500}t^2 \Big|_0^{50} = 1$;

$(2) F'(x) = f(x)(x \neq 50), F(x) = \displaystyle\int_{-\infty}^x f(t)\mathrm{d}t$.

定义 2.14 设 X 是随机变量，如果存在一个非负函数 $f(x)$，对任意实数 a, $b(a < b)$ 满足：

$$P(a \leqslant X < b) = \int_a^b f(x)\mathrm{d}x ,$$

则称 X 为**连续型随机变量**，称 $f(x)$ 为 X 的**概率密度函数**，简称**概率密度**或**分布密度**.

对此定义，我们要补充说明以下几点：

(1) a 可为 $-\infty$，b 可为 $+\infty$，相应的定积分成为收敛的广义积分(无穷积分)；

(2) 连续型随机变量 X 取任一实数值的概率为零，即 $P(X = c) = 0$，c 为任意实数. 因此，不难推出以下结果：

$$P(a < X < b) = P(a < X \leqslant b) = P(a \leqslant X < b) = P(a \leqslant X \leqslant b) = \int_a^b f(x)\mathrm{d}x .$$

(3) 由定积分的几何意义可知，定义 2.14 以及上式中所出现的概率，如 $P(a \leqslant X < b)$，在数值上等于曲线 $y = f(x)$、x 轴、直线 $x = a$ 和 $x = b$ 围成的曲边梯形的面积.

连续型随机变量 X 的概率密度函数具有如下两个性质：

性质 2.4 $f(x) \geqslant 0$，$-\infty < x < +\infty$；

性质 2.5 $\displaystyle\int_{-\infty}^{+\infty} f(x)\mathrm{d}x = 1$.

例 1 设函数 $f(x) = \begin{cases} \sin x & x \in D \\ 0 & x \notin D \end{cases}$，在下列指定区间 D 上它能否满足随机变量 X 的概率密度函数的两个性质？

$(1) \left[0, \dfrac{\pi}{2}\right]$； $(2) [0, \pi]$； $(3) \left[0, \dfrac{3}{2}\pi\right]$.

解 (1) 因为在 $\left[0, \dfrac{\pi}{2}\right]$ 上，$f(x) \geqslant 0$，且 $\displaystyle\int_{-\infty}^{+\infty} f(x)\mathrm{d}x = \int_0^{\frac{\pi}{2}} \sin x\mathrm{d}x = -\cos x \Big|_0^{\frac{\pi}{2}} = 1$，

所以在 $\left[0, \dfrac{\pi}{2}\right]$ 上，$f(x)$ 满足两个性质.

(2) 在 $[0, \pi]$ 上，$f(x) = \sin x \geqslant 0$，即满足性质 2.4，但 $\displaystyle\int_{-\infty}^{+\infty} f(x)\mathrm{d}x = \int_0^{\pi} \sin x\mathrm{d}x =$

$-\cos x \Big|_0^{\pi} = 2$，不满足性质 2.5.

（3）在 $\left[0,\frac{3}{2}\pi\right]$ 上，$f(x)=\sin x$ 不能保持 $f(x)\geqslant0$，故不满足性质 2.4，但由于

$$\int_{-\infty}^{+\infty}f(x)\,\mathrm{d}x=\int_{0}^{\frac{3}{2}\pi}\sin x\mathrm{d}x=-\cos x\Big|_{0}^{\frac{3}{2}\pi}=1,$$

所以它满足性质 2.5.

例2 若连续型随机变量 X 的概率密度 $f(x)=\begin{cases}kx & 0\leqslant x\leqslant1\\0 & x<0,\ x>1\end{cases}$，求 k.

解 由 $\int_{-\infty}^{+\infty}f(x)\,\mathrm{d}x=1$，得

$$\int_{-\infty}^{+\infty}f(x)\,\mathrm{d}x=\int_{0}^{1}kx\mathrm{d}x=k\frac{x^2}{2}\Big|_{0}^{1}=\frac{k}{2}=1,\ \text{故}\ k=2.$$

例3 设随机变量 X 的概率密度函数为

$$f(x)=\begin{cases}\dfrac{1}{b-a} & a\leqslant x\leqslant b(a<b)\\0 & x<a,\ x>b\end{cases},\ \text{求}\ X\ \text{的分布函数}\ F(x).$$

解 由分布函数定义 $F(x)=P(X\leqslant x)=\int_{-\infty}^{x}f(t)\,\mathrm{d}t$，可得当 $x<a$ 时，$f(x)=0$，

故 $F(x)=\int_{-\infty}^{x}f(t)\,\mathrm{d}t=\int_{-\infty}^{x}0\cdot\mathrm{d}t=0$；当 $a\leqslant x\leqslant b$ 时，$f(x)=\dfrac{1}{b-a}$，故

$$F(x)=P(X\leqslant x)=\int_{-\infty}^{x}f(t)\,\mathrm{d}t=\int_{-\infty}^{a}f(t)\,\mathrm{d}t+\int_{a}^{x}f(t)\,\mathrm{d}t=\int_{a}^{x}\frac{1}{b-a}\mathrm{d}t=\frac{x-a}{b-a};$$

当 $x>b$ 时，有 $f(x)=0$，故 $F(x)=\int_{-\infty}^{x}f(t)\,\mathrm{d}t=\int_{-\infty}^{a}0\cdot\mathrm{d}t+\int_{a}^{b}\frac{1}{b-a}\mathrm{d}t+\int_{b}^{x}0\cdot\mathrm{d}t=1.$

所以，随机变量 X 的分布函数为

$$F(x)=P(X\leqslant x)=\begin{cases}0 & x<a\\\dfrac{x-a}{b-a} & a\leqslant x\leqslant b,\\1 & x>b\end{cases}$$

不难看出，分布函数 $F(x)$ 具有如下性质：

（1）$0\leqslant F(x)\leqslant1$，且 $F(-\infty)=\lim\limits_{x\to-\infty}P(X\leqslant x)=0$，$F(+\infty)=\lim\limits_{x\to+\infty}P(X\leqslant x)=1$；

（2）$F(x)$ 是单调不减函数，即当 $x_1<x_2$ 时，$F(x_1)\leqslant F(x_2)$；

（3）$P(a\leqslant X\leqslant b)=\int_{a}^{b}f(x)\,\mathrm{d}x=F(b)-F(a)$.

1. 利用分布函数求概率

若已知连续型随机变量 X 的概率分布函数 $F(x)=P(X\leqslant x)$，则

$$P(X\leqslant b)=F(b),\ P(X>a)=1-P(X\leqslant a)=1-F(a),$$
$$P(a<X\leqslant b)=P(X\leqslant b)-P(X\leqslant a)=F(b)-F(a).$$

于是便建立起了利用概率分布函数求概率的计算公式：

$$P(X\leqslant b)=F(b),\ P(X>a)=1-F(a);$$
$$P(a<X\leqslant b)=F(b)-F(a).$$

 20 随机变量的分布函数

例 4　若连续型随机变量 X 的概率分布函数

$$F(x) = \begin{cases} 0 & x < 0 \\ x^2 & 0 \leqslant x \leqslant 1 \\ 1 & x > 1 \end{cases},$$

求概率 $P(X \leqslant 0.4)$，$P(X > 0.5)$ 和 $P(0.2 < X \leqslant 0.6)$.

解　注意：$F(x) = P(X \leqslant x)$.

(1) 由公式 $P(X \leqslant b) = F(b)$，得
$$P(X \leqslant 0.4) = F(0.4) = 0.4^2 = 0.16;$$

(2) 由公式 $P(X > a) = 1 - F(a)$，得
$$P(X > 0.5) = 1 - F(0.5) = 1 - 0.5^2 = 0.75,$$

(3) 由公式 $P(a < X \leqslant b) = F(b) - F(a)$，得
$$P(0.2 \leqslant X \leqslant 0.6) = F(0.6) - F(0.2) = 0.36 - 0.04 = 0.32.$$

2. 利用密度函数求概率

若已知连续型随机变量 X 的密度函数 $f(t)$，则

$$P(a < X \leqslant b) = F(b) - F(a) = \int_{-\infty}^{b} f(t)\,dt - \int_{-\infty}^{a} f(t)\,dt = \int_{a}^{b} f(t)\,dt;$$

$$P(X \leqslant b) = P(-\infty < X \leqslant b) = \int_{-\infty}^{b} f(t)\,dt,$$

$$P(X > a) = P(a < X \leqslant +\infty) = \int_{a}^{+\infty} f(t)\,dt.$$

于是便建立起了用密度函数求概率的计算公式：

$$P(a < X \leqslant b) = \int_{a}^{b} f(t)\,dt;$$

$$P(X \leqslant b) = \int_{-\infty}^{b} f(t)\,dt;$$

$$P(X > a) = \int_{a}^{+\infty} f(t)\,dt.$$

例 5　若连续型随机变量 X 的概率密度

$$f(x) = \begin{cases} 3x^2 & 0 \leqslant x \leqslant 1 \\ 0 & x < 0,\ x > 1 \end{cases},$$

求概率 $P(X \leqslant 0.6)$，$P(X > 0.8)$ 和 $P(0.2 < X \leqslant 2)$.

解　由计算公式，得

$$P(X \leqslant 0.6) = \int_{-\infty}^{0.6} f(x)\,dx = \int_{0}^{0.6} 3x^2\,dx = x^3 \Big|_{0}^{0.6} = 0.216,$$

$$P(X > 0.8) = \int_{0.8}^{\infty} f(x)\,dx = \int_{0.8}^{1} 3x^2\,dx = x^3 \Big|_{0.8}^{1} = 0.488,$$

$$P(0.2 < X \leqslant 2) = \int_{0.2}^{2} f(x)\,dx = \int_{0.2}^{1} 3x^2\,dx = x^3 \Big|_{0.2}^{1} = 0.992.$$

随堂小练

1. 若连续型随机变量 X 的概率密度 $f(x) = \begin{cases} kx^2 & 0 \leqslant x \leqslant 1 \\ 0 & x < 0,\ x > 1 \end{cases}$，求 k.

2. 若连续型随机变量 X 的概率分布函数

$$F(x) = \begin{cases} 0 & x < 0 \\ x^3 & 0 \leq x \leq 1, \\ 1 & x > 1 \end{cases}$$

求概率 $P(X \leq 0.3)$，$P(X > 0.7)$ 和 $P(0.2 < X \leq 0.8)$.

3. 若连续型随机变量 X 的概率密度

$$f(x) = \begin{cases} 2x & 0 \leq x \leq 1 \\ 0 & x < 0, \ x > 1 \end{cases},$$

求概率 $P(X \leq 0.3)$，$P(X > 0.2)$，$P(0.1 < X \leq 1.5)$.

阶段习题六

进阶题

1. 设随机变量 X 的概率密度函数为 $f(x) = \begin{cases} Cx & 0 \leq x \leq 1 \\ 0 & x < 0, \ x > 1 \end{cases}$，

求：(1) 常数 C；(2) X 落在区间 $(0.3, 0.7)$ 和 $(0.5, 1.2)$ 内的概率.

2. 已知随机变量 X 的概率密度函数为

$$f(x) = \begin{cases} \dfrac{1}{2} & 2 \leq x \leq 4 \\ 0 & x < 2, \ x > 4 \end{cases},$$

求：$(1) P(X > 3)$；$(2) P(-1 \leq X < 3)$；$(3) P(X \geq 2)$.

3. 若 X 的概率分布函数 $F(x) = P(X \leq x) = \begin{cases} 0 & x < 0 \\ x^4 & 0 \leq x \leq 1, \\ 1 & x > 1 \end{cases}$ 求概率 $P(0.2 < X \leq 0.8)$.

4. 若 X 的概率密度 $f(x) = \begin{cases} 3x^2 & 0 \leq x \leq 1 \\ 0 & x < 0, \ x > 1 \end{cases}$，求 $P(0.2 < X \leq 1.5)$.

提高题

1. 设随机变量 X 的概率密度函数为

$$f(x) = \begin{cases} ax^2 & -\dfrac{1}{2} \leq x \leq \dfrac{1}{2} \\ 0 & x < -\dfrac{1}{2}, \ x > \dfrac{1}{2} \end{cases},$$ 求：(1) 系数 a；(2) 分布函数 $F(x)$.

2. 已知随机变量 X 的分布函数为 $F(x) = \begin{cases} 1 - e^{-\lambda x} & x \geq 0 \\ 0 & x < 0 \end{cases}$，求它的概率密度函数.

3. 设随机变量 X 的分布函数为 $F(x) = \begin{cases} 0 & x < 0 \\ Ax^2 & 0 \leq x \leq 1, \\ 1 & x > 1 \end{cases}$

求：(1) 系数 A；$(2) P(0.3 < X < 0.7)$；(3) X 的概率密度函数.

2.4.2 几种常见的连续型随机变量

常见的连续型随机变量的分布有均匀分布、指数分布和正态分布.

1. 均匀分布

> **定义 2.15** 如果随机变量 X 的概率密度函数为
> $$f(x) = \begin{cases} \dfrac{1}{b-a} & a < x < b \\ 0 & x \leqslant a,\ x \geqslant b \end{cases},$$
> 则称 X 服从区间 $(a,\ b)$ 上的均匀分布，记为 $X \sim U(a,\ b)$.

其图形如图 $2-15$ 所示. 不难推得，若 $X \sim U(a,\ b)$，则其概率分布函数为
$$F(x) = \begin{cases} 0 & x \leqslant a \\ \dfrac{x-a}{b-a} & a < x < b \\ 1 & x \geqslant b \end{cases}.$$

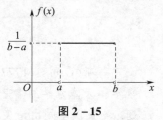

图 $2-15$

例 6 设电阻的阻值 X 是一个随机变量，均匀分布在 $900\Omega \sim 1100\Omega$ 上. 求 X 的概率密度函数及 X 落在 $[950,\ 1050]$ 内的概率.

解 根据题意，电阻值 X 的概率密度函数为
$$f(x) = \begin{cases} \dfrac{1}{1100-900} & 900 \leqslant x \leqslant 1100 \\ 0 & x < 900,\ x > 1100 \end{cases}, \quad \text{即} \ f(x) = \begin{cases} \dfrac{1}{200} & 900 \leqslant x \leqslant 1100 \\ 0 & x < 900,\ x > 1100 \end{cases}.$$

所以，$P(950 \leqslant X \leqslant 1050) = \displaystyle\int_{950}^{1050} \dfrac{1}{200} \mathrm{d}x = 0.5$.

2. 指数分布

> **定义 2.16** 如果随机变量 X 的概率密度函数为
> $$f(x) = \begin{cases} \lambda \mathrm{e}^{-\lambda x} & x \geqslant 0 \\ 0 & x < 0 \end{cases} (\lambda > 0),$$
> 则称 X 服从参数为 λ 的指数分布，记为 $X \sim E(\lambda)$.

不难推得，若 $X \sim E(\lambda)$，则其概率分布函数 $F(x) = \begin{cases} 1 - \mathrm{e}^{-\lambda x} & x \geqslant 0 \\ 0 & x < 0 \end{cases}$. 下面是生活中服从指数分布的一个例子.

例 7 假设某种电子元件的寿命 X(单位：年)服从参数为 0.5 的指数分布，求该种电子元件寿命超过 2 年的概率.

解 由题设知：$X \sim E(1.5)$，因此，X 的概率分布函数为
$$F(x) = \begin{cases} 1 - \mathrm{e}^{-0.5x} & x \geqslant 0 \\ 0 & x < 0 \end{cases},$$

故 $P(X > 2) = 1 - F(2) = \mathrm{e}^{-1} \approx 0.3679$.

3. 正态分布

> **定义 2.17** 如果连续型随机变量 X 的概率密度函数为
>
> $$f(x) = \frac{1}{\sqrt{2\pi}\sigma} e^{-\frac{(x-\mu)^2}{2\sigma^2}} \qquad (-\infty < x < +\infty),$$
>
> 其中 μ、σ 为常数，且 $\sigma > 0$，则称 X 服从**正态分布 $N(\mu, \sigma^2)$**，记作 $X \sim N(\mu, \sigma^2)$.

从密度函数表达式中可知，正态分布完全可以由常数 μ 和 σ 这两个参数确定. 换句话说，对于不同的 μ 和 σ 的值，可以得到不同的概率密度函数.

正态分布概率密度函数 $f(x)$ 的图形称为**正态曲线**（或高斯曲线）.

数学小讲堂

高斯（Gauss，1777—1855）德国数学家、天文学家和物理学家. 1809 年，高斯发表了数学和天体力学的名著《绕日天体运动的理论》，此书末尾涉及的就是误差分布的确定问题. 测量误差是由诸多因素形成的，每种因素影响都不大，按中心极限定理，误差理应有正态分布，高斯这项工作对后世的影响极大，这使得正态分布也有了高斯分布的名称.

图 2-16 中绘出的三条正态曲线，他们的 μ 都等于 0，σ 分别为 2，1，0.5；图 2-17 中绘出的三条正态曲线，它们的 μ 都等于 1，σ 分别为 2，1，0.5. 从图中可以看出，正态曲线具有以下的性质：

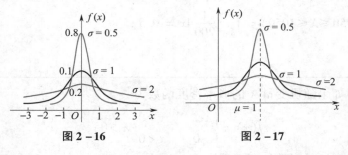

图 2-16　　　　　　　　　图 2-17

（1）曲线位于 x 轴的上方，以直线 $x = \mu$ 为对称轴，它向左、向右对称地无限延伸，并且以 x 轴为渐进线；

（2）当 $x = \mu$ 时曲线处于最高点，当 x 向左、右远离 μ 时，曲线逐渐降低，整条曲线呈现"中间高，两边低"的钟形形状.

由于曲线对称于直线 $x = \mu$，因此参数 μ 的大小决定曲线的位置（即随机变量取值的集中位置）；参数 σ 的大小决定曲线的形状，σ 越大，曲线越"矮胖"（即随机变量取值越分散）；σ 越小，曲线越"高瘦"（即随机变量取值越集中于 $x = \mu$ 的附近）.

但是不论 μ、σ 取什么可取值，正态曲线与 x 轴围成的"开口曲边梯形"的面积恒等于 1，即

$$\int_{-\infty}^{+\infty} \frac{1}{\sqrt{2\pi}\sigma} e^{-\frac{(x-\mu)^2}{2\sigma^2}} \, \mathrm{d}x = 1.$$

特别地，当 $\mu = 0$，$\sigma = 1$ 时，随机变量 X 的概率密度函数为 $f(x) = \dfrac{1}{\sqrt{2\pi}}\mathrm{e}^{-\frac{x^2}{2}}$，这种正态分布称为**标准正态分布**，记作 $N(0，1)$．通常把相应的概率密度函数记作 $\varphi(x)$，即

$$\varphi(x) = \frac{1}{\sqrt{2\pi}}\mathrm{e}^{-\frac{x^2}{2}}，\quad -\infty < x < +\infty．$$

下面讨论正态分布的概率计算问题．

根据分布函数的定义，正态分布 $N(\mu，\sigma^2)$ 的分布函数为 $y = \varphi(t)$

$$F(x) = P(X \leqslant x) = \int_{-\infty}^{x} \frac{1}{\sqrt{2\pi}\sigma}\mathrm{e}^{-\frac{(t-\mu)^2}{2\sigma^2}}\mathrm{d}t．$$

标准正态分布 $N(0，1)$ 的分布函数通常记作 $\varPhi(x)$，则

$$\varPhi(x) = \int_{-\infty}^{x} \frac{1}{\sqrt{2\pi}}\mathrm{e}^{-\frac{t^2}{2}}\mathrm{d}t．$$

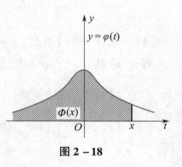

图 2 - 18

如图 2 - 18 所示，对于确定的 $x \in (-\infty，+\infty)$，$\varPhi(x)$ 的值等于图中阴影部分的面积．由于积分 $\varPhi(x) = \displaystyle\int_{-\infty}^{x} \frac{1}{\sqrt{2\pi}}\mathrm{e}^{-\frac{t^2}{2}}\mathrm{d}t$ 不能用普通的积分法进行计算，因此可以利用**标准正态分布函数表**计算事件 $\{X \leqslant x\}$ 的概率，即查表求出 $\varPhi(x) = \displaystyle\int_{-\infty}^{x} \frac{1}{\sqrt{2\pi}}\mathrm{e}^{-\frac{t^2}{2}}\mathrm{d}t = P(X \leqslant x)．$

一般的标准正态分布函数表中只给出 $\varPhi(x)$ $(x > 0)$ 的值，$\varPhi(-x)$ 可利用公式 $\varPhi(-x) = 1 - \varPhi(x)$ 求得．

数 学 小 讲 堂

棣莫弗（De Moiver，1667—1754），数学家，1695 年写出颇有见地的有关流数术学的论文，并成为牛顿的好友．1697 年，他当选为英国皇家学会会员，为解决二项分布的近似，得到了历史上第一个中心极限定理，并由此发现了正态分布的密度形式．

例 8 若 $X \sim N(0，1)$，求 $P(X < -1)$

解 由公式 $\varPhi(-x) = 1 - \varPhi(x)$，得 $P(X < -1) = \varPhi(-1) = 1 - \varPhi(1) = 1 - 0.8413 = 0.1587．$

若要计算 X 落在区间 $(a，b)$ 的概率，可按下式计算

$$P(a < X < b) = \int_a^b \frac{1}{\sqrt{2\pi}}\mathrm{e}^{-\frac{t^2}{2}}\mathrm{d}t = \int_{-\infty}^b \frac{1}{\sqrt{2\pi}}\mathrm{e}^{-\frac{t^2}{2}}\mathrm{d}t - \int_{-\infty}^a \frac{1}{\sqrt{2\pi}}\mathrm{e}^{-\frac{t^2}{2}}\mathrm{d}t = \varPhi(b) - \varPhi(a)，$$

即 $\quad P(a < X < b) = \varPhi(b) - \varPhi(a)．$

例 9 若 $X \sim N(0，1)$，求 $(1)\,P(-2.32 < X < 1.2)$；$(2)\,P(X > 2)$．

解 $(1)\;P(-2.32 < X < 1.2) = \varPhi(1.2) - \varPhi(-2.32)$

$\qquad = \varPhi(1.2) - [1 - \varPhi(2.32)] = \varPhi(1.2) + \varPhi(2.32) - 1 = 0.8849 + 0.9898 - 1$

$\qquad = 0.8747；$

(2) $P(X>2)=1-P(X\leqslant2)=1-\Phi(2)=1-0.9772=0.0228.$

例 10 若 $X\sim N(0,1)$，且 $P(X<a)=0.1587$，求 a.

解 因为 $P(X<a)=\Phi(a)=0.1587<0.5$，所以 $a<0$，故 $\Phi(-a)=1-\Phi(a)=1-0.1587=0.8413$. 查标准正态分布表，可得 $-a=1.0$，即 $a=-1.0$.

任何一个服从正态分布的随机变量 X，都可以通过变换化为服从标准正态分布的随机变量 $Y(Y$ 叫作标准化随机变量，变换的过程叫作标准化变换). 即

如果 $X\sim N(\mu,\sigma^2)$，那么令 $Y=\dfrac{X-\mu}{\sigma}$，则 $Y\sim N(0,1)$. 即

$$P(X\leqslant x)=P\left(\frac{X-\mu}{\sigma}\leqslant\frac{x-\mu}{\sigma}\right)=P\left(Y\leqslant\frac{x-\mu}{\sigma}\right)=\Phi\left(\frac{x-\mu}{\sigma}\right).$$

例 11 若 $X\sim N(1,2^2)$，求 (1) $P(X\leqslant3)$；(2) $P(X<0)$；(3) $P(-2\leqslant X\leqslant2)$.

解 这里 $\mu=1$，$\sigma=2$，所以

$(1)P(X\leqslant3)=\Phi\left(\dfrac{3-1}{2}\right)=\Phi(1)=0.8431;$

$(2)P(X<0)=\Phi\left(\dfrac{0-1}{2}\right)=\Phi(-0.5)=1-\Phi(0.5)=1-0.6915=0.3085;$

$(3)P(-2\leqslant X\leqslant2)=P(X\leqslant2)-P(X<-2)=\Phi\left(\dfrac{2-1}{2}\right)-\Phi\left(\dfrac{-2-1}{2}\right)$

$$=\Phi(0.5)-\Phi(-1.5)=\Phi(0.5)+\Phi(1.5)-1$$
$$=0.6915+0.9332-1=0.6247.$$

例 12 已知 $X\sim N(\mu,\sigma^2)$，求 X 取值落在区间 $(\mu-k\sigma,\mu+k\sigma)$ 之间的概率 $(k=1,2,3)$.

解 $P(\mu-k\sigma<X<\mu+k\sigma)=P(X<u+k\sigma)-P(X\leqslant u-k\sigma)$

$$=\Phi\left(\frac{\mu+k\sigma-\mu}{\sigma}\right)-\Phi\left(\frac{\mu-k\sigma-\mu}{\sigma}\right)=\Phi(k)-\Phi(-k)=2\Phi(k)-1,$$

查标准正态分布表，当 $k=1,2,3$ 得

$$P(\mu-\sigma<X<\mu+\sigma)=2\Phi(1)-1=0.6827;$$
$$P(\mu-2\sigma<X<\mu+2\sigma)=2\Phi(2)-1=0.9545;$$
$$P(\mu-3\sigma<X<\mu+3\sigma)=2\Phi(3)-1=0.9973.$$

上式说明，服从正态分布的随机变量有 99.73% 的可能性落在 $(\mu-3\sigma,\mu+3\sigma)$ 之间，也就是说正态随机变量几乎都分布在 $(\mu-3\sigma,\mu+3\sigma)$ 之中，通常叫作 3σ 原理，这个结论在数理统计中有重要的作用.

应用案例 [产品的使用寿命] 某商店购进一批灯泡，其使用寿命的分布近似于 μ 为 1000 小时，σ 为 50 小时的正态分布，试求任取一只灯泡，其使用寿命在 (1) 950~1050 小时之间的概率；(2) 850~1150 小时之间的概率.

解 设 X 为该种灯泡的使用寿命，则

$(1)\ P(950<X<1050)=P(X<1050)-P(X\leqslant950)=\Phi\left(\dfrac{1050-1000}{50}\right)-\Phi\left(\dfrac{950-1000}{50}\right)$

$$=\Phi(1)-\Phi(-1)=2\Phi(1)-1=0.6826;$$

(2) $P(850<X<1150)=\Phi\left(\dfrac{1150-1000}{50}\right)-\Phi\left(\dfrac{850-1000}{50}\right)=2\Phi(3)-1=0.9973.$

对照前面的 3σ 原理，$\mu=1000$，$\sigma=50$，$\mu+3\sigma=1150$，$\mu-3\sigma=850$，故灯泡寿命在 $\mu-3\sigma$ 到 $\mu+3\sigma$ 的概率为 99.73%.

随堂小练

1. 已知 $\Phi(0.5)=0.6915$，$\Phi(1)=0.8413$，连续型随机变量 $X\sim N(3，4)$，求 $P(2<X\leqslant 5)$.

2. 已知 $\Phi(0)=0.5$，若 $X\sim N(1，4)$，求 $P(1<X\leqslant 3)$.

3. 已知 $\Phi(0.83)=0.7967$，假设某地区 18 岁女青年的血压（收缩压）$X\sim N(110，12^2)$，在该地区任选一位 18 岁女青年，求她的血压在 100 至 120 之间的概率.

4. 已知 $\Phi(1.29)=0.9$，某项竞赛成绩 $X\sim N(65，10^2)$，若按参赛人数的 10% 发奖，问获奖分数线应定为多少？

阶段习题七

进阶题

1. 设 $X\sim N(0，1)$，查标准正态分布表求：

(1) $P(X<1.48)$；　　　　(2) $P(X>0.72)$；　　　　(3) $P(X<-1.52)$；

(4) $P(X>-1.52)$；　　　(5) $P(-1<X<0.55)$.

2. 设 $X\sim N(0，1)$，求下列各式中 a 的值：

(1) $P(X<a)=0.9729$；　　(2) $P(X<a)=0.1314$；　　(3) $P(X>a)=0.0262$；

(4) $P(X>a)=0.6217$.

3. 设 $X\sim N(2，3^2)$，求：

(1) $P(X<2.5)$；　　　　(2) $P(X<-2.5)$；　　　　(3) $P(X>2.5)$；

(4) $P(X<3.5)$；　　　　(5) $P(-2.5<X<2.5)$.

提高题

1. 设电阻值 R 是均匀分布在 $800\Omega\sim 1000\Omega$ 范围内的随机变量，求 R 的概率密度及 R 落在 $900\Omega\sim 950\Omega$ 范围内概率.

2. 若某种日光灯管的使用寿命 X（单位：小时）服从参数为 $\dfrac{1}{2000}$ 的指数分布，求该种日光灯管能正常使用 1000 小时的概率.

3. 某厂生产的螺栓长度 X 服从正态分布 $N(8.5，0.65^2)$，规定长度在范围 8.5 ± 0.1 内的为合格，求生产的螺栓是合格品的概率.

拓展阅读

高斯与正态分布

正态分布是重要的一种概率分布. 其曲线一般中间高，两边完全对称，并逐渐下降到无限接近横坐标轴，学术上称之为钟形曲线. 正态分布里有两个重要参数，它们决定了曲线图像的具体形态：对称平均数 μ，也就是钟形曲线最高点在横坐标上的位置，其期望值决定了分布的位置；标准差 σ，决定了整个曲线的分布幅度.

正态分布概念是由数学家和天文学家棣·莫弗于 1733 年首次提出的，但由于德国数学家高斯率先将其应用于天文学研究，故正态分布又叫高斯分布. 高斯这项工作对后世的影响极大，使正态分布同时有了"高斯分布"的名称. 高斯既对纯理论数学有深刻的洞察力，又极其重视数学在实践中的应用. 在误差分布的处理中，高斯以极其简单的手法确立了随机误差的概率分布，其结果成为数理统计发展史上的里程碑.

高斯的介入首先要从天文学界的一个事件说起. 1801 年 1 月，天文学家朱塞普·皮亚齐发现了一颗从未见过的小行星，这颗现在被称作谷神星（Ceres）的小行星在夜空中出现 6 个星期，扫过 8 度角后就在太阳的光芒下没了踪影，无法观测. 而留下的观测数据有限，难以计算出它的轨道，天文学家也因此无法确定这颗新星是彗星还是行星，这个问题很快成了学术界关注的焦点. 高斯当时已经是很有名望的年轻数学家了，这个问题引起了他的兴趣. 高斯以其卓越的数学才能创立了一种崭新的行星轨道的计算方法，一个小时之内就计算出了行星的轨道，并预言了它在夜空中出现的时间和位置. 1801 年 12 月 31 日，德国天文爱好者奥伯斯在高斯预言的时间里，用望远镜对准了天空. 果然不出所料，谷神星出现了！

高斯为此名声大震，但是他当时拒绝透露计算轨道的方法，原因可能是他认为自己的方法的理论基础还不够成熟. 高斯一向治学严谨、精益求精，不轻易发表没有思考成熟的理论. 直到 1809 年，高斯系统地完善了相关的数学理论后，才将他的方法公布于众，而其中使用的数据分析方法，就是以正态误差分布为基础的最小二乘法. 在高斯公布之初，也许人们还只能从其理论的简化上来评价其优越性，其全部影响还不能被充分看出来. 20 世纪正态小样本理论充分发展起来以后，皮埃尔·西蒙·拉普拉斯很快得知高斯的工作，并马上将其与他发现的中心极限定理联系起来. 为此，他在即将发表的一篇文章（发表于 1810 年）上加上了一点补充，指出如若误差可看成许多量的叠加，根据中心极限定理，误差理应有高斯分布. 这是历史上第一次提到所谓"元误差学说"——误差是由大量的、种种原因产生的元误差叠加而成的. 到 1837 年，海根在一篇论文中正式提出了这个学说.

21 数学期望与方差

2.5 数学期望与方差

随机变量的分布是对随机变量的一种整体的描述. 但对一般随机变量，知道一个随机变量的概率分布函数，也就掌握了这个随机变量的统计规律性. 要完全确定一个随机变量的概率分布函数是较困难的，不过在许多实际问题中，人们并不需要完全知道随机变量的分布，只要得到它的某些特征就够了. 了解一个事物的本质不一定非要弄清它的所有细节，有时只需知道事物的某些特征就能对事物进行有效描述.

例如，准确确定明天每一时刻的气温基本上是不可能的事，气象台通常是通过预报最高气温、最低气温、平均气温来对明天的气温进行描述. 在测量某物体的长度时，由于各种随机因素的影响，测量的结果是随机变量. 在实际工作中，我们往往关心的是测量长度的平均数——物体的平均长度，以及所测得的长度与平均长度的偏离程度（偏离程度越小，表示测量结果的精度越高）. "平均长度"与"偏离程度"都表现为一些数字，这些数字反映了随机变量的某些特征，通常把表示随机变量取值的平均状况和偏离程度等这样一些量，叫作随机变量的**数字特征**.

在本节中我们将主要介绍随机变量的两个典型的数字特征，即反映随机变量概率分布的平均与分散程度的指标——**数学期望和方差**.

2.5.1 数学期望

1. 离散型随机变量的数学期望

引例 1 某班有 20 人，某次测验成绩按分数段分组取中值（即组中值）的人数分布见表 2 - 4，试估计该班该次测验的平均成绩.

表 2 - 4

成绩	65	75	85	95	100
人数	1	4	8	5	2

分析 将测验成绩乘人数后相加，然后再除以总人数，即得该班该次测验的平均成绩：

$$\overline{U} = \frac{65 \times 1 + 75 \times 4 + 85 \times 8 + 95 \times 5 + 100 \times 2}{20} = 86.$$

上式也可将分子拆项后进行计算：

$$\overline{U} = 65 \times \frac{1}{20} + 75 \times \frac{4}{20} + 85 \times \frac{8}{20} + 95 \times \frac{5}{20} + 100 \times \frac{2}{20} = 86.$$

如果记测验成绩 $X \sim \begin{pmatrix} 65 & 75 & 85 & 95 & 100 \\ 1/20 & 4/20 & 8/20 & 5/20 & 2/20 \end{pmatrix}$，上式说明平均值 $\overline{U}$ 的计算可用 X 的取值与它出现的频率相乘后求和，从而导出下面定义.

> **定义 2.18** 如果离散型随机变量 X 的分布列为
>
> | X | x_1 | x_2 | $\cdots$ | x_n |
> |---|---|---|---|---|
> | P_n | p_1 | p_2 | $\cdots$ | p_n |
>
> 则称 $x_1 p_1 + x_2 p_2 + \cdots + x_n p_n = \sum_{k=1}^{n} x_k p_k$ 为 X 的**数学期望**（简称**期望**或**均值**），记作 $E(X)$，即
>
> $$E(X) = \sum_{k=1}^{n} x_k p_k.$$

当 X 的可取值是无穷可列个时，要求级数 $\sum_{k=1}^{\infty} |x_k| p_k$ 收敛，否则就说 X 的数学期望不存在.

对于离散型随机变量 X 的函数 $Y = f(X)$ 的数学期望有如下公式.

如果 $f(X)$ 的数学期望存在，则

$$E[f(X)] = \sum_{k=1}^{n} f(x_k) p_k (k = 1, 2, \cdots).$$

引例 2 A、B 两台自动机床，生产同一种标准件，生产 1000 只产品所出的次品数各用 X、Y 来表示，经过一段时间的考察，X、Y 的分布列分别如下：

X	0	1	2	3
$P(X=k)$	0.7	0.1	0.1	0.1

Y	0	1	2	3
$P(Y=k)$	0.5	0.3	0.2	0.0

问哪一台机床加工的质量好些?

解 质量好坏,可以用随机变量 X 和 Y 的均值来比较

$$E(X) = 0 \times 0.7 + 1 \times 0.1 + 2 \times 0.1 + 3 \times 0.1 = 0.6$$

$$E(Y) = 0 \times 0.5 + 1 \times 0.3 + 2 \times 0.2 + 3 \times 0.0 = 0.7$$

因为 $E(X) < E(Y)$,所以自动机床 A 在 1000 只产品中,所出的次品平均数较少;从这个意义上来说,自动机床 A 所加工的产品的质量较高.

例 1 设随机变量 X 的概率分布为

X	-1	0	2	3
P_k	$\dfrac{1}{8}$	$\dfrac{1}{4}$	$\dfrac{3}{8}$	$\dfrac{1}{4}$

求 $E(X)$ 和 $E(X^2)$.

解 $E(X) = (-1) \times \dfrac{1}{8} + 0 \times \dfrac{1}{4} + 2 \times \dfrac{3}{8} + 3 \times \dfrac{1}{4} = \dfrac{11}{8}$;

$E(X^2) = (-1)^2 \times \dfrac{1}{8} + 0^2 \times \dfrac{1}{4} + 2^2 \times \dfrac{3}{8} + 3^2 \times \dfrac{1}{4} = \dfrac{31}{8}$.

2. 连续型随机变量的数学期望

定义 2.19 设 $f(x)$ 是连续型随机变量 X 的概率密度函数,若积分 $\displaystyle\int_{-\infty}^{+\infty} x \left| f(x) \right| \mathrm{d}x$ 收敛,则称

$$\text{积分} \int_{-\infty}^{+\infty} x f(x) \mathrm{d}x$$

为连续型随机变量 X 的数学期望,记作 $E(X)$,即 $E(X) = \displaystyle\int_{-\infty}^{+\infty} x f(x) \mathrm{d}x$.

同样,对于连续型随机变量 X 的函数 $Y = g(X)$ 的数学期望有如下公式.

如果 $g(X)$ 的数学期望存在,则

$$E[g(X)] = \int_{-\infty}^{+\infty} g(x) f(x) \mathrm{d}x,$$

其中 $f(x)$ 是 X 的概率密度函数.

例 2 若连续型随机变量 X 的概率密度

$$f(x) = \begin{cases} 3x^2 & 0 \leqslant x \leqslant 1 \\ 0 & x < 0, \ x > 1 \end{cases},$$

求 $E(X)$ 和 $E(X^2)$.

解 由定义 2.19,得

$$E(X) = \int_{-\infty}^{+\infty} x f(x) \mathrm{d}x = \int_0^1 x \cdot 3x^2 \mathrm{d}x = \frac{3}{4} x^4 \Big|_0^1 = \frac{3}{4};$$

$$E(X^2) = \int_{-\infty}^{+\infty} x^2 f(x) \mathrm{d}x = \int_0^1 x^2 \cdot 3x^2 \mathrm{d}x = \frac{3}{5} x^5 \Big|_0^1 = \frac{3}{5}.$$

例 3　随机变量 X 在 $[a, b]$ 服从均匀分布，其概率密度函数为

$$f(x) = \begin{cases} \dfrac{1}{b-a} & 0 \leqslant x \leqslant a \\ 0 & x < 0, \ x > a \end{cases}, \ 求 E(X).$$

解　$E(X) = \displaystyle\int_{-\infty}^{+\infty} xf(x)\,\mathrm{d}x = \int_a^b \frac{x}{b-a} \cdot \mathrm{d}x = \frac{1}{b-a} \cdot \frac{x^2}{2} \Big|_a^b = \frac{a+b}{2}.$

利用定义计算，还可得到服从正态分布的随机变量的数学期望.

若 $X \sim N(\mu, \sigma^2)$，则 $E(X) = \mu$. 它说明正态分布的参数 μ，就是这个随机变量 X 的数学期望.

随机变量的数学期望具有下列性质.

> **性质 2.6**　若 a、b 为常数，则 $E(aX + b) = aE(X) + b$.
>
> **性质 2.7**　对于任意随机变量 X、Y，有 $E(X + Y) = E(X) + E(Y)$.
>
> **性质 2.8**　若 X、Y 相互独立，则 $E(X \cdot Y) = E(X) \cdot E(Y)$.

由性质 2.6，取 $b = 0$ 得 $E(aX) = aE(X)$；取 $a = 0$ 得 $E(b) = b$.

随堂小练

1. 假设甲、乙两人的月生产量相同，X 和 Y 分别是甲和乙一月中所生产的不合格件数，其不合格率的分布为

$$X \sim \begin{pmatrix} 1 & 2 & 3 \\ 0.5 & 0.3 & 0.2 \end{pmatrix}, \ Y \sim \begin{pmatrix} 1 & 2 & 3 \\ 0.55 & 0.25 & 0.1 \end{pmatrix},$$

试比较两人技术的好坏.

2. 若 $X \sim \begin{pmatrix} 0 & 1 & 2 & 3 & 4 \\ 0.2 & 0.15 & 0.25 & 0.3 & 0.1 \end{pmatrix}$，求 $E(X)$.

3. 若 X 的概率密度 $f(x) = \begin{cases} 2x & 0 \leqslant x \leqslant 1 \\ 0 & x < 0, \ x > 1. \end{cases}$，求 $E(X)$ 和 $E(4X+1)$.

2.5.2　方差

2.5.1 的引例 2 中利用均值比较得出了两台机器的优劣，但现实生活中，这样的均值比较也可能会成为一种欺骗.

例如，A、B 两公司的员工都是 10 人，A 公司每人的月工资为 5000 元，B 公司经理的月工资为 32000 元，其他人的月工资均为 2000 元，那么 A、B 两公司的月平均工资都是 5000 元. 很明显，这样的比较对 B 公司的非经理人员来说就是一种不公正.

数学上应怎样描述 B 公司非经理人员的那种不公呢？下面再来看另一个事例.

某人用 20 万元投资 5 只股票，他预期的收益（即期望值）是 30 万元，那他最后是否能达到这样预期呢？他的投资结果有可能只剩下 10 万元，这就是他的投资风险. 很明显，这种风险是以投资结果偏离预期的程度在进行描述.

1. 离散型随机变量的方差

随机变量的数学期望描述了其取值的平均状况，但这只是问题的一个方面，我们还应知

道随机变量在其均值附近是如何变化的，其分散程度如何，这就要研究它的方差.

引例 3 两个工厂生产同一种设备，其使用寿命 X、Y(小时)的概率分布如下：

X	800	900	1000	1100	1200
$P(X=k)$	0.1	0.2	0.4	0.2	0.1

Y	800	900	1000	1100	1200
$P(Y=k)$	0.2	0.2	0.2	0.2	0.2

试比较两厂的产品质量.

解 $E(X) = 800 \times 0.1 + 900 \times 0.2 + 1000 \times 0.4 + 1100 \times 0.2 + 1200 \times 0.1 = 1000$(小时)；

$E(Y) = 800 \times 0.2 + 900 \times 0.2 + 1000 \times 0.2 + 1100 \times 0.2 + 1200 \times 0.2 = 1000$(小时).

两厂生产的设备使用寿命的均值相等，但从分布列中可以看出，第一个厂的产品的使用寿命比较集中在 1000 小时左右，而第二个厂的使用寿命却比较分散，说明第二个厂的产品的质量的稳定性比较差，如何用一个数值来描述随机变量的分散程度呢？在概率中通常用"方差"这一统计特征数来描述分散程度.

> **定义 2.20** 如果离散型随机变量 X 的分布列为
> $$P(X = x_k) = p_k (k = 1, 2, \cdots, n),$$
> 则称 $\sum\limits_{k=1}^{n} [x_k - E(X)]^2 p_k$ 为随机变量 X 的**方差**，记作 $D(X)$，即
> $$D(X) = \sum\limits_{k=1}^{n} [x_k - E(X)]^2 p_k.$$

$D(X)$ 也可以用下面公式进行计算：
$$D(X) = E(X^2) - E^2(X).$$

随机变量 X 的方差的算术平方根，叫作 X 的**标准差**(或称为**均方差**). 记作 $\sqrt{D(X)}$.

方差(或标准差)是描述随机变量取值集中(或分散)程度的一个数字特征. 方差小，取值集中；方差大，取值分散.

例 4 X 服从 0—1 分布，求其方差.

解 设 $P(X = 0) = q$，$P(X = 1) = p$，则 $E(X) = 0 \cdot q + 1 \cdot p = p$，

$D(X) = (0 - p)^2 \cdot q + (1 - p)^2 \times p = p^2 q + q^2 p = pq(p + q) = pq.$

应用案例 甲、乙两个射手在一次射击中的得分数分别为随机变量 X 与 Y，已知其分布列为

X	0	1	2	3
$P(X=k)$	0.60	0.15	0.13	0.12

Y	0	1	2	3
$P(Y=k)$	0.50	0.25	0.20	0.05

试比较他们射击水平的高低.

解 先计算均值
$$E(X) = 0 \times 0.60 + 1 \times 0.15 + 2 \times 0.13 + 3 \times 0.12 = 0.77;$$

$$E(Y) = 0 \times 0.50 + 1 \times 0.25 + 2 \times 0.20 + 3 \times 0.05 = 0.80.$$

因为 $E(Y) > E(X)$，所以从均值来看，乙的射击水平较高.

再计算方差

$$D(X) = (0 - 0.77)^2 \times 0.60 + (1 - 0.77)^2 \times 0.15 + (2 - 0.77)^2 \times 0.13 + (3 - 0.77)^2 \times 0.12$$
$$= 1.1571;$$

$$D(Y) = (0 - 0.80)^2 \times 0.50 + (1 - 0.80)^2 \times 0.25 + (2 - 0.80)^2 \times 0.20 + (3 - 0.80)^2 \times 0.05$$
$$= 0.86.$$

因为 $D(Y) < D(X)$，乙的方差较小，所以乙的射击水平比较稳定.

2. 连续型随机变量的方差

> **定义 2.21**　如果连续型随机变量 X 的概率密度函数为 $f(x)$，且 $E(X)$ 存在，则称
>
> $$D(X) = \int_{-\infty}^{+\infty} [x - E(X)]^2 f(x) \, dx$$
>
> 为随机变量 X 的**方差**，称 $\sqrt{D(X)}$ 为 X 的**标准差**（或**均方差**）.

由连续型随机变量数学期望的定义可知，同样有计算 $D(X)$ 的公式：

$$D(X) = E(X^2) - E^2(X).$$

例 5　已知 X 在 $[a, b]$ 上服从均匀分布，其密度函数为

$$f(x) = \begin{cases} \dfrac{1}{b-a} & a \leqslant x \leqslant b \\ 0 & x < a,\ x > b \end{cases}, \quad 求 \ D(X).$$

解　因为 $E(X) = \dfrac{a+b}{2}$，所以　$E^2(X) = \left(\dfrac{a+b}{2}\right)^2 = \dfrac{a^2 + 2ab + b^2}{4}$，

又因为　$E(X^2) = \displaystyle\int_a^b x^2 \dfrac{1}{b-a} dx = \dfrac{b^2 + ab + a^2}{3}$，

于是，$D(X) = E(X^2) - E^2(X) = \dfrac{b^2 + ab + a^2}{3} - \dfrac{a^2 + 2ab + b^2}{4} = \dfrac{(b-a)^2}{12}$.

故　　　　　　　　　　　　$$D(X) = \dfrac{(b-a)^2}{12}.$$

可见均匀分布的方差与随机变量取值区间长度的平方成正比. 区间长度越大，则方差越大，它表示随机变量取值的分散程度越大；反之则越小.

利用同样的计算，还可得到服从正态分布的随机变量的方差.

若　　　　　　　　　　　　$X \sim N(\mu, \sigma^2)$，则 $D(X) = \sigma^2$.

方差的意义在于描述随机变量稳定与波动、集中与分散的状况，而标准差则体现随机变量的取值与其期望值的偏差.

方差实际上是一个随机变量函数的数学期望，因此，利用数学期望的性质，可推出方差的下列性质.

> **性质 2.9**　$D(X) = E(X^2) - E^2(X)$.
>
> **性质 2.10**　若 a、b 为常数，则 $D(aX + b) = a^2 D(X)$.
>
> **性质 2.11**　若 X、Y 相互独立，则 $D(X + Y) = D(X) + D(Y)$.

特别地，当 $a=0$ 时，有 $D(b)=0$，即常数的方差为零.

例6 已知 $X \sim N(1, 4)$，求 $E(3X-1)$ 和 $D(2X+3)$.

解 由题意，$E(X)=1$，$D(X)=4$. 根据数学期望与方差的性质，得

$$E(3X-1)=3E(X)-1=3 \times 1-1=2;$$
$$D(2X+3)=2^2 D(X)=4 \times 4=16.$$

随堂小练

1. 若 $X \sim \begin{pmatrix} 0 & 1 & 2 \\ 0.5 & 0.3 & 0.2 \end{pmatrix}$，求 $D(X)$.

2. 若 $X \sim \begin{pmatrix} 1 & 2 & 3 \\ 0.2 & 0.6 & 0.2 \end{pmatrix}$，求 $D(X)$.

3. 若 X 的概率密度 $f(x)=\begin{cases} 2x & 0 \leqslant x \leqslant 1 \\ 0 & x<0, \ x>1. \end{cases}$，求 $D(X)$.

4. 若 X 的概率密度 $f(x)=\begin{cases} 3x^2 & 0 \leqslant x \leqslant 1 \\ 0 & x<0, \ x>1 \end{cases}$，求 $D(X)$.

2.5.3 常见分布的期望和方差

前面介绍了几种常见的分布：0—1 分布、二项分布、泊松分布、均匀分布、指数分布和正态分布，它们的期望和方差见表 2–5，其中表内 $q=1-p$.

表 2 –5

名称	记号	期望	方差
0—1 分布	$X \sim (0—1)$	p	pq
二项分布	$X \sim B(n, p)$	np	npq
泊松分布	$X \sim P(\lambda)$	λ	λ
均匀分布	$X \sim U(a, b)$	$\dfrac{a+b}{2}$	$\dfrac{(b-a)^2}{12}$
指数分布	$X \sim E\left(\dfrac{1}{\lambda}\right)$	λ	λ^2
正态分布	$X \sim N(\mu, \sigma^2)$	μ	σ^2

阶段习题八

进阶题

1. 若离散型随机变量 X 的概率分布律 $Y \sim \begin{pmatrix} 1 & 2 & 4 \\ 0.4 & 0.5 & 0.1 \end{pmatrix}$，求 $E(X)$.

2. 若连续型随机变量 X 的概率密度 $f(x)=\begin{cases} 5x^4 & 0 \leqslant x \leqslant 1 \\ 0 & x<0, \ x>1 \end{cases}$，求 $E(X)$ 和 $E(X^2)$.

3. 若 $X \sim \begin{pmatrix} 1 & 3 & 5 \\ 0.1 & 0.6 & 0.3 \end{pmatrix}$，求 $E(2X-1)$ 和 $E(2X^2-1)$.

4. 若 $Y \sim \begin{pmatrix} 0 & 1 & 2 & 3 & 4 \\ 0.15 & 0.25 & 0.3 & 0.1 & 0.1 \end{pmatrix}$，求 $D(Y)$ 和 $\sqrt{D(Y)}$.

5. 若 $X \sim \begin{pmatrix} 0 & 1 & 4 \\ 0.2 & 0.6 & 0.1 \end{pmatrix}$，求 $D(2X+3)$.

提高题

1. 设随机变量 X 的分布列为：

X	-1	0	$\frac{1}{2}$	1	2
P	$\frac{1}{3}$	$\frac{1}{6}$	$\frac{1}{6}$	$\frac{1}{12}$	$\frac{1}{4}$

求 $E(X)$ 和 $D(X)$.

2. 设随机变量 X 的分布列为：

X	0	1	2	3	4	5
P	0.1	0.2	0.3	0.2	0.1	0.1

求 $E(X)$ 和 $D(X)$.

3. 将一枚均匀硬币抛掷 5 次，X 是出现正面次数，求 $E(X)$ 和 $D(X)$.

4. 一射手击中靶心的概率 0.9，他连续射击 4 次，X 为击中靶心的次数，求 $E(X)$ 和 $D(X)$.

5. 已知 40 件产品中有 3 件次品，从中任取 2 件，求取出的 2 件中所含次品数的数学期望和方差.

2.5.4　应用

例 7　某保险公司设计一款一日游健康保险产品，根据市场调查，产品设计为：轻伤赔付 500 元（平均发生比例 1%），重伤赔付 10000 元（平均发生比例 0.1%），死亡赔付 200000 元（平均发生比例 0.01%），问按照盈亏平衡原则的收费最少为多少？

解　设 X 为理赔值，则

$$X \sim \begin{pmatrix} 0 & 500 & 10000 & 200000 \\ 98.89\% & 1\% & 0.1\% & 0.01\% \end{pmatrix},$$

其理赔均值

$$E(X) = 0 \times 98.89\% + 500 \times 1\% + 10000 \times 0.1\% + 200000 \times 0.01\% = 35,$$

依据产品价格不能低于理赔额，因此，保单价格应为 35 元再加上管理、销售成本等.

例 7 是数学期望的应用. 现实生活中，当两个随机变量的期望值相同或比较接近时，常用方差进行比较. 方差值越大其取值的离散程度越高，反之则表明取值越集中. 同样，标准差的值越大，则表明该随机变量的取值与其期望值的偏差越大，反之，则表明偏差越小.

例 8　设有 A、B 两种手表，其日走时误差分别为 X 和 Y，已知

$$X \sim \begin{pmatrix} -1 & 0 & 1 \\ 0.25 & 0.5 & 0.25 \end{pmatrix}, \quad Y \sim \begin{pmatrix} -2 & -1 & 0 & 1 & 2 \\ 0.1 & 0.1 & 0.6 & 0.1 & 0.1 \end{pmatrix},$$

试比较它们的优劣.

解 由随机变量函数的概率分布律计算式，得

$$X^2 \sim \begin{pmatrix} 0 & 1 \\ 0.5 & 0.5 \end{pmatrix}, \quad Y^2 \sim \begin{pmatrix} 0 & 1 & 4 \\ 0.6 & 0.2 & 0.2 \end{pmatrix},$$

由离散型随机变量的数学期望的计算式，得

$$E(X) = 0, \quad E(Y) = 0;$$

$$E(X^2) = 0 \times 0.5 + 1 \times 0.5 = 0.5, \quad E(Y^2) = 0^2 \times 0.6 + 1 \times 0.2 + 4 \times 0.2 = 1.$$

再根据性质 2.9，得

$$D(X) = E(X^2) - E^2(X) = 0.5, \quad D(Y) = E(Y^2) - E^2(Y) = 1.$$

由于 $E(X) = E(Y)$，$D(X) < D(Y)$，因此，A 种手表优于 B 种手表.

阶段习题九

进阶题

1. 甲、乙两射手在同一条件下进行射击，其分布列见表 2-6.

表 2-6

环数	8	9	10
甲	0.3	0.1	0.6
乙	0.2	0.5	0.3

试比较甲乙两射手射击水平.

2. A、B 两台机床同时加工某零件，每生产 100 件，出次品的概率分别见表 2-7.

表 2-7

次品数	0	1	2	3
概率(A)	0.7	0.2	0.06	0.04
概率(B)	0.8	0.06	0.04	0.10

问哪一台机床加工质量较好？

提高题

1. 设随机变量 X 的概率密度函数为

$$f(x) = \begin{cases} \dfrac{1}{\pi \cdot \sqrt{1-x^2}} & |x| < 1 \\ 0 & |x| \geq 1 \end{cases}, \quad 求随机变量 X 的数学期望和方差.$$

2. 已知甲、乙两台机床每日生产的不合格品的分布率为

$$X \sim \begin{pmatrix} 0 & 1 & 2 & 3 \\ 0.4 & 0.3 & 0.2 & 0.1 \end{pmatrix}, \quad Y \sim \begin{pmatrix} 0 & 1 & 2 & 3 \\ 0.3 & 0.5 & 0.2 & 0 \end{pmatrix},$$

其中 X 和 Y 分别表示甲和乙每日所生产的不合品的件数，试比较两台机床的好坏.

3. 设有 A、B 两种手表，其日走时误差分别为 X 和 Y，已知

$$X \sim \begin{pmatrix} -1 & 0 & 1 \\ 0.1 & 0.8 & 0.1 \end{pmatrix}, \quad Y \sim \begin{pmatrix} -2 & -1 & 0 & 1 & 2 \\ 0.1 & 0.2 & 0.4 & 0.2 & 0.1 \end{pmatrix},$$

试比较它们的优劣.

拓展阅读

经济决策之助力——期望值准则

在进行经济管理决策之前，往往存在不确定的随机因素，而所做的决策有一定风险. 只有正确、科学的决策才能达到以最小的成本获得最大的安全保障的总目标，才能尽可能节约成本. 概率虽然不能直接提供决策建议，但是它能提供一些帮助决策者更好理解与问题有关的风险以及不确定性的信息. 最后通过这些信息可以帮助决策者制定出好的决策.

当我们在概率的意义层面上进行判断从而做出决策时，完全有可能犯错误，不可能有绝对的正确. 只是，我们总希望犯错误的概率能小一些. 所以在实际生活中，我们不仅要合理运用概率统计所发挥的重要作用，也要正确地对待随机现象出现的情况.

在社会科学领域，特别是经济学中研究最优决策和经济的稳定增长等问题，也大量采用概率论方法. 正如拉普拉斯所说："生活中最重要的问题，其中绝大多数在实质上只是概率的问题."

决策的方法与所选的决策准则直接相关，期望值准则是风险决策中最常用的准则. 以期望值为准则的基本方法是：首先根据付酬表，计算各行动方案的期望值，最后从各期望值选择期望收益最大(或期望损失最小)的方案为最优方案.

1. 投资项目的数学期望决策分析

进行决策之前，往往存在不确定的随机因素，此时所做的决策有一定的风险，称之为风险决策. 在进行风险决策时，面临不同的客观状态会有几种方案可供选择. 人们不能选择客观状态，却可选择不同的方案. 根据状态选择一种策略取得的收益称为效益值. 可通过某种统计方式预测或估计这些状态的概率值. 在进行风险决策时要根据离散型随机变量的数学期望进行分析比较，做出合理的决策.

对于离散型随机变量 X，其数学期望表示随机变量取值的平均状况，即数学期望是以概率为系数的随机变量取值的加权平均值，它的试验意义表示经过足够多次的随机试验后，随机变量取值的平均值. 在进行风险决策时，常用的决策标准有最大期望收益值准则和最小期望损失值准则.

2. 贝叶斯公式在经济决策中的应用

经济决策是经济管理部门和企业为了达到某种特定的目的，在经济调查、经济预测和对经济发展管理活动等规律性认识的基础上，运用科学的方法，根据对效果效益的评价，从几种可选择的行动方案中，选出一个令人满意的方案，作为行动的指南.

随机现象无处不在，渗透于日常生活中的方方面面和科学技术的各个领域，概率论就是通过研究随机现象及其规律从而指导人们从事物表象看到其本质的一门科学. 概率统计能指导决策、减少错误与失败等.

2.6 总体与样本，样本函数与统计量

22 总体
与样本

2.6.1 总体与样本

在现实生活中，我们经常会遇到以下情形：为了解某城市职工的年收入情况，一般随机抽取一少部分职工进行调查统计，以此作为这个城市职工收入状况的估计. 为检测一批钢筋的拉力是

否合格，一般采用从中任意抽取 2 根进行测试的方法. 如果这两根合格了，则认为这批钢筋合格. 否则，再抽取 4 根进行测试，若合格，则认为这批钢筋合格；否则，判定这批钢筋不合格.

上述两个问题说明：为了研究某个对象的性质，不是一一研究对象所包含的个体，而是从中抽取一部分，通过对这部分个体的研究，推断出全体对象的性质，这是一种从局部推断全体的方法.

在数理统计学中，对某一问题的研究对象的全体称为**总体**，如果总体中的个体有有限个则称为**有限总体**，否则称为**无限总体**；组成总体的每个基本单元称为**个体**，从总体中抽出来的个体称为**样品**，若干个样品组成的集合称为**样本**，一个样本中所含样品的个数称为样本容量，由 n 个样品组成的样本用 x_1，x_2，$\cdots$，x_n 表示.

而总体的特性由各个个体的特性组成，因此任何一个总体都可以用一个随机变量 X 来表示，X 的每一个取值就是一个个体的数量指标，总体是随机变量 X 取值的全体. 假设表示总体的随机变量 X 的分布函数为 $F(X)$，则总体 X 的分布函数为 $F(X)$，记作 $X \sim F(X)$. 今后，凡是提到总体，就是指一个随机变量；说总体的分布，就是指随机变量的分布，总体用大写的 X，Y，$Z \cdots$ 表示.

当从总体中抽取一个样品进行测试后，随机变量就取得一个观测值，这个数值称为样品值；抽取 n 个样品组成样本 x_1，x_2，$\cdots$，x_n 时，得到一组观测值称为样本值. 为方便起见，在不至于引起混淆的情况下，我们仍用 x_1，x_2，$\cdots$，x_n 表示样本值.

我们的目的是要根据观测的样本值 x_1，x_2，$\cdots$，x_n 对总体的某些特点进行估计、推断. 这就需要对样本的抽取提出一些要求：一是独立性，样本 x_1，x_2，$\cdots$，x_n 是相互独立的随机变量；二是代表性，每个样品 $x_i (i = 1, 2, \cdots, n)$ 必须与总体具有相同的概率分布. 满足这两个要求的样本称为**简单随机样本**. 今后我们提到的样本，都是指简单随机样本. 怎样才能得到简单随机样本呢？通常样本容量相对于总体的数目都是很小的，取了一个样品，再取一个，总体分布可以认为毫不改变. 因此样品之间彼此是相互独立的，即样本 x_1，x_2，$\cdots$，x_n 是一组简单随机样本. 如重复测量一个物体的长度，测量值是一个随机变量，在重复 n 次后得到的样本 x_1，x_2，$\cdots$，x_n 是简单随机样本.

2.6.2 统计量及常见统计量

样本是统计推断的依据，但在应用时，往往不直接使用样本本身. 为了针对不同的问题来构造样本的函数进行统计推断，我们引入统计量的概念.

> **定义 2.22** 设 x_1，x_2，$\cdots$，x_n 为总体 X 的一个样本，$f(x_1, x_2, \cdots, x_n)$ 为 x_1，x_2，$\cdots$，x_n 的连续函数，若 f 中不包含任何未知参数，则称 $f(x_1, x_2, \cdots, x_n)$ 为一个统计量. 当 x_1，x_2，$\cdots$，x_n 取定组数时，$f(x_1, x_2, \cdots, x_n)$ 就是统计量的一个观测值.

一个统计量就是样本的一个函数，且其中不含任何未知函数. 因此，根据一个样本可以设计出很多的统计量. 在一个具体问题中，究竟要用什么统计量，要根据我们研究的目的而定. 例如，设 $X \sim N(\mu, \sigma^2)$，x_1，x_2，$\cdots$，x_n 为总体 X 的一个样本，若 μ 已知，σ 未知，则 $x_1 + x_2$，$\sum\limits_{i=1}^{n} (x_i - \mu)^2$ 等都是统计量，而 $\dfrac{n\sigma}{\sum\limits_{i=1}^{n} x_i}$ 不是统计量，因为它包括未知参数 σ.

对于一个样本 x_1，x_2，$\cdots$，x_n，各次独立抽取得到的样本观测值是不同的. 所以，统计量也是随机变量.

下面定义一些常用的统计量.

> **定义 2.23**　设 x_1，x_2，$\cdots$，x_n 是来自总体 X 的一个样本，x_1，x_2，$\cdots$，x_n 是这一样本的观测值，则统计量 $\bar{x} = \dfrac{1}{n}\sum\limits_{i=1}^{n} x_i$ 称为样本均值. 统计量 $S^2 = \dfrac{1}{n-1}\sum\limits_{i=1}^{n}(x_i - \bar{x})^2$ 称为样本方差. 统计量 $S = \sqrt{S^2} = \sqrt{\dfrac{1}{n-1}\sum\limits_{i=1}^{n}(x_i - \bar{x})^2}$ 称为样本标准差.

这三个统计量十分重要，以后会经常用到它们.

2.6.3　常见统计量的分布

一般来说，要确定某一统计量的分布是比较复杂的，在此介绍几个常用统计量的分布，同时给出一些特殊形式的随机变量所服从的分布.

1. 统计量 U 的分布

设总体 X 服从分布 $f(x)$，x_1，x_2，$\cdots$，x_n 是来自总体的一个样本，$\bar{x}$ 为样本均值，则当总体的均值 μ 和方差 σ^2 存在时，总有

$$E(\bar{x}) = \mu, \; D(\bar{x}) = \frac{\sigma^2}{n}. \qquad (2-16)$$

进而，设 $X \sim N(\mu, \sigma^2)$，即 X 为正态总体时，则有 $\bar{x} \sim N\left(\mu, \dfrac{\sigma^2}{n}\right)$，于是有统计量

$$U = \frac{x - \mu}{\dfrac{\sigma}{\sqrt{n}}} \sim N(0, 1). \qquad (2-17)$$

事实上就是把非标准的一般正态分布变换为标准正态分布，因此把非标准的正态分布变换为标准正态分布的过程又称作一般正态分布的标准化.

统计量 U 的上 α 分位点定义如下.

> **定义 2.24**　设 $f(x)$ 为标准正态分布 U 的密度函数，对于给定的 $\alpha(0 < \alpha < 1)$，称满足条件 $P\{U > U_\alpha\} = P\{U_\alpha < U < +\infty\} = 1 - \displaystyle\int_{+\infty}^{U_\alpha} f(x)\,\mathrm{d}x = 1 - \Phi(U_\alpha) = \alpha$ 的点 U_α 为 U 分布的上 $\pmb{\alpha}$ 分位点.

如图 2-19 所示，可以利用正态分布表查出 U_α.

例 已知 $P\{|U| > U_\alpha\} = 0.05$，求 U_α.

解 $P\{|U| > U_\alpha\} = 2P\{U > U_\alpha\} = 0.05$.

所以 $P\{U > U_\alpha\} = 0.025$，$U_\alpha = U_{0.025}$.

由 $\Phi(U_{0.025}) = 0.975$，查正态分布表得

$U_{0.025} = 1.96$.

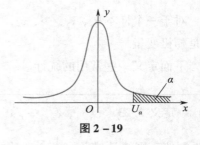

图 2 – 19

2. 统计量 χ^2 的分布

定义 2.25 设 x_1，x_2，$\cdots$，x_n 是来自标准正态分布 $X \sim N(0, 1)$ 的一组样本，则称统计量

$$\chi^2 = x_1^2 + x_2^2 + \cdots + x_n^2 \qquad (2 - 18)$$

为服从自由度为 n 的 χ^2 分布，记为 $\chi^2 \sim \chi^2(n)$.

此处，自由度 n 是指式（2 – 18）右端包含的独立变量的个数. $\chi^2(n)$ 分布的参数只有一个，即自由度 n. 如图 2 – 20 所示，是不同 n 的分布函数的图像.

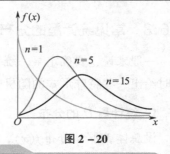

图 2 – 20

数学小讲堂

卡尔·皮尔逊（Karl Pearson，1857—1936），英国著名的统计学家、生物统计学家、应用数学家. 皮尔逊认为，不管理论分布构造得如何好，它与实际分布之间总存在着或多或少的差异。这些差异是由于观察次数不充分、随机误差太大引起的呢？还是由于所选配的理论分布本身就与实际分布有实质性差异？还需要用一种方法来检验. 1900 年，皮尔逊发表了一个著名的 χ^2 统计量，用来检验实际值的分布数列与理论数列是否在合理范围内相符合，即用以测定观测值与期望值之间的差异显著性.

定义 2.26 χ^2 分布的密度函数为 $f(x)$，对于给定的 $\alpha(0 < \alpha < 1)$，称满足条件

$$P\{\chi^2 > \chi_\alpha^2(n)\} = \int_{\chi_\alpha^2(n)}^{+\infty} f(x)\,\mathrm{d}x = \alpha$$

的点 $\chi_\alpha^2(n)$ 为 χ^2 分布的上 α 分位点.

χ^2 分布的上 α 分位点，如图 2 – 21 所示. 例如 $\alpha = 0.1$，$n = 15$. 查表得

$$\chi_{0.1}^2(15) = 22.307.$$

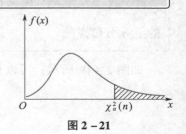

图 2 – 21

阶段习题十

进阶题

从总体 X 中任意抽取一个容量为 10 样本，样本值为

$$4.5,\ 2.0,\ 1.0,\ 1.5,\ 3.5,\ 4.5,\ 6.5,\ 5.0,\ 3.5,\ 4.0.$$

试分别计算样本均值及样本方差.

提高题

设 x_1, x_2, $\cdots$, x_n 是两点分布 $b(1,\ p)$，$P(x=1)=p$，$P(x=0)=1-p$，其中 p 是未知参数. 如果 x_1, x_2, $\cdots$, x_n 的一个观测值是 $(0,\ 1,\ 0,\ 1,\ 1)$，计算样本均值和样本方差.

拓展阅读

现代统计学之父——卡尔·皮尔逊

卡尔·皮尔逊（Karl Pearson，1857—1936），英国数学家、生物统计学家，数理统计学的创立者，自由思想者，对生物统计学、气象学、社会达尔文主义理论和优生学做出了重大贡献. 他是旧派理学派和描述统计学派的代表人物，并被誉为现代统计科学的创立者.

1. 早年经历

卡尔·皮尔逊 1857 年 3 月 27 日出生于伦敦. 父亲威廉·皮尔逊是王室法律顾问，母亲是范妮·史密斯. 父母双方家庭的祖上都是约克郡人. 1866 年皮尔逊进入伦敦大学学院学习. 1873 年因病退学，接下来的一年里在希钦由家庭教师教育. 1875 年获得剑桥大学国王学院奖学金入学学习. 1879 年获得学士学位，在剑桥数学荣誉学位考试中获得第三名. 在他从国王学院毕业后的几年里他尝试了很多事情，是他人生发展的重要阶段. 接下来是皮尔逊智力全面勃发的重要时期. 1880 年 4 月国王学院给他提供了研究会员身份，使他在随后的几年获得了经济上的独立. 他利用这一时机按照自己的爱好读书、学习，通过信件、诗歌、批判性的评论、随笔和讲演展示自己的才智和表达能力. 毕业后，他马上来到德国. 1879 年—1880 年，他先在海德堡大学学习物理学和哲学，然后到柏林大学学习了罗马法，还听了埃米尔·杜波·雷蒙德讲授的达尔文进化论课程. 不久，他对德国民俗学、中世纪和文艺复兴时期的德国文学、宗教改革的历史、德国人文主义和路德的特征以及妇女问题等产生了浓厚兴趣. 自 1882 年至 1884 年，他就德国的思想史、人文等做了一系列讲座.

2. 教学工作

1884 年，他受邀担任伦敦大学学院应用数学和力学哥德斯米德教席教授. 在前 6 年，他显示出坚韧不拔的工作劲头和异乎寻常的多产性. 他的专业职责是讲授静力学、动力学、力学等. 他用直观的作图法深入浅出地讲解力学问题，很受初学者欢迎. 1890 年，皮尔逊和玛利亚·夏普结婚. 1891 年他开始担任格雷沙姆几何学教授. 1891 年的格雷沙姆讲座的头七次讲演，为皮尔逊的科学哲学名著《科学规范》勾勒了蓝图. 皮尔逊在此基础上经过深化和扩充，于 1892 年 2 月出版了《科学规范》，该书的许多章节用的就是讲演的题目.

3. 统计研究

1889 年，高尔顿出版了著作《自然遗传》. 书中概括了作者关于遗传的相关和回归概念以及技巧方面的工作，明确思考了它们在研究生命形式中的可用性和价值. 皮尔逊对高尔顿的"相关"这个概念十分着迷，认为这是一个比因果性更为广泛的范畴. 皮尔逊立即决定全力为统计学这一新学科奠定基础，他在接着的 15 年内几乎是单枪匹马地奋战在这一前沿领域. 他结合格雷沙姆讲座和大学学院统计理论的两门课程，对来自生物学、物理学和社会科学的统计资料做了

图示的、综合性的处理，讨论了概率理论和相关概念，并用掷硬币、抽纸牌和观察自然现象来证明它们. 他引入"标准离差"术语代替麻烦的均方根误差，并论述了法曲线、斜曲线、复合曲线. 皮尔逊在高尔顿、韦尔登等人关于相关和回归统计概念和技巧的基础上，建立了后来的极大似然估计法，把一个二元正态分布的相关系数最佳值 p 用样本积矩相关系数 r 表示，可以恰当地称其为"皮尔逊相关系数". 在 1901 年，皮尔逊与韦尔登、高尔顿一起创办了《生物统计》杂志，从而使数理统计学有了自己的一席之地，同时也给这门学科的发展完善以强大的推动力.

4. 晚年生活

1928 年，他的妻子玛利亚去世. 1929 年，皮尔逊和生物学实验室的同事玛格丽特·维多利亚·蔡尔德结婚. 1932 年 7 月，皮尔逊正式通知大学学院，他要在翌年夏天辞职退休. 1933 年 10 月，校方同意他的辞呈，并按照他的意愿为他在动物学系保留了一个办公室. 他只要有可能，还像以往那样按照学院的作息时间规则地生活和工作. 他在数学领域还是活跃的，并与人合作写了一篇论述克伦威尔执政时期的历史论文. 他假期喜欢去距伦敦不远的萨里郡的金港湾度假，步行 10 多英里○到鲜花盛开的坡地. 面对生机勃勃的大自然，他不由自主地哀叹："当我们正想专心工作时，我们却太老了."1935 年，皮尔逊的精力明显衰退了. 繁忙的工作终于耗尽了他的体力，尽管他依然渴望为他献身的事业继续尽力. 直到弥留之际，他还坚持看完了《生物统计》第 28 卷的几乎全部校样. 1936 年 4 月 27 日，皮尔逊在金港湾去世.

5. 学术贡献

在 19 世纪 90 年代以前，统计理论和方法的发展是很不完善的，统计资料的搜集、整理和分析都受到很多限制. 皮尔逊在生物学家高尔顿和韦尔登的影响下，从 90 年代初开始进军生物统计学. 他认为生物现象缺乏定量研究是不行的，决心要使进化论在一般定性叙述的基础之上，进一步进行数量描述和定量分析. 他不断运用统计方法对生物学、遗传学、优生学做出新的贡献. 同时，他在概率论研究的基础上，导入了许多新的概念，把生物统计方法提炼成为一般处理统计资料的通用方法，发展了统计方法论，把概率论与统计学两者熔为一炉.

2.7 点估计与区间估计

23 点估计与区间估计

在大多数的统计推断问题中，已知总体的分布类型，而分布类型中的参数是未知的，由于时间、费用等各种原因，常常不可能通过全面调查去取得这些未知参数的值，这就需要我们研究如何根据样本资料进行合理的分析. 对总体的一个或多个参数进行估计，称为参数估计. 参数估计分为点估计和区间估计.

2.7.1 点估计

假设总体 X 的分布函数的形式已知，但它的一个或者多个参数未知. 如果得到了 X 的一组样本观测值 $x_1, x_2, \cdots, x_n$，用这组数据来估计总体参数的值，这类问题称为参数的**点估计**. 这时，要求构造样本的一些函数，即统计量 $\theta^* = f(x_1, x_2, \cdots, x_n)$，作为总体未知参数 θ 的估计量. 构造的函数不同，参数的估计量就不同，而总体未知参数是不变的，为此首先叙述估计问题中衡量一种估计好不好的方法，即估计的两种特性：无偏性和有效性.

○ 英里(mile)，1mile = 1609.344m.

设总体未知参数为 θ，$\theta^* = f(x_1, x_2, \cdots, x_n)$ 为统计量，若 $E(\theta^*) = \theta$，则称 θ^* 是总体参数 θ 的一个无偏估计，当然只具有无偏性是不够的，容易想到，我们还希望估计量 θ^* 偏离 θ 越小越好，即方差要尽可能小。若 θ_1^* 和 θ_2^* 是 θ 的无偏估计，且 $D(\theta_1^*) < D(\theta_2^*)$，则估计 θ_1^* 更有效。在所有无偏估计中，方差最小的一个称为 θ 的有效估计，或者是最小方差无偏估计。

> **定义 2.27** 设总体 X 的分布中含有未知数 θ，从总体 X 中抽取样本 $x_1, x_2, \cdots, x_n$，构造某个统计量 $\hat{\theta}(x_1, x_2, \cdots, x_n)$ 作为参数 θ 的估计，则称 $\hat{\theta}(x_1, x_2, \cdots, x_n)$ 为参数 θ 的点估计量。

例如，人的身高，近似认为总体均值 $X \sim N(\mu, \sigma^2)$，一个样本为 $x_1, x_2, \cdots, x_n$，则 $\overline{X} = \frac{1}{n}(x_1 + x_2 + \cdots + x_n)$ 为 n 个人的平均身高，近似认为总体均值 μ 为 $\bar{x}$，即 $\hat{\mu} = \bar{x}$。用 $\bar{x}$ 来估计 μ，这里 $\hat{\mu}$ 是估计值。

例 1 设某种灯泡寿命 $X \sim N(\mu, \sigma^2)$，其中 μ 和 σ^2 未知，今随机抽取 5 只灯泡，测得寿命（单位：h）分别为 1623，1527，1287，1432，1591。求样本均值 μ 和方差 σ^2 的估计值。

解 根据样本均值和方差的定义得到：

$$\hat{\mu} = \bar{x} = (1623 + 1527 + 1287 + 1432 + 1591) \div 5 = 1492$$

$$\hat{\sigma}^2 = \frac{1}{n} \sum_{i=1}^{n} x_i^2 - \bar{x}^2 = \frac{1}{5}(1623^2 + \cdots + 1591^2) - 1492^2 = 14762.4$$

即 μ 和 σ^2 的估计分别为 $\hat{\mu} = 1492$，$\hat{\sigma}^2 = 14762.4$。

2.7.2 区间估计

点估计的优点是简单直观，但是它是对总体参数给出一个确定的数值，准确性很难讨论，导致它的应用受到限制。如果把点估计的值附上一个误差 $\varepsilon (\varepsilon > 0)$，得到一个区间 $(\mu - \varepsilon, \mu + \varepsilon)$，然后讨论该区间有多大可能包含总体未知参数 μ，就变得很有意义。也就是估计参数的一个所在范围，并指出该参数包含在该范围内的概率，这就是区间估计。

> **定义 2.28** 设 $x_1, x_2, \cdots, x_n$ 是分布函数 $f(x, \theta)$ 的一个样本，对给定的 $\alpha (0 < \alpha < 1)$，如果能求得两个统计量 θ_1 及 θ_2 使得
> $$P\{\theta_1 < \theta < \theta_2\} = 1 - \alpha \tag{2-19}$$
> 则称 $1 - \alpha$ 为置信度，称区间 (θ_1, θ_2) 为参数 θ 的置信为 $1 - \alpha$ 的置信区间。置信度简称为信度，置信度为 $1 - \alpha$ 的置信区间在不至于混淆时也简称为置信区间。

置信区间的含义是：在重复的随机抽样中，如果得到很多式（2-19）这样的区间，则其中含有真值 θ 的概率为 $1 - \alpha$，而不包含真值 θ 的概率为 α。从定义看出，置信区间是与一定的概率保证相对的：概率大的相应的置信区间长度就长，概率相同时，测量精度越高（测量误差越小），相应的置信区间就越短。

下面只介绍正态总体的期望和方差的区间估计。

正态总体的期望的估计可分为两类情况：方差 σ^2 已知或未知。这里只介绍方差 σ^2 已知

的情况.

设 x_1，x_2，$\cdots$，x_n 为总体服从正态分布 $X \sim N(\mu,\ \sigma^2)$ 的一个样本，其中 μ 未知，$\sigma^2 = \sigma_0^2$，

可以证明 $\bar{x} = E\left(\sum_{i=1}^{n} x_i \right) \sim N\left(\mu, \frac{\sigma_0^2}{n} \right)$，其中

24 正态总体参数的区间估计

$$\bar{x} = \frac{1}{n} E\left(\sum_{i=1}^{n} x_i \right) = \frac{1}{n} \cdot n\mu = \mu$$

$$D(\bar{x}) = \frac{1}{n} D\left(\sum_{i=1}^{n} x_i \right) = \frac{1}{n^2} \cdot n\sigma^2 = \frac{\sigma^2}{n}$$

对 $\bar{x}$ 做标准化变换

$$u = \frac{\bar{x} - \mu}{\dfrac{\sigma}{\sqrt{n}}} \sim N(0,\ 1)$$

对于给定的置信度 $1 - \alpha$，存在 $z_{\alpha/2} > 0$，$\Phi(z_{\alpha/2}) = 1 - \alpha/2$，使得

$$P\left\{ -z_{\alpha/2} < \frac{\bar{x} - \mu}{\sigma_0/\sqrt{n}} < z_{\alpha/2} \right\} = 1 - \alpha.$$

如图 2 – 22 所示，于是由不等式 $-z_{\alpha/2} < \dfrac{\bar{x} - \mu}{\sigma_0/\sqrt{n}} < z_{\alpha/2}$，

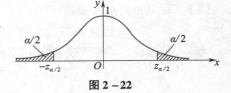

图 2 – 22

推出 $\bar{x} - z_{\alpha/2} \cdot \dfrac{\sigma_0}{\sqrt{n}} < \mu < \bar{x} + z_{\alpha/2} \cdot \dfrac{\sigma_0}{\sqrt{n}}$，故所求期望 μ 置信区

间为 $\left(\bar{x} - z_{\alpha/2} \cdot \dfrac{\sigma_0}{\sqrt{n}},\ \bar{x} + z_{\alpha/2} \cdot \dfrac{\sigma_0}{\sqrt{n}} \right)$.

例2 某县 2002 年进行一项抽样调查，结果表明：调查的 400 户农民家庭平均每人每年的化纤布消费量为 3.3m，根据过去的资料可知总体方差为 0.95. 试以 95% 的置信水平估计该县 2002 年农民家庭平均每人化纤布消费的置信区间.

解 以 X 表示总体，X 的分布形式虽然已知，但已知 $n = 400$ 为大样本. 可知 $\bar{x}$ 近似服从正态分布，且总体方差已知：$\sigma^2 = 0.96$. 因此，以 95% 的置信水平估计该县 2002 年农民家庭平均每人化纤布消费量的置信区间，就是要求

$$P\left\{ -z_{\alpha/2} < \frac{\bar{x} - \mu}{\sigma_0/\sqrt{n}} < z_{\alpha/2} \right\} = 0.95,\ \bar{x} = 3.3,\ z_{\alpha/2} = z_{0.025} = 1.96,$$

$$\sigma = \sqrt{0.96} = 0.98,\ \bar{x} \pm z_{\alpha/2} \cdot \frac{\sigma}{\sqrt{n}} = 3.3 \pm 1.96 \cdot \frac{0.98}{\sqrt{400}} = 3.3 \pm 1.96 \cdot 0.049,$$

置信区间为 $(3.204,\ 3.396)$. 故可以有 95% 的把握保证该县 2002 年农民家庭平均每人化纤布消费量为 $3.2 \sim 3.4\mathrm{m}$.

总体正态分布的方差的估计，我们只介绍正态总体参数 μ 未知的情况. 可以证明统计量

$$\frac{(n-1)S^2}{\sigma^2} \sim \chi^2(n-1)$$

对给定的置信度 $1 - \alpha$，存在 $\chi_{\alpha/2}^2(n-1)$ 和 $\chi_{1-\alpha/2}^2(n-1)$，使得

$$P\left\{ \chi_{1-\alpha/2}^2(n-1) < \frac{(n-1)S^2}{\sigma^2} < \chi_{\alpha/2}^2(n-1) \right\} = 1 - \alpha.$$

如图 2-23 所示，由此得到 σ^2 的 $1-\alpha$ 置信区间为 $\left(\dfrac{(n-1)S^2}{\chi^2_{\alpha/2}(n-1)},\ \dfrac{(n-1)S^2}{\chi^2_{1-\alpha/2}(n-1)}\right)$.

例 3　从一个正态总体随机抽取一个容量为 $n=10$ 的样本，计算得 $\bar{x}=52.74$，$S^2=1.18^2$，求关于总体方差 σ^2 的区间估计，置信度为 95%.

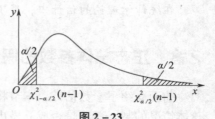

图 2-23

解　查 χ^2 分布表，得自由度为 $n-1=9$ 的临界值 $\chi^2_{\alpha/2}(9)=19.023$，$\chi^2_{1-\alpha/2}(9)=2.700$，代入公式得到 σ^2 的 0.95 置信区间为 $\left(\dfrac{9\times1.18^2}{19.023},\ \dfrac{9\times1.18^2}{2.700}\right)=(0.6588,\ 4.641)$.

阶段习题十一

进阶题

1. 设 x_1，x_2，$\cdots$，x_n 是来自正态分布 $N(\mu,\ 1)$ 的样本值，求 μ 的估计值.

2. 从正态总体 $X\sim N(\mu,\ 4^2)$ 中抽取容量为 4 的样本，样本均值为 13.2，求 μ 的置信度为 0.95 的置信区间.

提高题

1. 某种零件的长度服从正态分布. 已知总体的标准差 $\sigma=1.5$，从总体中抽取 200 个零件组成样本. 测得它们的平均长度为 8.8cm，试估计在 95% 置信水平下，全部零件平均长度的置信区间.

2. 设来自正态总体分布 $X\sim N(\mu,\ \sigma^2)$ 的样本值为

$$5.1,\ 5.1,\ 4.8,\ 5.0,\ 5.2,\ 5.1,\ 5.0.$$

已知 $\sigma=1$，求总体均值 μ 的 0.95 的置信区间.

拓展阅读

德国坦克数量估计问题——均匀分布最大值问题

在统计学理论的估计中，用不放回抽样来估计离散型均匀分布最大值问题就是著名的德国坦克问题(German Tank Problem)，它因在第二次世界大战中被用于估计德国坦克数量而得名.

在战争时期，军事情报的关键在于掌握敌人的军力. 二战时期，盟军为了估计德国坦克的数量，采用了传统情报采集法和统计学估计法. 后来发现，统计学方法比传统情报采集的结果更为精准.

德国坦克问题具体描述是：如何从一个总体为离散均匀分布的无放回抽样中估计总体的最大值？

首先，我们假设观察到了战场上面的 $k=4$ 个坦克，编号为 2，6，7，14，则观察到的最大编号为 $m=14$. 问总共有多少坦克(N)？

其频率分布表明：　　　　　$N=m(1+1/k)-1=16.5$.

上述公式是点估计中最小方差无偏估计量，下面用 R 来初步验证一下上式的合理性，验证过程为假设一共有 100 辆坦克，从中抽取 k 个，记录其最大值 m，每个 k 值重复 10000 次并计算 m 的平均值.

先给出 $k = 5$ 时的验证情况，这个数据的平均值逐渐收敛到 84.02，和理论计算的 84.1667 非常接近了.

在统计学理论的估计中，用不放回抽样来估计离散型均匀分布的最大值.

2.8　正态总体参数的假设检验

前面介绍了参数估计，本节将介绍统计推断的另一类重要问题. 它从样本出发，对关于总体情况的某一命题是否成立做出定性的回答，比如判断产品是否合格，分布是否为某一已知分布，方差是否相等，等等. 在数理统计中，我们把待考察的命题假设，称为**假设检验**. 假设的主要原理就是"一次试验中小概率事件是不可能发生的"，这个原理叫作小概率原理. 要说明的是，小概率事件并不是不可能发生，它是有可能发生的，只不过是发生的概率很小，人们就认为它在一次试验中不可能发生，而一次发生的事件是很难让人相信是小概率事件.

那么，多小的概率才算是小概率呢？这要依据具体情况而定. 比如，即使下雨的概率达到 20% ，仍有人会因为概率太小而不带雨具. 但是如果某航空公司的事故率为 1% ，人们就会因为概率太大，而不敢乘坐该公司的航班了. 在一般情况下，认为概率不超过 5% 的事件是小概率事件. 在进行假设检验时，必须先确定小概率的界限 α（显著水平），即认为不超过 α 的概率为小概率. 常用的 α 值为 0.10，0.05，0.01 等.

在做假设检验时，对于某一种状态，除非有足够的理由，否则我们不轻易认为是不存在的，在统计假设里把它称为原假设（或零假设），记作 H_0；则与其对立的另一种状态称为对立假设（或备择假设），记作 H_1. 当 H_0 被拒绝时，我们就接受 H_1. 有了原假设和对立假设，我们来说明假设检验的一般步骤：

（1）根据要检验的问题提出的检验假设，包括原假设 H_0 与对立假设 H_1.

25 假设检验问题

（2）根据已知条件选一个统计量，要求在 H_0 成立时，该统计量分布已知.

（3）根据显著性水平 α，查所选统计量的分布临界值. 确定拒绝 H_0 的区域，这个区域叫作 H_0 的拒绝域.

（4）根据样本观测值计算统计量，并与临界值比较.

（5）得出结论. 如果计算的统计量在 H_0 的拒绝域内，则拒绝 H_0，接受 H_1；如果计算的统计量不在 H_0 的拒绝域内，则接受 H_0，拒绝 H_1.

数学小讲堂

奈曼（Jerzy Neyman，1894—1981）是美国统计学家. 奈曼是假设检验的统计理论的创始人之一. 他与卡尔·皮尔逊的儿子埃贡·皮尔逊合著《统计假设试验理论》，发展了假设检验的数学理论. 奈曼还想从数学上定义可信区间，提出了置信区间的概念，建立置信区间估计理论. 奈曼将统计理论应用于遗传学、医学诊断、天文学、气象学、农业统计学等方面，取得丰硕的成果. 他获得过国际科学奖，并在加利福尼亚大学创建了一个研究机构，后来发展成为世界著名的数理统计中心.

下面介绍两种最常用的检验方法.

2.8.1　U检验

26 正态总体均值的假设检验

设 $x_1, x_2, \cdots, x_n$ 是正态总体 $X \sim N(\mu, \sigma^2)$ 的一个样本，其中 μ 未知，σ^2 已知. 给定一个 μ_0，用 $x_1, x_2, \cdots, x_n$ 检验 μ 是否等于 μ_0，则现在假设

$$H_0: \mu = \mu_0, \quad H_1: \mu \neq \mu_0.$$

可以证明统计量 $U = \dfrac{\bar{x} - \mu}{\sigma/\sqrt{n}} \sim N(0, 1)$，则当 H_0 成立时，有统计量 $U_0 = \dfrac{\bar{x} - \mu}{\sigma_0/\sqrt{n}} \sim N(0, 1)$.
对给定显著水平 α，查标准正态分布数值表得 $z_{\alpha/2}$，使得 $\Phi(z_{\alpha/2}) = 1 - \alpha/2$. 因 $P\{|U| > z_{\alpha/2}\} = \sigma$，由样本 $x_1, x_2, \cdots, x_n$ 计算检验量 U 的值 U_0，如果 $|U_0| > z_{\alpha/2}$，则拒绝 H_0，接受 H_1；否则接受 $H_0: \mu = \mu_0$，如图 2-24 所示. 也就是说检验量 U 在区间 $(-\infty, -z_{\alpha/2}) \cup (z_{\alpha/2}, +\infty)$ 内时拒绝 H_0，接受 H_1，称这个区间为 H_0 的拒绝域；检验量 U 在区间 $(-z_{\alpha/2}, z_{\alpha/2})$ 时，则接受 $H_0: \mu = \mu_0$，称这个区间为 H_0 的相容域.

例1　某饮料生产商生产的一种新型饮料的额定标准为每瓶 200g，设饮料的实际重量服从正态分布且根据以往经验知其方差为 $\sigma^2 = 36g$. 为检验某批产品是否达标，随机抽取 10 瓶，称得重量（单位：g）为 198.8，202.4，207.2，209.6，195.2，204，206，

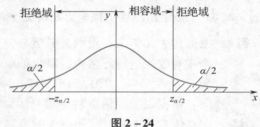

图 2-24

204.8，197.1，204.4. 问：这批饮料是否合格，即这批饮料的均值是否符合额定标准 200g？（显著水平 0.05）

解　饮料的实际重量 X 服从正态分布 $N(200, 36)$，原假设 $H_0: \mu = \mu_0 = 200$，备择假设 $H_1: \mu \neq \mu_0 = 200$. 由 X 服从正态分布，及方差已知，可取统计量

$$U = \frac{\bar{x} - \mu}{\sigma/\sqrt{n}}$$

在 H_0 成立时，U 服从标准正态分布. 又由于 $\bar{x}$ 是 μ 的估计，在 H_0 成立时，$|\bar{x} - \mu_0|$ 不能过大，从而 $|U|$ 也不能过大. 因此，$|U|$ 过大是小概率事件，记 $P\{|U| > \alpha\} = \alpha$. 由 U 服从标准正态分布，查表得 $\alpha = \mu_{\alpha/2}$. 于是 H_0 的拒绝域为 $|U| > \mu_{\alpha/2}$，计算得

$$|U| = \left|\frac{\bar{x} - \mu}{\sigma/\sqrt{n}}\right| = \left|\frac{202.95 - 200}{6/\sqrt{10}}\right| = 1.5548.$$

由显著水平 $\alpha = 0.05$，查表得 $\mu_{\alpha/2} = \mu_{0.025} = 1.96$. 这批产品是合格的，即这批饮料的均值符合额定标准 200g.

2.8.2　χ^2 检验

设 $X \sim N(\mu, \sigma^2)$，在 μ 未知的情况下，给定 σ^2 和总体 X 的一个样本 $x_1, x_2, \cdots, x_n$，欲检验 σ^2 是否等于 σ_0^2.

现在假设

$$H_0: \sigma^2 = \sigma_0^2, \quad H_1: \sigma^2 \neq \sigma_0^2.$$

可以证明有统计量 $\chi^2 = \dfrac{S^2}{\sigma^2/(n-1)}$ 服从自由度为 $n-1$ 的 χ^2 分布，则当 H_0 成立时，有统计量

$\chi_0^2 = \dfrac{S^2}{\sigma_0^2/(n-1)}$ 服从自由度为 $n-1$ 的 χ^2 分布，即

$$\chi_0^2 = \frac{S^2}{\sigma_0^2/(n-1)} \sim \chi^2(n-1).$$

其中可以证明 $S^2 = \dfrac{1}{n-1}\sum\limits_{i=1}^{n}(x_i - \bar{x})^2$ 是 σ^2 的无偏估计量.

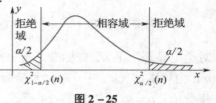

图 2 - 25

因为 χ^2 分布图形不对称，对于给定的 α，根据 $P\{\chi^2 \leqslant \lambda_1\} = 1 - \dfrac{\alpha}{2}$，$P\{\chi^2 \geqslant \lambda_2\} = \dfrac{\alpha}{2}$，求出两个临界值 λ_1，λ_2，如图 2 - 25 所示，其中 λ_1 即图 2 - 25 中的 $\chi_{1-\alpha/2}^2(n)$，λ_2 即图中的 $\chi_{\alpha/2}^2(n)$，它们由 χ^2 分布表查出；再由样本 x_1，x_2，$\cdots$，x_n 算出检验量 χ^2 的值 χ_0^2，当 $\chi_0^2 \leqslant \lambda_1$ 或者 $\chi_0^2 \geqslant \lambda_2$ 时，拒绝 H_0；当 $\lambda_1 < \chi_0^2 < \lambda_2$ 时，接受 H_0. 这个检验方法称为 χ^2 **检验**.

例2 根据过去几年亩产量调查的资料，某乡镇水稻亩产服从正态分布，其方差为 5625. 在今年对收成进行评估中，随机抽取了 10 块地，亩产（单位：千克）分别为

270，316，337，340，347，348，354，368，390，423.

问：根据以上评估资料，能否认为该乡镇水稻亩产的方差没有变化？

解 在总体方差未知时，用过去的资料估算出一个方差代替总体方差，是实际工作中经常遇到的. 但是这个估算的方差 σ_0^2 是否能代表真正的总体方差 σ^2，需要进行检验.

原假设 H_0：$\sigma^2 = \sigma_0^2 = 5625$. 备择假设 H_1：$\sigma^2 \neq \sigma_0^2 \neq 5625$. 则 $S^2 = \dfrac{1}{n-1}\sum\limits_{i=1}^{n}(x_i - \bar{x})^2 = 6680$. 令 $\alpha = 0.05$，查 χ^2 分布表得到 $\lambda_2 = \chi_{\alpha/2}^2(n-1) = \chi_{0.025}^2(9) = 19.023$，$\lambda_1 = \chi_{1-\alpha/2}^2(n-1) = \chi_{0.975}^2(9) = 2.700$. 而 $\dfrac{S^2}{\sigma^2/(n-1)} = \dfrac{6680}{5625/9} = 10.688$. 因为 $2.700 < 10.688 < 19.023$，所以不能拒绝 H_0. 不能认为该乡镇水稻亩产的方差发生了变化，也就是说可以利用根据过去调查资料估算出来的总体方差 $\sigma_0^2 = 5625$ 作为今年水稻产量调查总体方差.

阶段习题十二

进阶题

1. 假定某厂生产一种钢索，其断裂强度 $X \sim N(\mu, 40^2)$. 从中选取一个容量为 9 的样本，计算得样本均值 $\bar{x} = 780(\text{kg/cm}^2)$. 能否据此样本认为这批钢索的断裂强度为 $800(\text{kg/cm}^2)$？（取 $\alpha = 0.05$）

2. 某车间生产铜丝，生产一向稳定，今从产品中任抽 10 根检查折断力（单位：kg），得数据如下：

578，572，570，568，572，570，572，596，584，570.

问：是否可相信该车间生产的铜丝折断力的方差为 64？（取 $\alpha = 0.05$）

提高题

检验某电子元件的可靠性指标 15 次，计算得指标平均值为 $\bar{x} = 0.95$，样本标准差为 $S = 0.03$，该元件的订货合同规定其可靠性的标准差为 0.05，假设元件可靠性指标服从正态分布. 问：$\alpha = 0.10$ 时，该电子元件可靠性指标的方差是否符合合同标准？

拓展阅读

统计学中的盐——森古普塔的贡献

1947 年印度刚独立，德里就发生了一些公共暴乱. 一个少数民族团体中的大多数人避难到被称作红色城堡的地方，这是一个被保护的区域，少部分人逃到另一个地区的修姆因庙里，这个庙临近一个古建筑物. 政府有责任提供食物给这些避难者. 这个任务就委托给了承包商. 由于没有任何关于避难者人数的信息，政府被迫接受和支付承包商所提供的为避难者购买的各种日用品和生活保障品的账单. 政府的这项开支看起来非常大，因而有人建议让统计学家求出红色城堡中避难者的正确人数.

在当时的混乱条件下，这个问题看起来很困难. 另一个复杂的情形是统计学家所属团体是与避难者所属团体对立的，因而如果进入红色城堡，应用统计技术估计避难者的人数的话，这些统计学家的安全没有保障. 摆在统计学家面前的问题是：在没有任何避难者人数的先验信息、没有任何机会直接了解那个地区人口密度的情形下，同时在不能使用任何已知的用于估计或人口统计调查中的抽样技术条件下，来估计一个给定地区的人口数量.

专家们不得不想出某个办法来解决这个难题. 无论是统计学还是统计学家的失败，政府都是不能容忍的. 不管怎样，统计学家们接受了承包商交给政府的账单，这些账单记录了提供给避难者的不同的生活用品，如所购入的米、豆类和盐. 如何利用这些资料呢？

假设全体避难者一天所需要的米、豆类和盐的总量分别为 R，P，S. 由消费调查，每人每天所需要这些食物的量分别为 r、p、s. 因而 R/r，P/p，S/s 提供了一个集团中相同人数的平行估计量. 也就是说，这三个值无论哪一个均是等价有效的. 专家们利用承包商们提供的 R，P，S 计算了这些值，发现 S/s 最小，而表示大米的 R/r 最大. 与盐相比，商品中最贵的大米的量有可能被夸大了. 因为当时印度盐的价格非常低，所以承包商不会夸大盐的用量. 因此，统计学家提出估计值 S/s 为红色城堡中避难者的人数. 对所提出的这种方法的验证是用同样的方法独立地估计了修姆因庙里的避难者人数，这里的人数要少得多，得到了很好的近似值.

这个基于盐量的估计方法思想来自森古普塔(J. M. Sengupta)，他长期在印度统计所工作. 由统计学家所给出的估计值对政府做出行政管理决策非常有用. 这也提高了统计学的威信. 从那以后，统计学受到政府的大力支持，可以说，这个估计方法对印度统计学的发展做出了很大的贡献.

这里所用的方法是一个非惯例且很巧妙的方法. 这个思想的背后是统计的推理或定量的思考.

附　录

附录 A　GeoGebra 软件使用简介

1.1　GeoGebra 是什么

GeoGebra 是一套包含处理几何、代数、微积分、统计等能力的动态数学软件. 它是由奥地利数学家 Markus Hohenwarter 以及其国际开发团队，为了让全世界的校园都可以免费使用动态数学软件而共同开发的.

GeoGebra 这款软件的名称拆开来就是"Geo" + "Gebra"，意思是结合了几何(Geometry)与代数（Algebra)的功能. 因为这个词是新生词汇，且此软件一问世，就走国际化的开源发展之路，故软件没有中文译名，但许多人简称之为"GGB". GeoGebra 可应用于多平台(Window、Mac、Linux 等)，提供 67 种语言支持，已在世界上荣获多项教育类软件奖项.

相对于众多的数学软件，GeoGebra 的操作比较容易上手，但因为各界数学精英都参与到了软件的开发团队，这个软件能够完成的数学功能极其丰富. 如果只关注与自己应用有关的数学领域，则本软件很容易驾驭.

1.2　GeoGebra 场景

GeoGebra 软件运行后，其基本工作界面，称之为"场景". 因为 GeoGebra 的场景可以进行多种设置而改变，下面以默认场景开始，认识 GeoGebra. 运行 GeoGebra 后，软件会出现附图 1 所示的默认场景.

"代数区"：矩形框内显示各种对象的代数意义，包括对象类别、标签和一些基本属性. 如果对象太多，会自动向下添加，同时，区域右边出现纵向滚动条.

"绘图区"：构造几何图形的区域. 如果对象太大，区域会出现滚动条，通过滚动条调整视觉窗口内显示的对象范围.

代数区和绘图区的大小可以通过鼠标拖拽其分界线来改变其排列位置和方式，也可以拖动其名称标题栏改变.

"边栏"：单击携带小三角的边栏，会对当

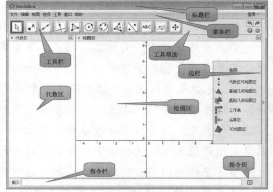

附图 1

前画板的"格局"进行改变. 这里的"格局"指 "工具栏"下方和"指令栏"上方的区域内的显示内容. 可以只显示"代数区与绘图区""基础几何绘图区""高级几何绘图区""工作表""运算区"和"3D 绘图区"中的一个选项. 想同时显示"格局"中的所有区域，可以在"视图"中分别勾选. 打开软件时，"边栏"会显示"格局"选项，单击场景中其他地方时，"格局"对话框会自动隐去.

"指令栏"：在指令栏内输入合法的指令，绘图区会出现指令运行结果的几何对象，同时在代数区中会出现对象的代数数值. 指令栏右侧是"指令钮"，单击可以切换显示"指令说明". 在"指令说明"列表中，双击需要的指令，其名称会自动进入"指令栏"的编辑区域中. 当鼠标处于指令栏中的编辑状态时，编辑栏的最后还会出现辅助输入按钮◙┊(符号列表)，单击⊡按钮，出现附图 2 所示的图集，可以单击协助指令输入．上下箭头，是提示选择曾经输入的命令．输入时方括弧必须输入，尖括弧不用输入，直接输入尖括弧内的对象名称即可调用．

附图 2　　　　　**附图 3**

注意：提示式键入．输入前边两个字符，系统自动提示补齐可能的命令，移动光标选中需要的命令即可，如附图 3 所示．在中文版 GeoGebra 中，也可以输入英文指令．

1.3　函数

可以像使用其他函数一样，使用事先定义的变量（如数值、点和向量）构建函数．

范例：函数 f：$f(x) = 3x^3 - x^2$，函数 g：$g(x) = \tan(f(x))$．

限定函数区间需要使用"如果"指令，才能把函数限定在闭区间 $[a, b]$ 内．

范例：如果 $[3 <= x < = 5, x^2]$ 定义了一个定义域为 $[3, 5]$ 区间内的函数 x^2，即 $f(x) = x^2$（$3 \leqslant x \leqslant 5$）．

1.3.1　文字（文本）

附表 1 列出一些重要的 LaTeX 命令．

1.3.2　图片

图片对象属于插入绘图区的对象．使用图片工具❋可以在绘图区中插入图片．

首先，通过以下两种方式确定插入图片的左下角位置：一是单击绘图区确定图片左下角位置，二是单击一个点确定图片左下角的位置，然后，打开计算机中存放的图片文件夹，在对话框中选择需要插入的图片．

注意：使用图片工具插入一个图片后，按 < Alt + 左键 > 组合键，可以从计算机的剪贴板中再次复制最后的内容（未必是图片）到绘图区．

插入图片工具同样支持透明的 GIF 和 PNG 文件．

附表 1

La TeX input	Result
a\cdot b	$a \cdot b$
\frac{a}{b}	$\frac{a}{b}$
\sqrt{x}	$\sqrt{x}$
\sqrt[n]{x}	$\sqrt[n]{x}$
\vec{v}	$\vec{u}$
\overline{AB}	$\overline{AB}$
x^{2}	x^2
a_{1}	α_1
\sin\alpha+\cos\beta	$\sin\alpha + \cos\beta$
\int_{a}^{b}xdx	$\int_a^b x dx$
\sum_{i=1}^{n}^2	$\sum_{i-1}^n i^2$

1.4　曲线

在 GeoGebra 中，曲线的生成方式有两种，一种是"参数式"，另一种为"方程式"．

1.4.1　曲线参数式

利用类似"曲线 $[f(t), g(t), t, a, b]$"的指令来产生曲线参数式，这种曲线可以用"描点指令"来绘制曲线上一点，也可以搭配"切线指令"来画切线．

注意：曲线参数式可以当成一般的函数来使用，比如，如果有 $c = \text{Curve}[f(t), g(t), t, a, b]$，当在指令栏中输入 $c(3)$ 时，会得到一个新的点，坐标为 $(f(3), g(3))$．

若要在曲线上新增一点，可以利用"新点工具 ．ᴬ"，也可以使用"描点指令"．

参数区间的起点 a 与终点 b 可以是变量，所以也可以用"数值滑杆 ——·ᵃ⁼²"来设定这些数值．

目前还没有办法用 GeoGebra 来产生一个通过数个任意给定点的曲线参数式，不过可以试试"多项式函数指令"或者"多项式回归指令"．"多项式函数指令"会画出刚好通过这些点的多项式函数，如附图 4 所示．"多项式回归指令"会画出掠过这些点的"最佳多项式函数"（不过得事先指定要用几次的多项式来逼近），如附图 5 所示．

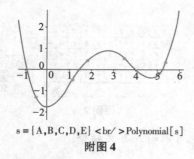

$s = \{A,B,C,D,E\}
 Polynomial[s]$

附图 4

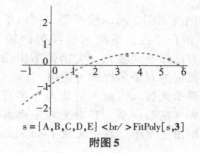

$s = \{A,B,C,D,E\}
 FitPoly[s,3]$

附图 5

1.4.2　曲线方程式

可以直接在指令栏中输入曲线方程式(用 x 与 y 当变量的多项方程式).

范例：$x\char94 4 + y\char94 3 = 2xy$.

备注：可以用"新点工具"或"描点指令"在这类的曲线上画一个附着其上的动点，如附图 6 所示. 不仅如此，也可以用"切线工具"或"切线指令"来构建这类曲线上的切线，如附图 7 所示.

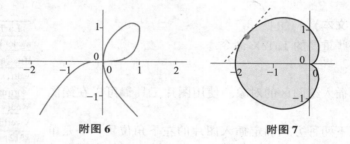

附图 6　　　　　　　　　附图 7

1.4.3　隐式曲线

隐式曲线是变量为 x 和 y 的多项式方程. 可使用指令栏直接构建.

范例：$x\char94 4 + y\char94 3 = 2x * y$.

1.5　不等式

GeoGebra 支持的不等式有"单变量"与"双变量"两种.

注意：虽然可以输入任何不等式，它都会出现在"代数区"中，但是只有下列的不等式，才能显示在"绘图区"中：单变量多项不等式，如 $x\char94 3 > x + 1$ 或 $y\char94 2 > y$；二元二次不等式，如 $x\char94 2 + y\char94 2 + x * y \leqslant 4$.

1.6　数值与角度

1.6.1　数值

可以使用指令栏构建数值. 如果只键入一个数字(如 3)，GeoGebra 会分配一个小写字母作为这个数值的名称. 如果想给这个数值一个专属名称，可以键入名称后跟等号和数值(如键入"$r = 5.32$"就构建一个小数 r，其值为 5.32).

注意：在 GeoGebra 中，数值与角度小数点使用实心句点.

可有使用指令栏右侧的快捷按钮α通过下拉选项，使用常量 π 和欧拉数 e 构建表达和计算式. 注意：如果 e 没有被已有对象使用为名称，在一个新的表达式中，GeoGebra 会默认 e 是欧拉数.

1.6.2 角度

角度可以使用度(°)或弧度. 常量 π 通常用作弧度, 可以输入"pi"键入.

注意: 可以使用快捷键构建度符号(°)或者圆周率符号(π).

范例: 可以构建一个角度 α(如 $\alpha = 60°$)或一个弧度 α(如 $\alpha = pi/3$).

注意: GeoGebra 默认计算都是使用弧度制. 携带度符号(°)可以正常计算, 但常量 π/180 会自动转为弧度.

范例: 有一数值 $a = 30$, "$\alpha = a°$"就是赋值"$\alpha = 30°$", 不做弧度转换. 如果键入"$b = \alpha/°$", 角度 α 就返回数值"$b = 30$"(消除了单位), 不改变着值.

注意: 从属角度可以在其属性对话框的标签选项中确定其显示角度值单位.

1.7 复数

GeoGebra 不能直接支持复数, 但可以使用点模拟复数.

范例: 在指令栏键入复数"$3 + 4i$", 会在绘图区构造点$(3, 4)$. 点的坐标在代数区显示为"$3 + 4i$".

注意: 打开点的属性对话框勾选代数标签显示格式为复数, 可以把点显示为复数形式.

在指令栏输入虚数单位 i 可以从符号列表中选择, 也可以使用快捷键 < Alt + i >. 除非在运算区或者提前定义了参数 i, 否则, 系统默认 $i = (0, 1)$或者虚数"$0 + 1i$". 这就意味着可以在指令栏输入虚数(如 $q = 3 + 4i$), 但在运算区不行.

范例: 复数加和减$(2 + 1i) + (1 - 2i)$可以得到复数 $3 - 1i$. $(2 + 1i) - (1 - 2i)$可以得到复数 $1 + 3i$.

注意: 通常乘法运算$(2, 1) * (1, -2)$得到两个向量的无向积. 允许以下指令和默认计算:

$x(z)$ 或 real(z)返回复数 z 的实部.

$y(z)$ 或 imaginary(z)返回复数 z 的虚部.

abs(z)或长度$[z]$返回复数 z 的绝对值.

arg(z)或角度$[z]$ 返回复数 z 的幅角.

conjugate(z)或反射$[z, x\mathrm{Axis}]$返回复数 z 的共轭复数.

GeoGebra 同样支持实数与虚数组成的运算.

在 GeoGebra 中, 可以通过指令栏右侧符号列表选择或者键盘输入, 执行布林变量和条件判断. 不同意义的符号输入方法见附表2.

附表 2

意义	符号列表选择	键盘输入	例子	适于对象类型
等于	$\overset{?}{=}$	= =	$a \overset{?}{=} b$ 或 $a = = b$	数值、点、直线、圆锥曲线
不等于	≠	! =	$a \neq b$ 或 $a! = b$	数值、点、直线、圆锥曲线
小于	<	<	$a < b$	数值
大于	>	>	$a > b$	数值
小于等于	⩽	< =	$a \leqslant b$ 或 $a < = b$	数值
大于等于	⩾	> =	$a \geqslant b$ 或 $a > = b$	数值
且	∧	&&	$a \wedge b$	布朗函数
或	∨	| |	$a \vee b$	布朗函数
非	¬	!	¬ a 或!a	布朗函数
属于	∈		$a \in$ < 列表 1 >	数值 a, 数集 < 列表 1 >
平行于	//		$a // b$	直线
垂直于	⊥		$a \perp b$	直线

1.8 列表（串行）

使用花括弧可以构建若干对象的列表(如点、线和圆).

范例：指令"L = {A，B，C}"返回一个包含已有 3 个点 A、B、C 的列表. L = {(0，0)，(1，1)，(2，2)}构建一个包括新建三个没有命名点的列表. 注意：默认情况下，列表中的元素不会显示在绘图区.

想访问列表中个别元素，可使用"元素"指令. 列表可以被用作列表运算或列表命令中的参数.

（1）比较列表中对象.

可以使用以下语句或者命令对两个列表进行比较. "List1 = = List2"：比较两个列表是否相等，且返回真假值. "List1！= List2"：比较两个列表是否不相等，且返回真假值.

（2）列表操作.

< Object > ∈ < List > 是列表包含于.

< List > ⊆ < List > 是列表子集.

< List > ⊂ < List > 是列表真子集.

< List > \ < List > 是列表差.

（3）列表的运算与函数.

如果在列表上执行运算与函数运算，可以得到一个新的列表.

（4）加法与减法.

List1 + List2：将两列表中对应的元素相加，但要求两列表的长度相同.

List + Number：用列表中的每个元素加上某个数.

List1 – List2：第一个列表内的元素减去第二个列表内的相应元素，也要求两列表的长度相同.

List – Number：用列表中的每个元素减去某个数.

（5）乘法与除法.

List1 * List2：将两列表中对应的元素相乘. 要求两列表的长度相同，如果列表内元素为矩阵，则要进行矩阵乘法运算.

List * Number：用列表内每个元素乘以某个数.

List1/List2：第一个列表内的元素除以第二个列表内对应的元素，也要求两列表的长度相同.

List/Number：用列表中每个元素除以某个数.

List/Number：用此数除以列表内的每个元素.

（6）其他.

List^2：将列表内每个元素平方.

2^List：将列表内每个元素变为 2 的 n 次方.

List1^List2：假设 a 和 b 是列表中对应元素，新的列表中为 a^b.

sin(List)：列表内每个元素取 sin 函数.

对列表进行自定义运算或者函数操作，会得到一个新的列表.

1.9 矩阵

GeoGebra 支持矩阵，多个列表逐行表示矩阵.

范例：在 GeoGebra 中，"{{1，2，3}，{4，5，6}，{7，8，9}}"表示矩阵 $\begin{pmatrix} 1 & 2 & 3 \\ 4 & 5 & 6 \\ 7 & 8 & 9 \end{pmatrix}$.

使用"公式文本"命令及 LaTeX 格式可以在绘图区域显示一个漂亮的矩阵.

范例：在指令栏键入"公式文本[{{1，2，3}，{4，5，6}，{7，8，9}}]"就会显示 LaTeX 格式的矩阵.

$$\begin{pmatrix} 1 & 2 & 3 \\ 4 & 5 & 6 \\ 7 & 8 & 9 \end{pmatrix}$$

(1)矩阵运算.

矩阵运算基于列表运算，以下语法会得出描述性结果.

注意：某些语句能运算在矩阵集中定义规则以外的结果.

1)加法和减法.

Matrix1 + Matrix2：两个相同大小的矩阵对应位置相加.

Matrix1 − Matrix2：两个相同大小的矩阵对应位置相减.

2)乘法和除法.

Matrix * Number：在矩阵的每个元素上乘以某个数.

Matrix1 * Matrix2：使用矩阵乘法求出新的矩阵. 第一个矩阵的列数必须与第二个矩阵的行数相等.

Matrix1/Matrix2：使用矩阵除法求出新的矩阵. 第一个矩阵的列数必须与第二个矩阵的行数相等.

注意：GeoGebra 支持语句"Matrix1 * Matrix2^(−1)".

(2)其他运算.

与列表有关的命令都适于矩阵，如行列式[Matrix]：计算矩阵的行列式的值.

逆反[Matrix]：给出矩阵的逆矩阵.

转置[Matrix]：给出矩阵的转置矩阵.

应用矩阵[Matrix，Object]：新建一个对象和矩阵，新矩阵等于已知矩阵×已知对象. 相当于矩阵关于新建点的仿射变换.

简化行梯阵式[Matrix]：简化行梯阵式，返回矩阵的简约行梯阵式.

2.1 工作表(试算表)工具

只有工具表视图打开时，工作表工具才出现，包括：移动、单变量分析、双变量回归分析、多变量分析、概率统计、新建集合、新建点集、新建矩阵、新建表格、新建折线、求和、平均值、计数、最大值和最小值工具.

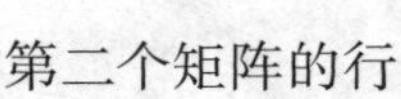

当"工作表"被激活时，工具栏变为附图8：

依次是移动工具、分析工具、集合工具和统计工具.

附图8

分析工具包括单变量分析、双变量回归分析和多变量分析，如附图9所示.

(1) ：单变量分析.

在工作表中选择一些数字内容的单元格集或者列，单击此工具就打开一个构建这些数据的单变量分析图的对话框，如附图10所示. 对话框有四个面板：1 个分析面板、1 个数据面板和2 个图板. 数据面板和第二绘图面板在对话框第一次打开时不显示.

（2）⊞⋰：双变量回归分析.

选择工作表中携带成对数据的两列，单击此工具会出现对话框并能依据数据构建双变量回归分析图，如附图 11 所示. 对话框有四个面板：1 个分析面板、1 个数据面板和 2 个图板. 对话框第一次打开时只有一个图板. 使用选项菜单单击选择显示其他面板.

附图 9　　　　　　附图 10　　　　　　附图 11

对话框打开时默认是选择数据的散点图，如附图 12 所示. 在图下方的下拉菜单可以选数据的其他"回归模型"，如附图 13 所示. 每一个新的选择都在绘图板的下方显示出其方程.

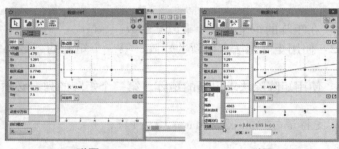

附图 12　　　　　　附图 13

（3）▦：多变量分析.

选择工作表中二列及更多列数据，单击此工具会出现对话框，能依据数据构建多变量分析图，如附图 14 所示.

2.2　运算区(CAS)工具

运算区工具只显示在运算区. 默认情况下除了积分在导数工具箱中，它们都是分别列放于工具栏（概率统计不算）.

运算区工具包括：求值、估算、检查、分解、展开、求解、替代、积分、导数等，如附图 15 所示.

附图 14

2.2.1　一般工具

（1）＝：求值.

这个工具仅适用于运算区.

选择此工具后，输入计算表达式且按 < Enter > 键.

（2）≈：估算.

这个工具仅适用于运算区.

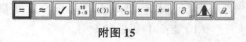

附图 15

选择此工具后，输入估算计算表达式且按 < Enter > 键.

注意：小数点位数需要在选项菜单中做全局精确度设置.

（3）✓：检查（保留原式）.

这个工具仅适用于运算区.

想要使得输入的表达式不变，输入前选择本工具.

（4）³·₅¹⁵：分解（分解因式）.

这个工具仅适用于运算区.

输入拟分解的表达式并确认，然后用本工具单击表达式.

（5）«()»：展开.

这个工具仅适用于运算区.

选择本工具后，输入想要展开的表达式并按＜Enter＞键.

（6）⁷√□：替代（带入）.

这个工具仅适用于运算区.

输入表达式并选择工具，在对话框中可以指定表达式中拟替换的新旧表达式内容，如附图16所示.

（7）×＝：精确解.

这个工具仅适用于运算区.

选择此工具后，输入方程表达式并按＜Enter＞键，返回精确解，比

如 $x = \sqrt{5}$.

附图16

（8）×≈：近似解.

这个工具仅适用于运算区.

选择此工具后，输入方程表达式且按＜Enter＞键，得到近似解，比如 $x \approx 2.236$.

注意：小数点位数需在选项菜单中做全局精确度设置.

（9）🖊：删除.

单击拟删除的对象（参见"删除"命令）.

注意：如果删除对象失误，可以使用恢复键↶撤销删除.

2.2.2 导数积分工具

（1）∂：导数.

这个工具仅适用于运算区，如附图17所示.

输入求导的表达式并按＜Enter＞键，鼠标单击表达式和本工具.

附图17

（2）∫：积分.

这个工具仅适用于运算区.

输入求积分的表达式并按＜Enter＞键，鼠标单击表达式和本工具.

2.2.3 概率函数工具

（1）▲：概率统计.

单击此工具打开一个计算和绘制概率分布图的对话框，如附图18、附图19所示. 单击"正态分布"右侧的下拉菜单，从列表中选择一个分布种类，然后调整关联文本框中的参数，可得到相关分布图，如附图20所示.

附图18

在概率与统计对话框的"统计"标签的下拉菜单中选择区间类型可以统计概率，然后调整关联文本框区间值，可得到相关的概率统计图，如附图21所示. 也可以通过移动图中 x 轴上的点发现概率的变化，如附图22所示.

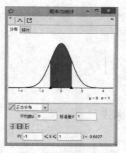   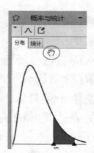

附图 19　　　　　　附图 20　　附图 21　　　　附图 22

（2）：函数检视.

输入想要分析（检视）的函数，然后选择工具，单击函数图像.

在"区间"标签中可以指定区间，工具会给出函数最小值、最大值、根值点等，如附图 23 所示. 在"点列"标签中，函数的几个点被列出，显现这些点的斜率趋势等，如附图 24 所示.

附图 23　　　　附图 24

2.2.4　统计工具

（1）$\sum$：求和.

此工具仅限于工作表区. 有两种使用方法：

①选择目标单元格，然后使用这个工具选择一个单元格区域. 这些单元格数值的和将出现在目标单元格.

②选择一个包含多个单元格的区域然后使用本工具，如附图 25 所示. 如果单元格有多行，每列的和会放在本列的最后. 如果只有一行，本行的和会放在选中区域的右边. 当单击工具图标的同时按住 <Shift> 键，选中区域的每一行的和将放在其右边.

（2）$\dfrac{\sum}{n}$：平均数.

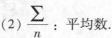

附图 25

此工具仅限于工作表区. 有两种使用方法：

①选择一个目标单元格，然后用这个工具，选择一个单元格区域，其中的数值平均数会显示在目标单元格中.

②选择一个包含多个单元格的区域，然后使用本工具. 如果单元格有多行，每列的平均数会放在本列的最后. 如果只有一行，本行的平均数会放在选中区域的右边. 当单击工具图标的同时按住 <Shift> 键，选中区域的每一行的平均数将放在其右边.

（3）ₗₗₗₗ：计数.

此工具仅限于工作表区. 有两种使用方法：

①选择目标单元格，然后使用这个工具，选择一个单元格区域. 这些单元格个数将出现在目标单元格中.

②选择一个包含多个单元格的区域，然后使用本工具. 如果单元格有多行，每列的单元格个数会放在本列的最后. 如果只有一行，本行单元格的个数会放在选中区域的右边. 当单击工具图标的同时按住 <Shift> 键，选中区域的每一行单元格的个数将放在其右边.

（4）12囝：最大值.

此工具仅限于工作表区. 有两种使用方法：

①选择目标单元格，然后使用这个工具，选择一个单元格区域．这些单元格数值的最大值将出现在目标单元格中．

②选择一个包含多个单元格的区域，然后使用本工具．如果单元格有多行，每列的最大值会放在本列的最后．如果只有一行，本行的最大值会放在选中区域的右边．当单击工具图标的同时按住＜Shift＞键，选中区域的每一行的最大值将放在其右边．

（5）🔢：最小值．

此工具仅限于工作表区．有两种使用方法：

①选择目标单元格，然后使用这个工具，选择一个单元格区域．这些单元格数值的最小值将出现在目标单元格中．

②选择一个包含多个单元格的区域，然后使用本工具．如果单元格有多行，每列的最小值会放在本列的最后．如果只有一行，本行的最小值会放在选中区域的右边．当单击工具图标的同时按住＜Shift＞键，选中区域的每一行的最小值放在其右边．

2.3　代数区

在 GeoGebra 中可以直接使用指令栏输入代数表达式．按＜Enter＞键后，代数部分会显示在代数区，图形会自动显示在绘图区．

范例：输入"$f(x)=x\hat{}2$"后，在代数区返回一个函数 f，在绘图区返回它的函数图像．

样式栏：样式栏有两个按钮．

（1）▣：辅助对象．

这个按钮触发显示或者隐藏辅助对象．

（2）▣：对象依据类型排序．

按下此按钮时，对象按照类型排序（诸如点、线等），否则按照自由、从属和辅助对象分类（按照层排序或者按照构造顺序列表），如附图 26 所示．

附图 26

2.3.1　运算区（CAS 视窗）

运算区允许使用计算机代数系统进行符号运算．运算区域由许多单元组成，它们中的任一个都有上部输入区和下部结果显示区．输入区类似常规的指令栏，有以下不同：

1）变量没有被赋予任何值，诸如"$(a+b)\hat{}2$"求值"$a\hat{}2+2*a*b+b\hat{}2$"．

2）"="用于方程．"：="用于指定任务．这就意味着"$a=2$"不是为 a 赋值2．

3）乘法要求更严格．在指令栏可以输入 $a(b+c)$ 和 $a*(b+c)$，但在运算区只认后者．

（1）基本输入．

1）Enter：求值．如"$sqrt(2)$"输出$\sqrt{2}$．

2）Ctrl + Enter：求值结果为近似数值（否则为根号），如"$sqrt(2)$"输出 1.41，如附图 27 所示．

3）Alt + Enter：检查输入但不求值，如"$b+b$"保持"$b+b$"．

4）在空行键入，"空格键"：得到上次计算的结果．"）"键：得到括弧且上次计算的结果在括弧内．"="键：上次的输入．

（2）显示或隐藏对象．

在运算区，每一行的左侧有定义对象显隐的小图标，单击该图标就能改变对象在绘图区中的可见度．

（3）方程．

1）使用简单的等号表示方程，如"$3x+5=7$"．

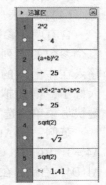

附图 27

2)可以执行等式代数运算，如"$(3x+5=7)-5$"是从等式的两边分别减 5. 这对于手工解方程十分有用.

3)"左边$[3x+5=7]$"返回"$3x+5$"，而"右边$[3x+5=7]$"返回"7".

2.3.2 工作表(试算表)

在 GeoGebra 工作表中每一个单元格有唯一的专属地址方便定位. 例如，第一行第一列的单元格名称为 A1.

注意：这些单元格名称可以用于表达式和指令中以引用相应单元格的内容.

单元格中不仅仅可以输入数字，还可以是 GeoGebra 支持的常规和几何图形(诸如点的坐标、函数和指令). 如有可能，GeoGebra 会在绘图区立即显示单元格中输入内容的图形表达. 因而，这个对象首先使用的名称就是单元格名(如 A5、C1).

注意：默认情况下，工作表对象在代数区地位为辅助对象，可以从快显菜单(右键)选"辅助对象"或者单击代数区的样式栏中的适当图标来显示.

（1）相对引用单元格名称.

默认情况下从一个单元格复制内容，其所有的相对引用关系同时也复制到了目标位置.

范例：设 A1 = 1，A2 = 2，在 B1 输入(A1，A1). 复制 B1 到 B2(使用 < Ctrl + C > < Ctrl + V > 或拖拽单元格右下角都可)，B2 中得到(A2，A2).

想要使用绝对引用，可以在列或行前使用" $ ".

注意：在 Mac 系统计算机中，复制和粘贴的快捷键是 < Ctrl + C > 和 < Ctrl + V > .

（2）向电子表格导入数据.

除了手动向电子表格添加数据外，还可以使用填充列、填充行和填充单元格命令.

使用简单的拖拽操作也同样可能复制代数区的对象到电子表格中. 如果拖拽的是一个列表，在电子表格释放鼠标左键的单元格开始，横向列放列表元素. 拖拽释放鼠标的同时按住 <Shift> 键，会出现对话窗口，提示选择自由对象还是从属对象，以及是否垂直排列列表元素(转置).

也可以从其他程序导入数据，如保存类型为". txt"". csv"和". dat"的文件. 右键工作表中的自由单元格，选择导入文档.

注意：GeoGebra 使用句点"."为小数点，逗号","为字段分隔符，导入数据前，请确保设置正确.

（3）在其他窗口使用电子表格数据.

可以选择多单元格数据并处理. 在右键快显菜单中勾选"新建"，选项有：集合、点集、矩阵、表格、折线和操作表，如附图 28 所示.

（4）操作表.

含有两个参数(两个自变量)的函数可以构建操作表. 第一个参数的值列放在第一行，第二个参数的值列放在第一列，函数本身必须输入在左上角的单元格. 当函数和参数值输入好了，框选拟存放操作表的矩形区域，右键快显菜单勾选"新建"→"操作表".

范例：设 A1 = xy(x * y)、A2 = 1、A3 = 2、A4 = 3、B1 = 1、C1 = 2 和 D1 = 3. 选择矩形区域 A1:D4，右键，在快显菜单中勾选"新建"→"操作表"，使用函数计算输入值得到的结果就插入构成操作表，如附图 29 所示.

附图 28

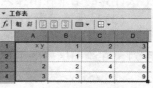

附图 29

附录 B　参考答案

1.1　行列式概念和性质

1.1.1　行列式的概念

☞ 随堂小练

1. (1) 3；(2) $2ad - 2bc$；(3) 75；(4) 24.

2. (1) $\begin{cases} x = 3 \\ y = 4 \end{cases}$；(2) $D = -6$，$D_1 = -6$，$D_2 = -12$，$D_3 = -6$，$\begin{cases} x_1 = 1 \\ x_2 = 2. \\ x_3 = 1 \end{cases}$

1.1.2　行列式的性质

☞ 随堂小练

1. (1) 0；(2) -2300；(3) 24.

2. $D = (3a + b)(b - a)^3$.

────── 阶段习题一 ──────

▶ 进阶题

1. (1) 1；(2) $a^2 - b^2$；(3) 0；(4) -4；(5) 2；(6) 16.

2. (1) 0；(2) 3；(3) 4；(4) $\dfrac{n(n-1)}{2}$.

3. $-a_{14}a_{21}a_{32}a_{43}$；$a_{14}a_{21}a_{33}a_{42}$.

4. 2.

▶ 提高题

1. (1) $3abc - a^3 - b^3 - c^3$；(2) 0；(3) 0.

2. 无解.

3. 略.

1.2　行列式计算

☞ 随堂小练

(1) -3；(2) 0；(3) -3；(4) $(x-a)(y-a)(y-x)(z-a)(z-x)(z-y)$.

────── 阶段习题二 ──────

▶ 进阶题

1. $M_{23} = \begin{vmatrix} 2 & 1 \\ -1 & 1 \end{vmatrix}$，$A_{23} = \begin{vmatrix} 2 & 1 \\ -1 & 1 \end{vmatrix}$，$M_{31} = \begin{vmatrix} 1 & 2 \\ -2 & 0 \end{vmatrix}$，$A_{31} = \begin{vmatrix} 1 & 2 \\ -2 & 0 \end{vmatrix}$.

2. $M_{24} = \begin{vmatrix} 6 & 1 & 0 \\ -2 & 3 & 8 \\ 10 & 1 & 4 \end{vmatrix}$，$A_{24} = \begin{vmatrix} 6 & 1 & 0 \\ -2 & 3 & 8 \\ 10 & 1 & 4 \end{vmatrix}$，

$$M_{32} = \begin{vmatrix} 6 & 0 & -1 \\ -7 & 6 & -2 \\ 10 & 4 & 11 \end{vmatrix}, \quad A_{32} = \begin{vmatrix} 6 & 0 & -1 \\ -7 & 6 & -2 \\ 10 & 4 & 11 \end{vmatrix}.$$

3. (1) 30; (2) $(b-a)(c-a)(c-b)(d-a)(d-b)(d-c)$.

4. $x_1 = a$, $x_2 = b$, $x_3 = c$.

◆ 提高题

1. (1) 16; (2) $(y-x)(m-x)(m-y)(n-x)(n-y)(n-m)$.

2. $A_{11} + A_{12} + A_{13} + A_{14} = -2$, $M_{12} + M_{22} + M_{32} + M_{42} = 2$.

1.3 矩阵概念和运算

1.3.1 矩阵的概念

☞ 随堂小练

1. 6 行 7 列的矩阵，$a_{23} = 0$，$a_{55} = 11$，$a_{65} = 0$.

2. $A^{\mathrm{T}} = \begin{pmatrix} 6 & 4 & -1 \\ 5 & -4 & 7 \\ 5 & 0 & 3 \end{pmatrix}$.

1.3.3 逆矩阵

☞ 随堂小练

1. $AB = \begin{pmatrix} 3 & -3 \\ 2 & 1 \end{pmatrix}$, $BA = \begin{pmatrix} -1 & 11 & 5 \\ -2 & 6 & 2 \\ 2 & -4 & -1 \end{pmatrix}$.

2. $A + 2B = \begin{pmatrix} 3 & 2 & 3 \\ 4 & 4 & 0 \\ 6 & 5 & 5 \end{pmatrix}$, $B^{-1} = B^* = \begin{pmatrix} 1 & 0 & 0 \\ -2 & 1 & 0 \\ 1 & -2 & 1 \end{pmatrix}$.

━━ 阶段习题三 ━━

◆ 进阶题

1. (1) $a_{23} = -1$, $a_{32} = 2$; (2) $a_{23} = 0$, $a_{32} = 5$.

2. $A^{\mathrm{T}} = \begin{pmatrix} 1 & 3 & -1 \\ 7 & -4 & 2 \\ 9 & -1 & 3 \end{pmatrix}$, $A^* = \begin{pmatrix} -10 & -3 & 29 \\ -8 & 12 & 28 \\ 2 & -9 & -25 \end{pmatrix}$.

3. $a = 0$, $b = 3$, $c = 2$, $d = -5$.

4. (1) $\begin{pmatrix} 0 & 0 \\ 2 & -1 \end{pmatrix}$; (2) $\begin{pmatrix} 1 & -2 \\ 6 & -1 \end{pmatrix}$; (3) $\begin{pmatrix} -4 & 0 & 10 & -2 \\ 2 & -8 & -6 & 4 \end{pmatrix}$; (4) (4);

(5) $\begin{pmatrix} -3 & 6 & 9 \\ -2 & 4 & 6 \\ -1 & 2 & 3 \end{pmatrix}$; (6) $\begin{pmatrix} -2 & -26 \\ 10 & 9 \end{pmatrix}$; (7) $\begin{pmatrix} -3 & -1 & 1 \\ 5 & 13 & 0 \end{pmatrix}$; (8) $\begin{pmatrix} -6 & 22 & -2 \\ 17 & -18 & -16 \\ -6 & 20 & 8 \end{pmatrix}$.

◆ 提高题

1. (1) $\begin{pmatrix} 1 & -2 \\ -3 & -5 \end{pmatrix}$; (2) $\begin{pmatrix} 8 & -6 & -10 \\ 2 & -2 & -6 \end{pmatrix}$.

2. $AB - 2A = \begin{pmatrix} -2 & 3 & 6 \\ -2 & -7 & 8 \\ 0 & 11 & -2 \end{pmatrix}$, $A^{\mathrm{T}}B = \begin{pmatrix} 0 & 5 & 8 \\ 0 & -5 & 6 \\ 2 & 9 & 0 \end{pmatrix}$.

3. (1) $\begin{pmatrix} -5 & -2 \\ -2 & -1 \end{pmatrix}$; (2) $\begin{pmatrix} -2 & 1 & 0 \\ -\frac{13}{2} & 3 & -\frac{1}{2} \\ -16 & 7 & -1 \end{pmatrix}$; (3) $\begin{pmatrix} 0 & \frac{3}{2} & -\frac{1}{2} \\ 0 & -2 & 1 \\ 5 & 0 & 0 \end{pmatrix}$.

4. 系数矩阵 $A = \begin{pmatrix} 2 & 2 & 3 \\ 1 & -1 & 0 \\ -1 & 2 & 1 \end{pmatrix}$, $A^{-1} = \begin{pmatrix} 1 & -4 & -3 \\ 1 & -5 & -3 \\ -1 & 6 & 4 \end{pmatrix}$,

$X = A^{-1}b = \begin{pmatrix} 1 & -4 & -3 \\ 1 & -5 & -3 \\ -1 & 6 & 4 \end{pmatrix}\begin{pmatrix} 2 \\ 2 \\ 4 \end{pmatrix} = \begin{pmatrix} -18 \\ -20 \\ 26 \end{pmatrix}$.

1.4 线性方程组的解

1.4.1 矩阵的秩

☞ 随堂小练

$R(A) = R(A^{\mathrm{T}}) = 2$.

1.4.2 矩阵的初等变换

☞ 随堂小练

行阶梯形矩阵 $\begin{pmatrix} 1 & 0 & 1 \\ 0 & 3 & -4 \\ 0 & 0 & -1 \end{pmatrix}$, 行最简形矩阵 $\begin{pmatrix} 1 & 0 & 0 \\ 0 & 1 & 0 \\ 0 & 0 & 1 \end{pmatrix}$.

1.4.3 线性方程组的解

☞ 随堂小练

$X = \begin{pmatrix} -8 \\ 9 \\ 6 \end{pmatrix}$.

◣ 阶段习题四 ◢

◆ 进阶题

1. D.

2. (1) $\begin{pmatrix} 1 & 0 & 0 \\ 0 & 1 & 0 \\ 0 & 0 & 1 \end{pmatrix}$; (2) $\begin{pmatrix} 1 & 0 & \frac{1}{2} & 0 \\ 0 & 1 & -\frac{3}{2} & 0 \\ 0 & 0 & 0 & 1 \end{pmatrix}$.

3. $k = 1$.

4. (1)3；(2)1.

5. (1) $\begin{pmatrix} x_1 \\ x_2 \\ x_3 \\ x_4 \end{pmatrix} = k_1 \begin{pmatrix} -2 \\ 1 \\ 0 \\ 0 \end{pmatrix} + k_2 \begin{pmatrix} 1 \\ 0 \\ 0 \\ 1 \end{pmatrix}$； (2) $\begin{pmatrix} x_1 \\ x_2 \\ x_3 \\ x_4 \end{pmatrix} = k_1 \begin{pmatrix} 3 \\ -4 \\ 1 \\ 0 \end{pmatrix} + k_2 \begin{pmatrix} 5 \\ 4 \\ 0 \\ 1 \end{pmatrix}$.

◆ 提高题

1. (1)~(6)对.

2. (1) $\begin{pmatrix} 1 & 2 & 0 & -0.5 & -1.5 \\ 0 & 0 & 1 & 0.5 & 2.17 \\ 0 & 0 & 0 & 0 & 0 \\ 0 & 0 & 0 & 0 & 0 \end{pmatrix}$； (2) $\begin{pmatrix} 1 & 0 & 0 & 2 & -3 & -1 \\ 0 & 1 & 0 & 0 & 0 & 0 \\ 0 & 0 & 1 & -3 & 2 & -1 \\ 0 & 0 & 0 & 0 & 0 & 0 \end{pmatrix}$.

3. (1)$\lambda = 1$；(2)$\lambda = -2$；(3)$\lambda \neq 1$ 且 $\lambda \neq -2$.

4. (1)$X = \begin{pmatrix} \dfrac{19}{2} \\ -\dfrac{3}{2} \\ \dfrac{1}{2} \end{pmatrix}$； (2)无解； (3)$X = k \begin{pmatrix} -1 \\ -1 \\ 1 \\ 1 \end{pmatrix} + \begin{pmatrix} 1 \\ 0 \\ -1 \\ 0 \end{pmatrix}$； (4)$X = \begin{pmatrix} 2 \\ -2 \\ 3 \\ 4 \end{pmatrix}$.

5. (1)$\lambda \neq 2$ 且 $\lambda \neq -1$；(2)$\lambda = 2$ 或 -1. $\lambda = 2$ 时，通解为 $X = k \begin{pmatrix} 1 \\ 1 \\ 1 \end{pmatrix} + \begin{pmatrix} 6 \\ 2 \\ 0 \end{pmatrix}$；$\lambda = -1$ 时，

通解为 $X = k \begin{pmatrix} 1 \\ 1 \\ 1 \end{pmatrix} + \begin{pmatrix} -1 \\ 0 \\ 0 \end{pmatrix}$.

1.5 线性方程组在交通流量、卫星定位中的应用

━━ 阶段习题五 ━━

◆ 进阶题

1. (1)$\begin{cases} x_1 - x_3 + x_4 = 40 \\ x_1 + x_2 = 50 \\ x_2 + x_3 + x_5 = 60 \\ x_4 + x_5 = 50 \end{cases}$； (2)$\begin{cases} x_1 + x_3 + x_5 = 50 \\ x_1 - x_2 = 25 \\ x_2 + x_4 + x_7 = 60 \\ x_5 + x_6 - x_7 = 40 \\ -x_3 + x_4 + x_6 = 75 \end{cases}$.

2. $a = -2$.

提高题

1. 依图可列方程组：
$$\begin{cases} x_1 + x_4 = 55 \\ x_1 - x_2 - x_3 = 20 \\ x_3 + x_5 = 15 \\ x_2 + x_4 - x_5 = 20 \end{cases}$$

(1) $\begin{pmatrix} x_1 \\ x_2 \\ x_3 \\ x_4 \\ x_5 \end{pmatrix} = k_1 \begin{pmatrix} 1 \\ 1 \\ 0 \\ 1 \\ 0 \end{pmatrix} + k_2 \begin{pmatrix} 0 \\ -1 \\ -1 \\ 0 \\ 1 \end{pmatrix} + \begin{pmatrix} 55 \\ 20 \\ 15 \\ 0 \\ 0 \end{pmatrix}$, $0 \le k_1 \le 55$, $0 \le k_2 \le 15$, k_1、$k_2 \in \mathbf{Z}$；

(2) $k_1 = 25$.

2. $\begin{cases} x_1 - x_2 = 160 \\ x_2 - x_3 = -40 \\ x_3 - x_4 = 210 \\ -x_1 + x_4 = -330 \end{cases}$, $X = k \begin{pmatrix} 1 \\ 1 \\ 1 \\ 1 \end{pmatrix} + \begin{pmatrix} 330 \\ 170 \\ 210 \\ 0 \end{pmatrix}$, $k \in \mathbf{Z}$.

1.6 线性规划问题

进阶题

1. (1) $\min z = 2x_1 - x_2$
$$s.\,t. \begin{cases} x_1 + x_2 - x_3 = 5 \\ x_1 + 2x_2 + x_4 = 8 \\ x_1,\ x_2,\ x_3,\ x_4 \ge 0 \end{cases}$$
; (2) $\min z' = -2x_1 + x_2 - 3x_3$
$$s.\,t. \begin{cases} 2x_1 + x_2 - x_3 - x_4 = 10 \\ x_1 + 2x_2 + 2x_3 - x_5 = 18 \\ -x_1 + 3x_2 - x_3 = 2 \\ x_1,\ x_2,\ x_3,\ x_4,\ x_5 \ge 0 \end{cases}$$.

2. (1) 无最小值；(2) 最大值 19.

3. 设各截这两种钢板分别为 x_1，x_2 张，则有：

$\min z = x_1 + x_2$

$$s.\,t. \begin{cases} 2x_1 + x_2 \ge 15 \\ x_1 + 2x_2 \ge 18 \\ x_1 + 3x_2 \ge 27 \\ x_1,\ x_2 \ge 0 \end{cases},$$

解得 $x_1 = 3$，$x_2 = 9$ 或 $x_1 = 4$，$x_2 = 8$.

提高题

$$\min z = -2x_1 + 3u_2 - 3v_2 - x_3 - 3x_4$$

1. $s.t.$
$$\begin{cases} 2x_1 - u_2 + v_2 + 3x_3 + x_4 - x_5 = 3 \\ 3x_1 + 2u_2 - 2v_2 + 2x_4 = 7 \\ -x_1 + 4u_2 - 4v_2 - 3x_3 - x_4 + x_7 = 6 \\ x_2 = u_2 - v_2 \\ x_1,\ x_3,\ x_4,\ u_2,\ v_2 \geqslant 0 \end{cases}$$

2. $x_1 = 0$，$x_2 = 14$，$x_3 = 36$，$\min z = -22$.

3. 只需要一级检验员 9 名，总费用为 360 元. 设需要一级检验员和二级检验员的人数分别为 x_1，x_2，则有模型：

$$\min z = 40x_1 + 36x_2$$

$s.t.$
$$\begin{cases} x_1 \leqslant 9 \\ x_2 \leqslant 15 \\ 5x_1 + 3x_2 \geqslant 45 \\ x_1,\ x_2 \geqslant 0 \end{cases}$$

1.7   利用线性规划解最优化问题

阶段习题七

进阶题

1. $x_1 = 1$，$x_2 = 1$，$x_3 = 0.5$，$x_4 = 0$，$\max z = 6.5$.

$$\max z = 5x_1 + 8x_2$$

2. （1）$s.t.$
$$\begin{cases} x_1 + \dfrac{3}{2}x_2 \leqslant 900 \\ \dfrac{1}{2}x_1 + \dfrac{1}{3}x_2 \leqslant 300 \\ \dfrac{1}{8}x_1 + \dfrac{1}{4}x_2 \leqslant 100 \\ x_1,\ x_2 \geqslant 0 \end{cases}$$ ； （2）$x_1 = 500$，$x_2 = 150$，$\max z = 3700$.

提高题

1. $x_1 = 0$，$x_2 = 0$，$x_3 = 0$，$x_4 = 34.9099$，$x_5 = 37.7252$，才能使总成本最低，最低为 293.3559.

2. 330 人.

2.1   随机事件与概率

2.1.2   随机事件

☞ 随堂小练

必然事件：（4）（5）；不可能事件：（3）；随机事件：（1）（2）（6）.

2.1.3 事件间的关系和运算

👉 随堂小练

1. (1) 事件 A 与 B 至少有一个发生;

   (2) 事件 A 与 B 同时发生;

   (3) 事件 A 与 B 都不发生;

   (4) 事件 A 与 B 只有一个发生;

   (5) 事件 A 与 B 至少有一个不发生;

   (6) 事件 A 不发生.

2. (1) $A\bar{B}\bar{C}$; (2) ABC; (3) $\bar{A}\bar{B}\bar{C}$; (4) $\bar{A}\cup\bar{B}\cup\bar{C}$;

   (5) $A\cup B\cup C$; (6) $A\bar{B}\bar{C}\cup\bar{A}B\bar{C}\cup\bar{A}\bar{B}C$; (7) $\bar{A}\cup\bar{B}\cup\bar{C}$.

━━━━ 阶段习题一 ━━━━

👉 进阶题

1. (1) $AB\bar{C}$; (2) ABC; (3) $A\cup B\cup C$; (4) $\bar{A}\bar{B}\bar{C}$.

2. (1) AC; (2) BC; (3) AB; (4) $\bar{C}$.

👉 提高题

1. (1) $A_1A_2A_3$; (2) $A_1\bar{A}_2\bar{A}_3$; (3) $A_1\cup A_2\cup A_3$; (4) $\bar{A}_1\bar{A}_2\bar{A}_3$.

2. 略

3. (1) A_1; (2) $\bar{A}_0$; (3) A_0; (4) $A_0\cup A_1$.

4. (1) A_1; (2) $A_1\bar{A}_2\bar{A}_3$; (3) $\bar{A}_1\bar{A}_2A_3$; (4) $\bar{A}_1\bar{A}_2\bar{A}_3$;

   (5) $A_1\bar{A}_2\bar{A}_3\cup\bar{A}_1A_2\bar{A}_3\cup\bar{A}_1\bar{A}_2A_3$; (6) $\bar{A}_1\bar{A}_2\bar{A}_3$;

   (7) $\bar{A}_1\cup\bar{A}_2\cup\bar{A}_3$; (8) $\overline{A_1A_2A_3}$.

2.2 古典概型与条件概率

2.2.1 古典概型

👉 随堂小练

1. $\frac{1}{2}$.

2. $\frac{5}{36}$.

3. (1) $\frac{5}{14}$; (2) $\frac{15}{28}$.

2.2.2　几何概型

☞ 随堂小练

1. $\dfrac{2}{15}$

2. 6

───── 阶段习题二 ─────

▷ **进阶题**

1. $\dfrac{3}{5}$.

2. $\dfrac{1}{6}$.

3. (1)0；(2)$\dfrac{1}{9}$；(3)$\dfrac{1}{36}$；(4)$\dfrac{1}{6}$；(5)$\dfrac{35}{36}$.

4. $\dfrac{7}{15}$.

5. $\dfrac{2}{3}$.

▷ **提高题**

1. $\dfrac{19}{130}$.

2. $\dfrac{221}{980}$，$\dfrac{4899}{4900}$.

3. (1)$\dfrac{1}{6}$；(2)$\dfrac{1}{36}$.

4. (1)$\dfrac{1}{27}$；(2)$\dfrac{2}{9}$；(3)$\dfrac{1}{9}$；(4)$\dfrac{8}{27}$；(5)$\dfrac{2}{27}$.

5. $\dfrac{25\pi}{192}$.

2.2.3　加法公式

☞ 随堂小练

1. (1)0.95；(2)0.5.

2. $\dfrac{29}{100}$.

3. $\dfrac{19}{30}$.

4. 0.107.

2.2.4　条件概率

☞ 随堂小练

1. $\dfrac{5}{9}$.

2. $\frac{2}{5}$.

2.2.5 乘法公式

👉 随堂小练

(1)0.15；(2)0.015.

2.2.6 全概率公式与贝叶斯公式

👉 随堂小练

1. 0.855.

2. 0.0451.

3. $\frac{19}{94}$.

▰▰▰ 阶段习题三 ▰▰▰

🔹 进阶题

1. 0.05.

2. $\frac{3}{16}$.

3. 0.97.

4. 0.0345.

5. 0.106.

6. (1)$\frac{5}{22}$；(2)$\frac{1}{11}$；(3)$\frac{1}{66}$；(4)$\frac{1}{3}$.

🔹 提高题

1. $\frac{5}{21}$.

2. 0.9733.

3. (1)0.7；(2)0.8.

4. 0.1066

5. 重度0.189，中度0.774，轻度0.038，最可能是中度肥胖.

2.2.7 事件的独立性

👉 随堂小练

1. (1)0.504，0.49；(2)第一种工艺得到优质品的概率更大.

2. 0.98.

3. 0.9606；0.0388；0.0006.

▰▰▰ 阶段习题四 ▰▰▰

🔹 进阶题

1. $\frac{5}{12}$.

2. 0.896.

3. 0.98.

4. 0.0512，0.99328.

5. 0.8.

6. (1)$\frac{9}{25}$；(2)$\frac{3}{10}$.

◆ 提高题

1. (1) 0.0015；(2)0.0485；(3)0.0785.

2. 0.314.

3. 0.1678.

4. $P(A)=0.4$；$P(AB)=0.38$；$P(B\mid A)=0.95$.

5. 灯亮的概率0.625，若已见灯亮，开关 a、b 同时关闭的概率0.4.

2.3 离散型随机变量及特殊分布

2.3.1 离散型随机变量的分布

◆ 随堂小练

1. (1)是；(2)不是；(3)不是.

2.

X	1	2	3	4	5	6
P	$\frac{1}{6}$	$\frac{1}{6}$	$\frac{1}{6}$	$\frac{1}{6}$	$\frac{1}{6}$	$\frac{1}{6}$

$P(X>1)=\frac{5}{6}$；$P(2<X<5)=\frac{1}{3}$.

3. $F(x)=\begin{cases}0 & x<0 \\ 0.3 & 0\leq x<1 \\ 1 & x\geq 1\end{cases}$.

2.3.2 几种常见的离散型随机变量

◆ 随堂小练

1. (1)服从二项分布 $X\sim B(4,0.8)$；　(2)$P(X\geq 1)=0.9728$.

2. $\frac{2}{3}e^{-2}$.

阶段习题五

◆ 进阶题

1. (1)$P(X=0)=\frac{1}{8}$；(2)$P(X\leq 0)=\frac{7}{8}$；(3)$P(X<0)=\frac{3}{4}$；(4)$P(-2\leq X\leq 1)=\frac{1}{2}$.

2. $F(x) = \begin{cases} 0 & x<0 \\ 0.1 & 0 \leqslant x <1 \\ 0.6 & 1 \leqslant x <2 \\ 1 & x \geqslant 2 \end{cases}$.

3.

X	0	1	2	3	4	5
P	0.6^5	$C_5^1 0.4^1 0.6^4$	$C_5^2 0.4^2 0.6^3$	$C_5^3 0.4^3 0.6^2$	$C_5^4 0.4^4 0.6^1$	0.4^5

4. 300 件.

◈ 提高题

1. (1)每次取后放回，取得正品时所需抽取次数的分布列：

X	1	2	3	...	n
P	$\frac{3}{5}$	$\frac{2}{5} \times \frac{3}{5}$	$\left(\frac{2}{5}\right)^2 \times \frac{3}{5}$	...	$\left(\frac{2}{5}\right)^{n-1} \times \frac{3}{5}$

(2)每次取出不放回，取得正品时所需抽取次数的分布列：

X	1	2	3
P	$\frac{3}{5}$	$\frac{3}{10}$	$\frac{1}{10}$

2.

X	0	1	2
P	$\frac{22}{35}$	$\frac{12}{35}$	$\frac{1}{35}$

3.

Y^2	1	2	5
P	0.2	0.3	0.5

4. 0.6.

2.4 连续型随机变量及特殊分布

2.4.1 连续型随机变量的分布

☞ 随堂小练

1. $k = 3$.

2. $P(X \leqslant 0.3) = 0.027$；$P(X > 0.7) = 0.657$；$P(0.2 < X \leqslant 0.8) = 0.504$.

3. $P(X \leqslant 0.3) = 0.09$；$P(X > 0.2) = 0.96$；$P(0.1 < X \leqslant 1.5) = 0.99$.

◆▬▬ 阶段习题六 ▬▬◆

◆ 进阶题

1. (1) 常数 $C = 2$；(2) X 落在区间 $(0.3，0.7)$ 和 $(0.5，1.2)$ 内的概率为 0.4 和 0.75.

2. (1) $P(X > 3) = 0.5$；(2) $P(-1 \leqslant X < 3) = 0.5$；(3) $P(X \geqslant 2) = 1$.

3. $P(0.2 < X \leqslant 0.8) = 0.408$.

4. $P(0.2 < X \leqslant 1.5) = 0.992$.

◆ 提高题

1. (1) 系数 a 为 12；(2) 分布函数 $F(x) = \begin{cases} 0 & x < -\dfrac{1}{2} \\ 4x^3 & -\dfrac{1}{2} \leqslant x \leqslant \dfrac{1}{2} \\ 1 & x > \dfrac{1}{2} \end{cases}$.

2. $f(x) = \begin{cases} \lambda e^{-\lambda x} & x \geqslant 0 \\ 0 & x < 0 \end{cases}$

3. (1) 系数 $A = 1$；(2) $P(0.3 < X < 0.7) = 0.4$；

   (3) X 的概率密度函数 $f(x) = \begin{cases} 2x & 0 \leqslant x \leqslant 1 \\ 0 & x < 0，x > 1 \end{cases}$.

2.4.2 几种常见的连续型随机变量

☞ 随堂小练

1. $P(2 < X \leqslant 5) = 0.5328$.

2. $P(1 < X \leqslant 3) = 0.3413$.

3. 0.5934.

4. 77.9.

◆▬▬ 阶段习题七 ▬▬◆

◆ 进阶题
略.

◆ 提高题

1. 0.25.

2. $e^{-\frac{1}{2}}$

3. $2\varPhi\left(\dfrac{2}{13}\right) - 1$.

2.5 数学期望与方差

2.5.1 数学期望

☞ 随堂小练

1. $E(X) = 1.7$，$E(Y) = 1.35$，乙技术较好.

2. $E(X) = 2.15$.

3. $E(X) = \dfrac{2}{3}$，$E(4X+1) = \dfrac{11}{3}$.

2.5.2 方差

☞ 随堂小练

1. $D(X) = 0.61$.

2. $D(X) = 0.4$.

3. $D(X) = \dfrac{1}{18}$.

4. $D(X) = \dfrac{3}{80}$.

--- 阶段习题八 ---

◈ 进阶题

1. $E(X) = 1.8$.

2. $E(X) = \dfrac{5}{6}$，$E(X^2) = \dfrac{5}{7}$.

3. $E(2X-1) = 5.8$，$E(2X^2-1) = 25$.

4. $E(Y) = 1.55$，$E(Y^2) = 3.95$；$D(Y) = 1.5475$，$\sqrt{D(Y)} \approx 1.2440$.

5. $E(X) = 1$，$E(X^2) = 2.2$；$D(X) = 1.2$，$D(2X+3) = 4.8$.

◈ 提高题

1. $E(X) = \dfrac{1}{3}$，$D(X) = \dfrac{97}{72}$.

2. $E(X) = 2.3$，$D(X) = 2.01$.

3. $E(X) = \dfrac{5}{2}$，$D(X) = \dfrac{5}{4}$.

4. $E(X) = 3.6$，$D(X) = 0.36$.

5. $E(X) = 0.15$，$D(X) \approx 0.1352$.

--- 阶段习题九 ---

◈ 进阶题

1. 设甲乙两射击手射击一次所得环数分别为 X_1，X_2，则 $E(X_1) = 9.3$；$E(X_2) = 9.1$，故甲射手射击水平比乙射手高.

2. $E(A) = 0.44$；$E(B) = 0.44$，数学期望相同，再比较方差，$D(A) = 0.6064$；$D(B) = 0.9264$，故 A 机床加工零件较稳定、质量较好.

◈ 提高题

1. $E(X) = 0$，$D(X) = \dfrac{1}{2}$.

2. $E(X)=1$，$E(Y)=0.9$，故甲机床加工零件质量较好.

3. $E(X)=0$，$E(Y)=0$，数学期望相同，再比较方差，$D(X)=0.2$，$D(Y)=1.2$，故 B 的波动性大，A 的稳定性好，A 质量较好.

2.6　总体与样本，样本函数与统计量

━━━━ 阶段习题十 ━━━━

▶ 进阶题
$\bar{x}=3.6$，$S^2\approx2.88$.

▶ 提高题
样本均值和样本方差分别为 0.6，0.3.

2.7　点估计与区间估计

━━━━ 阶段习题十一 ━━━━

▶ 进阶题
1. μ 的估计值 1.

2. $[9.28，17.12]$.

▶ 提高题
1. $[8.5921，9.0079]$.

2. $[4.3020，5.7837]$.

2.8　正态总体参数的假设检验

━━━━ 阶段习题十二 ━━━━

▶ 进阶题
1. 解：断裂强度 X 服从正态分布，原假设 H_0：$\mu=800$，备择假设 H_1：$\mu\neq800$. 取统计量

$$U=\frac{\bar{x}-\mu}{\sigma/\sqrt{n}}$$

$\alpha=0.05$. 查表得 $\mu_{\alpha/2}=\mu_{0.025}=1.96$，计算得

$$|U|=\left|\frac{\bar{x}-\mu}{\sigma/\sqrt{n}}\right|=\left|\frac{780-800}{40/\sqrt{9}}\right|=1.5<1.96.$$

故不能拒绝 H_0，可认为这批钢索的断裂强度为 $800\mathrm{kg/cm}^2$.

2. 解：原假设 H_0：$\sigma^2=\sigma_0^2=64$. 备择假设 H_1：$\sigma^2\neq\sigma_0^2\neq64$. 则 $\bar{x}=575.2 S^2=$

$\dfrac{1}{9}\sum\limits_{i=1}^{n}(x_i-\bar{x})^2=75.73.$ 令 $\alpha=0.05$,查 χ^2 分布表得到 $\lambda_2=\chi^2_{\alpha/2}(n-1)=\chi^2_{0.025}(9)=19.023,$ $\lambda_1=\chi^2_{1-\alpha/2}(n-1)=\chi^2_{0.975}(9)=2.700.$

而 $\dfrac{S^2}{\sigma^2/(n-1)}=10.65.$ 因为 $2.700<10.65<19.023$,所以不能拒绝 H_0. 可以相信该车间生产的铜丝折断力的方差为 64 .

➤ 提高题

解:设单个正态总体 $X\sim N(\mu,\ \sigma^2)$,原假设 $H_0:\sigma^2=\sigma_0^2=0.05^2$. 备择假设 $H_1:\sigma^2\neq\sigma_0^2\neq$ 0.05^2. $n=15$, $S=0.03$ 则 $\chi^2=5.04$. 令 $\alpha=0.10$,查 χ^2 分布表得到 $\lambda_1=\chi^2_{0.95}(14)=6.571>\chi^2=$ 5.04,所以拒绝 H_0,即该电子元件可靠性指标的方差不符合合同标准.

参 考 文 献

[1] 吴传生. 经济数学 线性代数 [M]. 3 版. 北京：高等教育出版社，2015.

[2] 吴赣昌. 线性代数与概率统计 [M]. 4 版. 北京：中国人民大学出版社，2017.

[3] 王冬琳，王佳新. 经济学的数理基本方法 [M]. 北京：北京师范大学出版社，2015.

[4] 同济大学数学系. 概率论和数理统计 [M]. 北京：人民邮电出版社，2017.

[5] 同济大学数学系. 工程数学 线性代数 [M]. 6 版. 北京：高等教育出版社，2014.

[6] 盛骤，谢式千，潘承毅. 概率论和数理统计 [M]. 5 版. 北京：高等教育出版社，2019.

[7] 王建荣，景妮琴. 高等数学 [M]. 北京：中国计量出版社，2008.

[8] 王贵军. GeoGebra 与数学实验 [M]. 北京：清华大学出版社，2017.

[9] 沈翔. GeoGebra 基本操作指南 [M]. 北京：高等教育出版社，2016.

[10] 赵静，但琦. 数学建模与数学实验 [M]. 4 版. 北京：高等教育出版社，2014.